科学出版社“十三五”普通高等教育本科规划教材

高等数学

（加强版）

（第二版）

主　编　朱　砾　王文强　刘韶跃
副主编　唐树江　杨　柳

科学出版社
北　京

内容简介

本书是湘潭大学文科高等数学教学改革课题组编《高等数学》的第二版，根据我们近几年的教学改革实践，遵循模块化教学的要求与新时期教材改革的精神进行修订而成的. 本次修订保留了第一版中的模块设置和风格，为了方便学生更好地自主学习，对部分内容进行了适当的增补和调整，以帮助学生提高数学素养、培养创新意识、支撑专业学习.

本书分基础版、加强版两册出版. 加强版为必修模块，包括极限、连续与导数续论，微分中值定理与导数的应用，多元函数积分学与无穷级数，微分方程与差分方程等内容，书末附有部分习题参考答案.

本书体系完整、结构严谨、逻辑清晰、叙述清楚、通俗易懂，例题与习题较多，可供高等院校文科类(含经济、管理类)专业的学生作为教材使用.

图书在版编目(CIP)数据

高等数学：加强版/朱砾，王文强，刘韶跃主编. —2 版. —北京：科学出版社，2017.1

科学出版社"十三五"普通高等教育本科规划教材

ISBN 978-7-03-051410-3

Ⅰ. ①高… Ⅱ. ①朱… ②王… ③刘… Ⅲ. ①高等数学-高等学校-教材 Ⅳ. ①O13

中国版本图书馆 CIP 数据核字(2017) 第 000356 号

责任编辑：王 静／责任校对：张凤琴

责任印制：张 伟／封面设计：陈 敬

科学出版社 出版

北京东黄城根北街 16 号

邮政编码：100717

http://www.sciencep.com

天津市新科印刷有限公司 印刷

科学出版社发行 各地新华书店经销

*

2010 年 6 月第 一 版 开本：720 × 1000 1/16

2017 年 1 月第 二 版 印张：16 3/4

2022 年12月第十五次印刷 字数：338 000

定价：45.00 元

(如有印装质量问题，我社负责调换)

第二版前言

本书第二版是在第一版的基础上, 根据我们近几年的教学改革实践, 遵循模块化教学的要求与新时期教材改革的精神进行修订的. 因此, 在修订中, 保留了原书的模块设置和风格, 同时注意吸收当前教学改革中一些成功的举措, 使得新版能更适应当前教与学的需要.

新版为了更好地与中学数学教学相衔接, 基础版增加了空间解析几何简介这部分内容, 充实了反三角函数的内容, 将极坐标与常见曲线的方程相关内容作为附录放在书末, 以方便学生查看.

根据本书出版以来广大同行和读者在教学实践中的意见和建议, 对第一版中存在的问题作了修订, 包括本书基础版、加强版内容的适当调整. 将基础版第 1 章中数项级数简介的内容移至加强版第 3 章中.

本书的修订工作由湘潭大学文科高等数学教学改革课题组全体成员朱砾、王文强、刘韶跃、唐树江、杨柳完成.

本书中难免存在错误和疏漏之处, 恳请广大专家、同行和读者批评指正.

编 者

2016 年 5 月

第一版前言

中学新课程标准已在全国范围内推广, 在数学课程标准中, 部分属于大学数学的教学内容下放到中学, 而以往部分属于初等数学的教学内容没有涉及; 并且在教学中提倡选用与生活实际密切相关的素材、现实世界中的常见现象或其他科学的实例, 展现数学的概念、结论, 体现数学的思想、方法, 忽略一些抽象的推理与证明.

为了更好地与中学数学教学相衔接, 帮助文科类 (含经济、管理类) 专业的学生掌握、理解高等数学基础知识, 掌握基本方法与技能, 我们组织了数位工作在教学一线的中青年教师, 针对模块化教学的特点, 结合自身多年的教学实践和教学经验, 考虑到不同专业的要求和跨专业学习的需求, 编写了本书. 本书采用与传统教材不一样的分级模块形式, 针对文科类 (含经济、管理类) 专业对高等数学的不同要求, 将课程内容分成 8 个模块, 分基础版和加强版出版. 基础版内容含 4 个必修模块: 函数与极限基础、函数微分学基础、一元函数积分学基础、微分方程初步, 所需教学课时约 64 学时; 加强版内容含 4 个选修模块: 极限、连续与导数续论、微分中值定理与导数的应用、二重积分与无穷级数、微分方程与差分方程, 所需教学课时约 80 学时. 每个模块又由相应的子模块组成, 学生可根据专业需要选修相关的模块及子模块. 本书可作为高等院校文科类 (含经济、管理类) 专业高等数学课程教材, 也可供自学者使用.

本书特色鲜明, 尽量做到知识点由浅入深、由粗到细, 希望能保持学生学习的统一性与连贯性.

在基础版中, 我们放弃传统意义上的经典, 尽可能地绕开数学的抽象, 试图以直观、描述性的形式来展示数学的内涵, 而对于知识点则试图广泛涉及, 即追求宽度、广度而不是深度. 例如, 不介绍极限的 “ε-N, ε-δ” 定义, 不局限于一元函数的讲授. 适合全体文科类 (含经济、管理类) 专业选用.

在加强版中, 我们力求重拾传统的经典. 针对学生的学习要求, 培养对数学抽象的理解, 让他们尽可能地理解高等数学的专业术语, 养成严格的数学思维, 能够较好地利用数学工具, 并以严谨、抽象的形式来展示数学的内涵, 以增加对知识点进一步理解与掌握, 尽量做到刨根究底, 追求深度. 适合经济、管理类专业选用.

本教材的编写得到湘潭大学教务处、数学与计算科学学院的大力支持.

由于我们水平有限, 成书仓促, 书中难免有疏漏之处, 敬请有关专家、学者及使用本书的老师、同学和读者批评指正.

编　者

2010 年 8 月于湘潭

目　　录

第 1 章　极限、连续与导数续论

相对于基础版介绍的极限描述性定义, 本章将首先引入极限的严格数学定义, 进而形成严谨的数学推理. 在此基础上, 进一步剖析函数连续与可导的内涵, 加深对连续函数和可导函数性质的理解, 掌握相应的求导法则.

1.1　极限与连续续论

1. 理解极限的 ε-N, ε-δ, ε-M 定义;
2. 会利用上述定义证明数列与函数极限;
3. 了解极限的一些简单应用.

1.1.1　一元函数的极限与连续

1. 数列极限的定义

通过基础版的学习我们知道, 半径为 r 的圆, 记圆的内接正 n 边形的面积为

$$S_n = f(n),$$

则当 n 无限增大时, S_n 无限地接近圆的面积 πr^2, 即 S_n 以圆面积 πr^2 为极限.

进一步观察下列收敛数列, 当 n 无限增大时, 数列的一般项 x_n 的变化趋势:

(1) $x_n = 1 + \frac{1}{n}$: $2, \frac{3}{2}, \frac{4}{3}, \frac{5}{4}, \cdots$;

(2) $x_n = 1 - \frac{1}{n}$: $0, \frac{1}{2}, \frac{2}{3}, \frac{3}{4}, \cdots$;

(3) $x_n = \frac{n+(-1)^n}{n}$: $0, \frac{3}{2}, \frac{2}{3}, \frac{5}{4}, \frac{4}{5}, \cdots$.

不难发现: 在这三个数列中, 当 n 无限增大时, x_n 都无限地接近于 1, 即

当 n 无限增大时, x_n 与 1 的距离无限地接近于 0.

或者说

随着 n 越来越大, 绝对值 $|x_n - 1|$ 越来越小,

即

当 n 无限增大时, $|x_n - 1|$ 无限地接近于 0.

所谓无限地接近于 0, 是指在 n 无限增大的过程中, $|x_n-1|$ 可以任意小. 那么 $|x_n-1|$ 可以任意小是什么意思呢? 例如, 当 $n>10000$ 时, $|x_n-1|<\dfrac{1}{10000}$ 是否表明 $|x_n-1|$ 可以任意小? 当然不能. 因为虽然 $\dfrac{1}{10000}$ 是很小, 但它却比 $\dfrac{1}{100000}$ 大. "$|x_n-1|$ 可以任意小" 是指: 不论事先指定一个多么小的正数 ε, 在 n 无限增大的变化过程中, 总有那么一个时刻 (也就是 n 增大到一定程度), 在此时刻以后, $|x_n-1|$ 都小于那个事先指定的小正数 ε.

定义 1.1.1　设数列 $\{x_n\}$, 如果存在常数 a, 对于任意给定的正数 ε(无论多么小), 总存在一个正整数 N, 当 $n>N$ 时, 不等式

$$|x_n-a|<\varepsilon$$

都成立, 则称**常数 a 为数列 $\{x_n\}$ 当 n 趋于 ∞ 时的极限**. 记作

$$\lim_{n\to\infty}x_n=a \quad \text{或} \quad x_n\to a \quad (n\to\infty).$$

ε-N 定义　$\lim\limits_{n\to\infty}x_n=a\Leftrightarrow\forall\varepsilon>0,\exists N\in\mathbf{N}$, 当 $n>N$ 时, 有 $|x_n-a|<\varepsilon$.

注　在定义 1.1.1 中, ε 是任意给定的不论多么小的正数, 用来刻画 x_n 与 a 的接近程度; N 表示总存在那么一个时刻 (即刻画 n 充分大的程度), 它通常依赖 ε 而确定, 但不唯一确定, N 亦可记为 $N(\varepsilon)$, 一般地, ε 越小, N 越大.

如基础版所表述的, 如果数列 $\{x_n\}$ 有极限, 则称数列 $\{x_n\}$ 是**收敛的**, 否则, 称数列 $\{x_n\}$ 是**发散的**. 如果数列 $\{x_n\}$ 以 a 为极限, 亦称**数列$\{x_n\}$收敛于a**.

例 1　证明 $\lim\limits_{n\to\infty}\dfrac{n+(-1)^n}{n}=1$.

分析　$|x_n-1|=\left|\dfrac{n+(-1)^n}{n}-1\right|=\dfrac{1}{n}$. 对于 $\forall\varepsilon>0$, 要使 $|x_n-1|<\varepsilon$, 只要 $\dfrac{1}{n}<\varepsilon$, 即

$$n>\frac{1}{\varepsilon}.$$

证　因为 $\forall\varepsilon>0,\exists N=\left[\dfrac{1}{\varepsilon}\right]\in\mathbf{N}$, 当 $n>N$ 时, 有

$$|x_n-1|=\left|\frac{n+(-1)^n}{n}-1\right|=\frac{1}{n}<\varepsilon,$$

所以

$$\lim_{n\to\infty}\frac{n+(-1)^n}{n}=1.$$

例 2　设 $|q|<1$, 证明等比数列

$$1,q,q^2,\cdots,q^{n-1},\cdots$$

的极限是 0.

分析 对于 $\forall\varepsilon>0$, 要使

$$|x_n-0|=\left|q^{n-1}-0\right|=|q|^{n-1}<\varepsilon,$$

只要 $n>\log_{|q|}\varepsilon+1$ 就可以了, 故可取 $N=\left[\log_{|q|}\varepsilon+1\right]$.

证 因为 $\forall\varepsilon>0,\exists N=\left[\log_{|q|}\varepsilon+1\right]$, 当 $n>N$ 时, 有

$$\left|q^{n-1}-0\right|=|q|^{n-1}<\varepsilon$$

恒成立, 所以

$$\lim_{n\to\infty}q^{n-1}=0.$$

注 根据数列极限的定义, 虽不能求数列的极限, 但却能用来验证数列的极限.

数列 $\{x_n\}$ 极限的几何意义 如图 1.1 所示, 当 $n>N$ 时, 有 $|x_n-a|<\varepsilon$, 去掉绝对值符号得 $a-\varepsilon<x_n<a+\varepsilon$, 即所有的点 x_n 都落在开区间 $(a-\varepsilon,a+\varepsilon)$ 内, 因此只有有限个点 (至多有 N 个) 落在开区间 $(a-\varepsilon,a+\varepsilon)$ 之外.

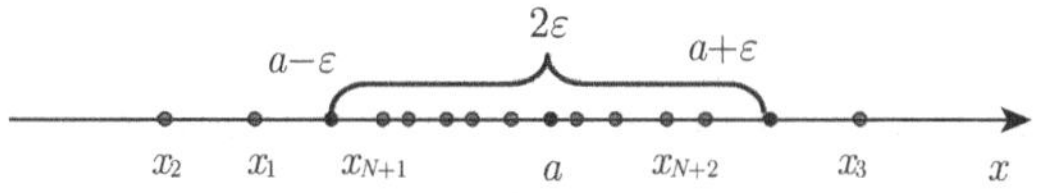

图1.1

例 3 证明 $\lim\limits_{n\to\infty}\dfrac{(-1)^n}{(n+1)^2}=0$.

分析 $|x_n-0|=\left|\dfrac{(-1)^n}{(n+1)^2}-0\right|=\dfrac{1}{(n+1)^2}<\dfrac{1}{n+1}$. 对于 $\forall\varepsilon>0$, 要使 $|x_n-0|<\varepsilon$, 只要 $\dfrac{1}{n+1}<\varepsilon$, 即

$$n>\frac{1}{\varepsilon}-1.$$

证 因为 $\forall\varepsilon>0(0<\varepsilon<1),\exists N=\left[\dfrac{1}{\varepsilon}-1\right]\in\mathbf{N}$, 当 $n>N$ 时, 有

$$|x_n-0|=\left|\frac{(-1)^n}{(n+1)^2}-0\right|=\frac{1}{(n+1)^2}<\frac{1}{n+1}<\varepsilon,$$

所以

$$\lim_{n\to\infty}\frac{(-1)^n}{(n+1)^2}=0.$$

2. 当 $x\to\infty$ 时, 函数 $f(x)$ 的极限

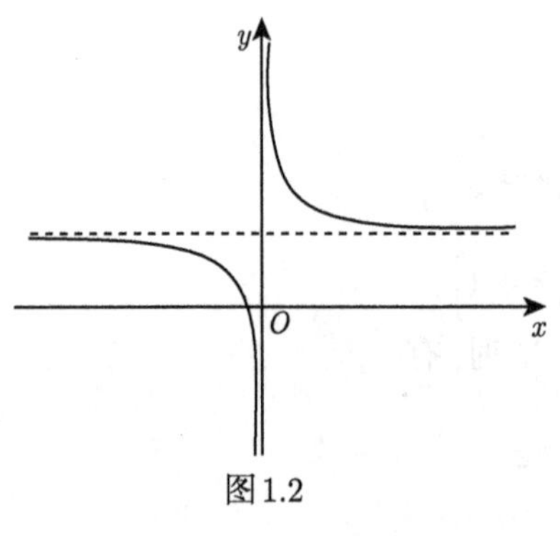

图1.2

引例 1.1.1　函数

$$y=1+\frac{1}{x}\quad(x\neq 0),$$

如图 1.2 所示, 和数列 $\left\{1+\frac{1}{n}\right\}$ 极限一样, "当 $|x|$ 无限增大时, y 无限地接近于 1", 或者说 "当 $|x|$ 无限增大时, $|y-1|$ 可以任意小". 即对于 $\forall\varepsilon>0$, 只要 $|x|>\frac{1}{\varepsilon}$, 有

$$|y-1|=\left|\left(1+\frac{1}{x}\right)-1\right|=\left|\frac{1}{x}\right|<\varepsilon$$

恒成立. 这时我们就称 x 趋于无穷大时, 函数 $y=1+\frac{1}{x}$ 以 1 为极限.

定义 1.1.2　设函数 $f(x)$ 当 $|x|$ 大于某一正数时有定义, 如果存在常数 A, 对于任意给定的正数 ε(无论多么小), 总存在一个正数 M, 当 $|x|>M$ 时, 不等式

$$|f(x)-A|<\varepsilon$$

都成立, 则称**常数 A 为函数 $f(x)$ 当 x 趋于 ∞ 时的极限**,记作

$$\lim_{x\to\infty}f(x)=A\quad\text{或}\quad f(x)\to A\ (x\to\infty).$$

ε-M定义　$\lim\limits_{x\to\infty}f(x)=A\Leftrightarrow\forall\varepsilon>0,\exists M>0$, 当 $|x|>M$ 时, 有 $|f(x)-A|<\varepsilon$.

注　在定义 1.1.2 中, ε 是任意给定的不论多么小的正数, 用来刻画 $f(x)$ 与 A 的接近程度; M 表示 $|x|$ 充分大的程度, 它通常依赖 ε 而确定, 但不唯一确定, M 亦可记为 $M(\varepsilon)$, 一般地, ε 越小, M 越大, M 与定义 1.1.1 中的 N 所表示的意义相当.

例 4　证明 $\lim\limits_{x\to\infty}\frac{1}{x}=0$.

分析　设 $f(x)=\frac{1}{x}$, 对于 $\forall\varepsilon>0$, 要使

$$|f(x)-0|=\left|\frac{1}{x}-0\right|=\left|\frac{1}{x}\right|<\varepsilon,$$

只要 $|x|>\frac{1}{\varepsilon}$ 即可.

证　因为对于 $\forall\varepsilon>0$, 存在 $M=\frac{1}{\varepsilon}$, 当 $|x|>M$ 时, 有

$$|f(x)-0|=\left|\frac{1}{x}-0\right|=\left|\frac{1}{x}\right|<\varepsilon$$

恒成立, 所以

$$\lim_{x\to\infty}\frac{1}{x}=0.$$

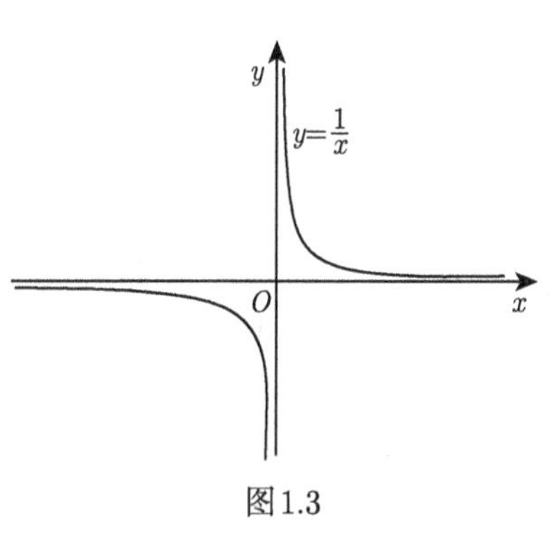

图1.3

如图 1.3 所示, 由中学所学的知识可知, 直线 $y=0$ 是函数 $y=\dfrac{1}{x}$ 的图形的渐近线.

一般地, 如果 $\lim\limits_{x\to\infty}f(x)=c$, 则直线 $y=c$ 称为函数 $y=f(x)$ 的图形的**水平渐近线**.

若考虑 $x\to+\infty$ 时, 函数 $f(x)$ 的极限, 只需将定义 1.1.2 中的 $|x|>M$ 改写为 $x>M$ 即可; 类似地, $x\to-\infty$ 时函数 $f(x)$ 的极限, 则只需将定义 1.1.2 中的 $|x|>M$ 改写为 $x<-M$ 即可. 因此有

$$\lim_{x\to+\infty}f(x)=A\Leftrightarrow\forall\varepsilon>0,\quad\exists M>0,\text{当}x>M\text{时},\text{有}\,|f(x)-A|<\varepsilon.$$

$$\lim_{x\to-\infty}f(x)=A\Leftrightarrow\forall\varepsilon>0,\quad\exists M>0,\text{当}x<-M\text{时},\text{有}\,|f(x)-A|<\varepsilon.$$

例 5 证明 (1) $\lim\limits_{x\to+\infty}\left(\dfrac{1}{2}\right)^x=0$; (2) $\lim\limits_{x\to-\infty}2^x=0$.

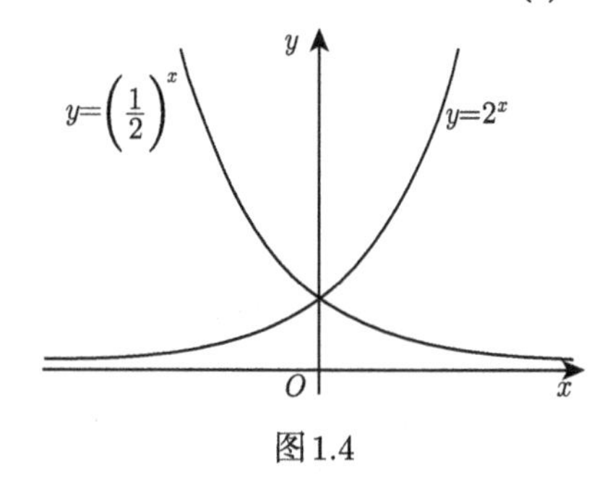

图1.4

分析 由于定义中的 ε 可以取无论多么小的正数, 因此此处不妨设 $\varepsilon<1$. 如图 1.4 所示,

(1) 对于 $\forall\varepsilon>0$, 要使

$$|f(x)-0|=\left|\left(\frac{1}{2}\right)^x-0\right|=\left(\frac{1}{2}\right)^x<\varepsilon,$$

只要 $2^x>\dfrac{1}{\varepsilon}$, 即 $x>-\log_2\varepsilon$ 则可.

(2) 类似地, 对于 $\forall\varepsilon>0$, 要使

$$|f(x)-0|=|2^x-0|=2^x<\varepsilon,$$

只要 $x<\log_2\varepsilon$ 即可

证 (1) 因为对于 $\forall\varepsilon>0$(不妨设 $\varepsilon<1$), 存在 $M=-\log_2\varepsilon$, 当 $x>M$ 时, 有

$$|f(x)-0|=\left|\left(\frac{1}{2}\right)^x-0\right|=\left(\frac{1}{2}\right)^x<\varepsilon,$$

所以

$$\lim_{x\to+\infty}\left(\frac{1}{2}\right)^x=0.$$

(2) 因为对于 $\forall\varepsilon>0$(不妨设 $\varepsilon<1$), 存在 $M=-\log_2\varepsilon$, 当 $x<-M$ 时, 有

$$|f(x)-0|=|2^x-0|=2^x<\varepsilon,$$

所以

$$\lim_{x\to-\infty}2^x=0.$$

当 $x\to\infty$ 时, 函数 $f(x)$ 以 A 为极限的几何意义　如图 1.5 所示, 当 $x<-M$ 或 $x>M$ 时, 函数 $y=f(x)$ 的图形完全落在以直线 $y=A$ 为中心线, 宽为 2ε 的带型区域内.

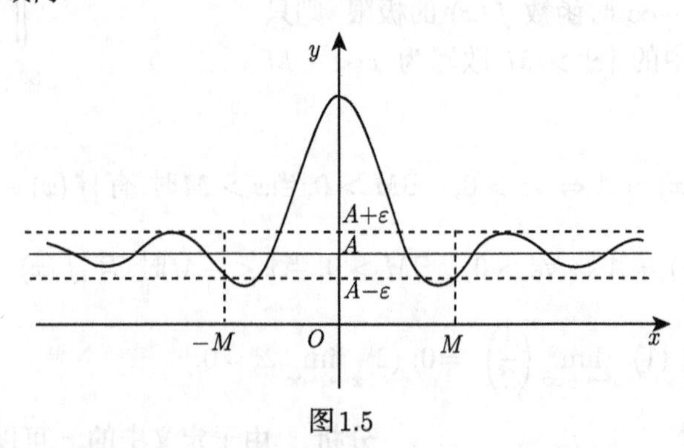

图1.5

3. 当 $x\to x_0$ 时, 函数 $f(x)$ 的极限

首先利用基础版所学知识考察下面两个例子.

例 6　函数 $f(x)=x+1$, 定义域为 $(-\infty,+\infty)$. 当 $x\to1$ 时, 观察函数的变化趋势.

如图 1.6 所示, 当 $x\to1$ 时, 函数 $f(x)$ 无限接近于 2. 这时称 $x\to1$ 时, 函数 $f(x)=x+1$ 的极限为 2, 即

当 $x\to1$ 时, $f(x)$ 无限接近于 2.

换一种说法则是

当 $|x-1|$ 无限接近 0 时, $|f(x)-2|$ 可以任意小.

例 7　函数 $f(x)=\dfrac{x^2-1}{x-1}$, 定义域为 $(-\infty,1)\cup(1,+\infty)$. 当 $x\to1$ 时, 观察函数的变化趋势.

如图 1.7 所示, 当 x 无限接近于 1 而不等于 1 时, 有 $f(x)=\dfrac{x^2-1}{x-1}=x+1$, 则根据例 6 知 $f(x)$ 无限接近于 2. 因此 $x\to1$ 时, $f(x)=\dfrac{x^2-1}{x-1}$ 也以 2 为极限.

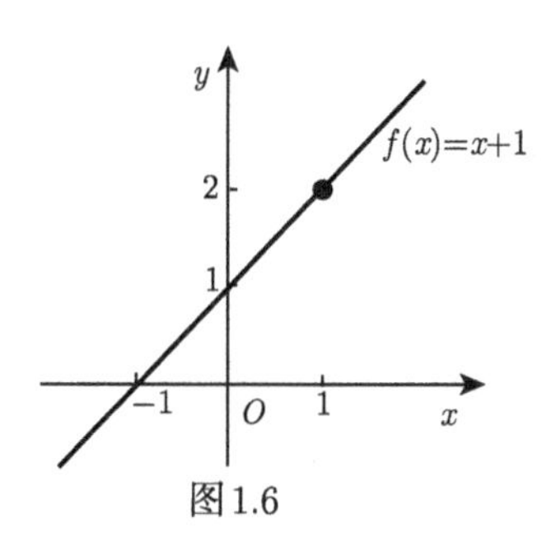

图1.6

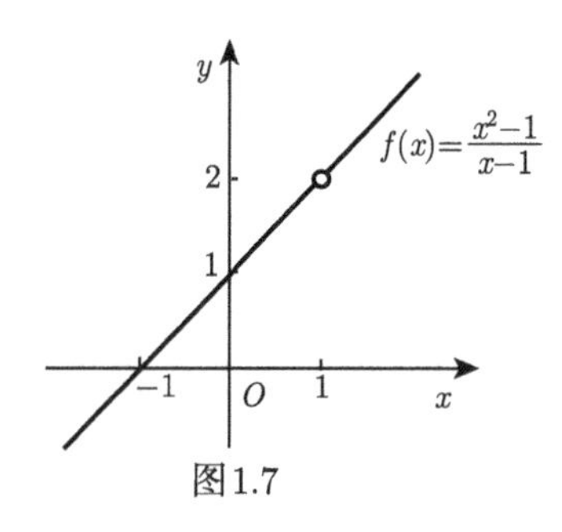

图1.7

由上面两个例子可以看出, 研究 $x\to 1$ 时函数 $f(x)$ 的极限, 是指当 x 无限接近于 1 时, $f(x)$ 的变化趋势, 而不是求 $x=1$ 时 $f(x)$ 的函数值. 因此, 研究 $x\to 1$ 时函数 $f(x)$ 的极限问题, 与 $f(x)$ 在 $x=1$ 是否有定义无关. 一般地, 有下列定义.

定义 1.1.3 设函数 $f(x)$ 在点 x_0 的某一去心邻域内有定义, 如果存在常数 A, 对于任意给定的正数 ε(无论多么小), 总存在一个正数 δ, 当 $0<|x-x_0|<\delta$ 时, 不等式

$$|f(x)-A|<\varepsilon$$

都成立, 则称**常数 A 为函数 $f(x)$ 当 x 趋于 x_0 时的极限**, 记作

$$\lim_{x\to x_0} f(x)=A \quad 或 \quad f(x)\to A\ (x\to x_0).$$

ε-δ 定义

$$\lim_{x\to x_0} f(x)=A \Leftrightarrow \forall\varepsilon>0, \exists\delta>0, 当 0<|x-x_0|<\delta 时, 有 |f(x)-A|<\varepsilon.$$

注 (1) ε 刻画 $f(x)$ 与常数 A 的接近程度, δ 表示 x 与 x_0 的接近程度, 通常 δ 依赖 ε 而确定, 但不唯一确定, δ 亦可记为 $\delta(\varepsilon)$, 一般地, ε 越小, δ 也越小.

(2) $|x-x_0|<\delta$ 表示 x 与 x_0 的距离小于 δ, 而 $0<|x-x_0|$ 表示 $x\neq x_0$, 因此

$$0<|x-x_0|<\delta$$

表示 x_0 的去心邻域. 所以当 x 趋于 x_0 时函数 $f(x)$ 有没有极限, 与函数 $f(x)$ 在 $x=x_0$ 处是否有定义并无关系.

例 8 证明 $\lim\limits_{x\to 2}(3x-2)=4$.

分析 设 $f(x)=3x-2$, 对于 $\forall\varepsilon>0$, 要使

$$|f(x)-4|=|(3x-2)-4|=3|x-2|<\varepsilon,$$

只要 $|x-2|<\dfrac{\varepsilon}{3}$ 即可.

证 设 $f(x)=3x-2$, 因为对于 $\forall\varepsilon>0, \exists\delta=\dfrac{1}{3}\varepsilon$, 当 $0<|x-2|<\delta$ 时, 有

$$|f(x)-4|=|(3x-2)-4|=3|x-2|<\varepsilon$$

恒成立, 所以

$$\lim_{x\to 2}(3x-2)=4.$$

例 9 证明 $\lim\limits_{x\to x_0} x=x_0$.

分析 设 $f(x)=x$, 对于 $\forall\varepsilon>0$, 要使

$$|f(x)-x_0|=|x-x_0|<\varepsilon,$$

只要取 $\delta=\varepsilon$ 就可以了.

证 设 $f(x)=x$, 因为对于 $\forall\varepsilon>0$, 存在 $\delta=\varepsilon$, 当 $0<|x-x_0|<\delta$ 时, 有

$$|f(x)-x_0|=|x-x_0|<\varepsilon$$

恒成立, 所以

$$\lim_{x\to x_0} x=x_0.$$

当 $x\to x_0$ 时, 函数 $f(x)$ 以 A 为极限的几何意义 根据定义 1.1.3, 对于任意给定的正数 ε, 作两条平行直线 $y=A+\varepsilon, y=A-\varepsilon$, 总存在一个正数 δ, 当 $x_0-\delta<x<x_0+\delta$, 且 $x\neq x_0$ 时, 有

$$A-\varepsilon<f(x)<A+\varepsilon.$$

因此如图 1.8 所示, 当 $x_0-\delta<x<x_0+\delta$, 且 $x\neq x_0$ 时, 函数 $y=f(x)$ 的图形上的点都落在两条平行直线 $y=A+\varepsilon, y=A-\varepsilon$ 所夹的带型区域内.

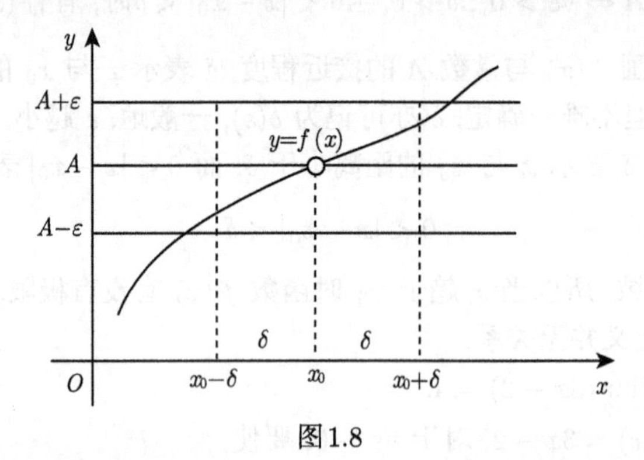

图1.8

例 10 证明 $\lim\limits_{x\to 1}\dfrac{x^2-1}{x-1}=2$.

分析 注意到函数 $f(x)=\dfrac{x^2-1}{x-1}$ 在 $x=1$ 是没有定义的, 但这与函数 $f(x)$ 在该点是否有极限并无关系. 当 $x\neq 1$ 时,

$$|f(x)-A|=\left|\frac{x^2-1}{x-1}-2\right|=|x-1|.$$

因此 $\forall\varepsilon>0$, 要使 $|f(x)-A|<\varepsilon$, 只要 $0<|x-1|<\varepsilon$ 即可.

证 因为 $\forall\varepsilon>0,\exists\delta=\varepsilon$, 当 $0<|x-1|<\delta$ 时, 有

$$|f(x)-A|=\left|\frac{x^2-1}{x-1}-2\right|=|x-1|<\varepsilon,$$

所以

$$\lim_{x\to1}\frac{x^2-1}{x-1}=2.$$

在上述当 $x\to x_0$ 时函数 $f(x)$ 的极限定义中, x 是既从 x_0 的左侧也从 x_0 的右侧趋于 x_0 的. 若只需考虑 x 从 x_0 的左侧 $(x<x_0)$ 或从 x_0 的右侧 $(x>x_0)$ 趋于 x_0 时, 函数 $f(x)$ 以 A 为极限, 即函数 $f(x)$ 的左极限与右极限, 则有如下定义.

定义 1.1.4 设函数 $f(x)$ 在 x_0 的某一去心邻域内有定义, 如果存在常数 A, 对于任意给定的正数 ε(无论多么小), 总存在一个正数 δ, 当 $0<x_0-x<\delta$ 时, 不等式

$$|f(x)-A|<\varepsilon$$

都成立, 则称**常数 A 为函数 $f(x)$ 当 x 趋于 x_0 时的左极限**, 记作

$$\lim_{x\to x_0^-}f(x)=A\quad 或\quad f(x_0-0)=A.$$

反之, 当 $0<x-x_0<\delta$ 时, 不等式

$$|f(x)-A|<\varepsilon$$

都成立, 则称**常数 A 为函数 $f(x)$ 当 x 趋于 x_0 时的右极限**, 记作

$$\lim_{x\to x_0^+}f(x)=A\quad 或\quad f(x_0+0)=A.$$

左极限和右极限统称为**单侧极限**.

根据 $x\to x_0$ 时函数 $f(x)$ 的极限的定义, 以及左极限和右极限的定义, 可以容易得到下列定理.

定理 1.1.1 $\lim\limits_{x\to x_0}f(x)=A$ 成立的充分必要条件是

$$\lim_{x\to x_0^-}f(x)=\lim_{x\to x_0^+}f(x)=A.$$

简言之,

$$\lim_{x\to x_0}f(x)=A\Leftrightarrow\lim_{x\to x_0^-}f(x)=\lim_{x\to x_0^+}f(x)=A.$$

例 11 设 $f(x)=\begin{cases}1, & x<0,\\ x, & x\geqslant0,\end{cases}$ 试讨论 $\lim\limits_{x\to0}f(x)$ 是否存在.

解　当 $x<0$ 时,

$$\lim_{x\to 0^-} f(x)=\lim_{x\to 0^-} 1=1,$$

而当 $x>0$ 时,

$$\lim_{x\to 0^+} f(x)=\lim_{x\to 0^+} x=0,$$

因此左、右极限都存在, 但不相等. 所以根据定理 1.1.1 可知, $\lim\limits_{x\to 0} f(x)$ 不存在.

例 12　当 $x\to 0$ 时, 讨论函数 $f(x)=|x|$ 的极限.

解　因为

$$f(x)=|x|=\begin{cases}-x, & x<0,\\ x, & x\geqslant 0,\end{cases}$$

则

$$\lim_{x\to 0^+} f(x)=\lim_{x\to 0^+} x=0,\ \lim_{x\to 0^-} f(x)=\lim_{x\to 0^-} (-x)=0.$$

因此

$$\lim_{x\to 0^+} f(x)=\lim_{x\to 0^-} f(x)=0,$$

所以

$$\lim_{x\to 0} f(x)=\lim_{x\to 0} |x|=0.$$

例 13　函数 $f(x)=\begin{cases}x-1, & x<0,\\ 0, & x=0,\\ x+1, & x>0,\end{cases}$ 证明 $\lim\limits_{x\to 0} f(x)$ 不存在.

证　因为

$$\lim_{x\to 0^-} f(x)=\lim_{x\to 0^-} (x-1)=-1,\quad \lim_{x\to 0^+} f(x)=\lim_{x\to 0^+} (x+1)=1,$$

因此

$$\lim_{x\to 0^-} f(x)\neq \lim_{x\to 0^+} f(x),$$

所以 $\lim\limits_{x\to 0} f(x)$ 不存在.

4. *函数 $y=f(x)$ 在 $x=x_0$ 处连续的定义*

通过基础版的学习知道, 当 $x\to x_0$ 时, 如果函数 $y=f(x)$ 的极限等于函数值 $f(x_0)$, 则称函数 $y=f(x)$ 在点 $x=x_0$ 处连续, 因此有下列定义.

定义 1.1.5　函数 $y=f(x)$ 在 x_0 的某邻域内有定义, 如果对于任意给定的正数 ε(无论多么小), 总存在一个正数 δ, 当 $|x-x_0|<\delta$ 时, 不等式

$$|f(x)-f(x_0)|<\varepsilon$$

都成立, 则称**函数 $y=f(x)$ 在点 $x=x_0$ 处连续**.

ε-δ**定义**

$$\lim_{x\to x_0} f(x)=f(x_0)\Leftrightarrow \forall\varepsilon>0,\exists\delta>0,\text{当}|x-x_0|<\delta\text{时},\text{有}|f(x)-f(x_0)|<\varepsilon.$$

注 由函数在点 $x=x_0$ 处连续的定义及 $\lim\limits_{x\to x_0} x=x_0$, 有

$$\lim_{x\to x_0} f(x)=f(x_0)=f(\lim_{x\to x_0} x).$$

这意味着, 对于连续函数求极限, 极限符号与函数符号可以交换. 例如, 求 $\lim\limits_{x\to\frac{\pi}{2}}\sin x$. 因为 $y=\sin x$ 在 $(-\infty,+\infty)$ 内连续, 所以有

$$\lim_{x\to\frac{\pi}{2}}\sin x=\sin\left(\lim_{x\to\frac{\pi}{2}} x\right)=\sin\frac{\pi}{2}=1.$$

5. 变量的极限

我们如果将数列 $x_n=f(n)$ 及函数 $y=f(x)$ 统一概括为 "变量 y", 而把自变量的变化趋势 $n\to\infty, x\to\infty\,(x\to-\infty,x\to+\infty), x\to x_0\,(x\to x_0^-,x\to x_0^+)$ 统一概括为 "在某个变化过程中", 那么, 在数列极限与函数极限定义的基础上, 可得一般变量 y 的极限定义.

定义 1.1.6 设变量 y 在所讨论的范围内有意义, 如果存在常数 A, 对于任意给定的正数 ε, 在某个变化过程中, 总存在那么一个时刻, 在此时刻以后, 不等式

$$|y-A|<\varepsilon$$

都成立, 则称**常数 A 为变量 y 在此变化过程中的极限**, 记作

$$\lim y=A.$$

注 (1) 如果变量 y 是数列 $\{x_n\}$, 则定义 1.1.6 中的 "在某个变化过程中" 是指 "$n\to\infty$"; "总存在那么一个时刻" 是指 "总存在一个正整数 N"; "在此时刻以后" 是指 "当 $n>N$ 时"; 而 "$\lim y=A$" 则为 "$\lim\limits_{n\to\infty} x_n=A$".

(2) 如果变量 y 是函数 $y=f(x)$, 当研究的变化过程是 $x\to\infty$ 时, 则定义 1.1.6 中 "总存在那么一个时刻" 是指 "总存在一个正数 M"; "在那个时刻以后" 是指 "当 $|x|>M$ 时"; 而 "$\lim y=A$" 则为 "$\lim\limits_{x\to\infty} f(x)=A$".

(3) 如果变量 y 是函数 $y=f(x)$, 当研究的变化过程是 $x\to x_0$ 时, 则定义 1.1.6 中 "总存在那么一个时刻" 是指 "总存在一个正数 δ"; "在此时刻以后" 是指 "当 $0<|x-x_0|<\delta$ 时"; 而 "$\lim y=A$" 则为 "$\lim\limits_{x\to x_0} f(x)=A$".

定义 1.1.6 统一了常见的两种变量 $x_n=f(n)$ 和 $y=f(x)$ 在不同变化过程中的极限问题. 因此, 在陈述变量对于不同的变化过程均适用的定义、推理或规律性

结论时, 可使用通用记号 “$\lim y = A$”. 但如果变量 y 已给出为具体函数, 则不能使用上述通用记号, 而必须在极限符号下面标注伴随着所研究的变量的自变量的变化过程. 例如, 对于极限形式 $\lim\limits_{n\to\infty}\dfrac{1}{n}=0$, $\lim\limits_{x\to 2}\dfrac{1}{x}=\dfrac{1}{2}$, $\lim\limits_{x\to\infty}\dfrac{1}{x}=0$, 则不能出现记号 “$\lim\dfrac{1}{x}$”.

例 14 证明 $\lim C = C$(C 为常数).

证 设 $y = C$, 对于 $\forall\varepsilon>0$, 恒有

$$|y-C|=|C-C|=0<\varepsilon,$$

所以

$$\lim C = C.$$

注 结论 “$\lim C=C$” 表示对数列 $x_n=f(n)=C$ 有 $\lim\limits_{n\to\infty}f(n)=\lim\limits_{n\to\infty}C=C$, 同时对函数 $y=f(x)=C$ 有 $\lim\limits_{x\to\infty}f(x)=\lim\limits_{x\to\infty}C=C$ 及 $\lim\limits_{x\to x_0}f(x)=\lim\limits_{x\to x_0}C=C$.

6. 部分极限性质的证明

定理 1.1.2(保序性定理) 设数列 $\{x_n\},\{y_n\}$ 的极限都存在, 且 $\lim\limits_{n\to\infty}x_n>\lim\limits_{n\to\infty}y_n$, 则存在正整数 N, 当 $n>N$ 时, 有 $x_n>y_n$.

证 不妨设 $x_n\to a$, $y_n\to b$ $(n\to\infty)$ 且 $a>b$. 取 $\varepsilon=\dfrac{a-b}{2}$, 则由数列极限的定义知, $\exists N\in\mathbf{N}$, 当 $n>N$ 时, 恒有

$$|x_n-a|<\varepsilon,\quad |y_n-b|<\varepsilon.$$

因此有

$$x_n>a-\varepsilon=a-\frac{a-b}{2}=\frac{a+b}{2},\quad y_n<b+\varepsilon=b+\frac{a-b}{2}=\frac{a+b}{2},$$

故当 $n>N$ 时, 有

$$x_n>\frac{a+b}{2}>y_n.$$

所以结论成立.

事实上, 从几何意义上看, 这一结论是显然的 (图 1.9).

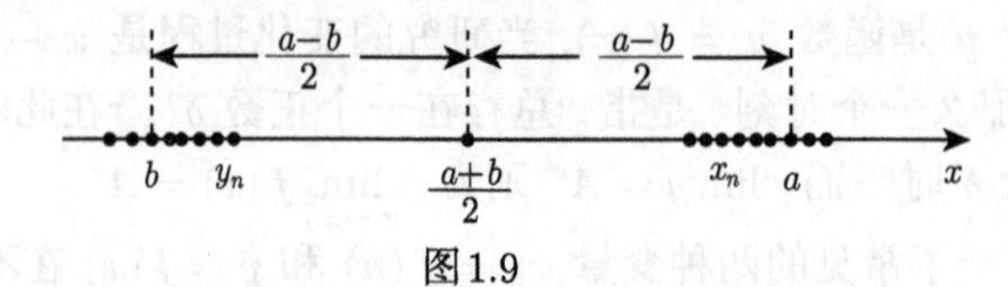

图1.9

定理 1.1.3 (局部保号性定理) 如果 $\lim\limits_{x\to x_0} f(x)=A$, 且 $A>0$ (或 $A<0$), 则总存在一个正数 δ, 当 $0<|x-x_0|<\delta$ 时, $f(x)>0$ (或 $f(x)<0$).

证 不妨设 $A>0$, 取 $\varepsilon=\dfrac{A}{2}$, 则由函数极限的定义可知, 总存在一正数 δ, 当 $0<|x-x_0|<\delta$ 时, 恒有

$$|f(x)-A|<\varepsilon=\frac{A}{2},$$

由此可得

$$f(x)>A-\frac{A}{2}=\frac{A}{2}>0.$$

类似地可证 $A<0$ 的情形. 留给读者自行证明.

定理 1.1.4 如果 $\lim\limits_{x\to x_0} f(x)=A$, 且 $f(x)\geqslant 0$(或 $f(x)\leqslant 0$), 则 $A\geqslant 0$(或 $A\leqslant 0$).

证 反证法. 如果 $f(x)\geqslant 0$, 假设结论不成立, 即 $A<0$, 那么由定理 1.1.3 可知存在一个正数 δ, 当 $0<|x-x_0|<\delta$ 时, 有 $f(x)<0$, 这与 $f(x)\geqslant 0$ 的假设矛盾, 所以 $A\geqslant 0$.

同理可证 $f(x)\leqslant 0$ 的情形.

1.1.2 多元函数的极限与连续

1. 平面点集

在基础版中, 我们介绍了邻域及去心邻域等概念, 为了给出多元函数极限与连续的严格定义, 下面首先介绍一些与平面点集相关的基本概念.

设 $\{x_n\}$ 是 x 轴上的一个点列, $\{y_n\}$ 是 y 轴上的一个点列, 则以 x_n, y_n 为坐标的点 $\{(x_n,y_n)\}$ 组成平面上的一个点列, 记作 $\{M_n\}$, 又设 M_0 是平面上的一点, 其坐标为 $M_0(x_0,y_0)$, 若对 M_0 的任何一个 ε 邻域 $U(M_0,\varepsilon)$, 总存在正整数 N, 当 $n>N$ 时, 有 $M_n\in U(M_0,\varepsilon)$, 则称**点列 $\{M_n\}$ 收敛**, 并且收敛于 M_0, 记作

$$\lim_{n\to\infty} M_n=M_0,$$

或者

$$M_n\to M_0 \quad (n\to\infty),$$

即

$$(x_n,y_n)\to(x_0,y_0) \quad (n\to\infty).$$

上述点列 $\{M_n\}$ 的极限定义也可叙述如下：若对 $\forall\varepsilon>0$, 总存在一个正整数 N, 当 $n>N$ 时,

$$|M_0M_n|=\sqrt{(x_n-x_0)^2+(y_n-y_0)^2}<\varepsilon$$

恒成立, 则称**点列 $\{M_n\}$ 收敛于点 M_0.**

可以证明, 点列极限具有下列性质.

性质 1.1.1　如果点列 $\{M_n\}$ 收敛, 那么它的极限唯一.

性质 1.1.2　点列 $\{(x_n, y_n)\}$ 收敛于点 (x_0, y_0) 的充分必要条件是

$$\lim_{n\to\infty} x_n = x_0, \quad \lim_{n\to\infty} y_n = y_0.$$

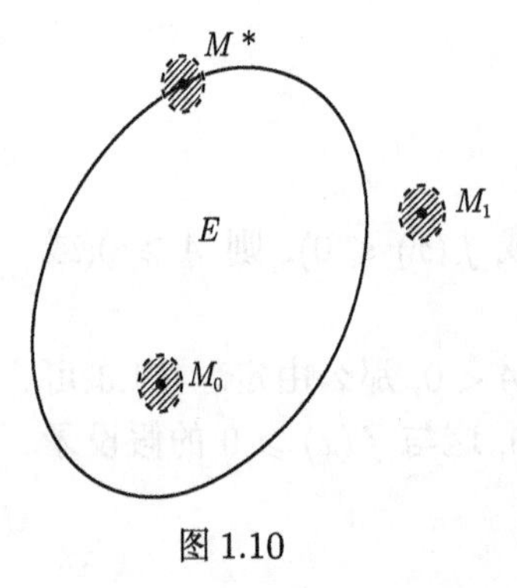

图 1.10

如图 1.10 所示, 设 E 是一平面点集, 点 $M_0 \in E$, 如果存在 M_0 的一个邻域 $U(M_0, \varepsilon)$, 使得 $U(M_0, \varepsilon) \subset E$, 则称 M_0 是 E 的**内点**. 设 $M_1 \notin E$, 如果存在 M_1 的一个 η 邻域 $U(M_1, \eta)$, 使得 $U(M_1, \eta)$ 中没有 E 的点, 则称 M_1 是 E 的**外点**. 设 M^* 是平面上的一点, 如果对 M^* 的任何邻域 $U(M^*, \varepsilon)$, 都既含有 E 的点, 又含有非 E 中的点, 则称 M^* 为 E 的**边界点**, E 的边界点的全体称为 E 的**边界**, 记作 ∂E. 显然, E 的边界点可能属于 E, 也可能不属于 E.

如果 E 的每一个点都是 E 的内点, 则称 E 为**开集**. 设 M_0 是平面上的一点, 它可以属于 E, 也可以不属于 E, 如果对 M_0 的任何一个邻域 $U(M_0, \varepsilon)$, 在这一邻域内至少含有 E 的一个点 (不等于 M_0), 则称 M_0 为 E 的**聚点**. 若 E 的所有聚点都属于 E, 则称 E 为**闭集**.

如图 1.11 所示, 设平面点集

$$D = \left\{(x, y) | 1 \leqslant x^2 + y^2 < 4\right\},$$

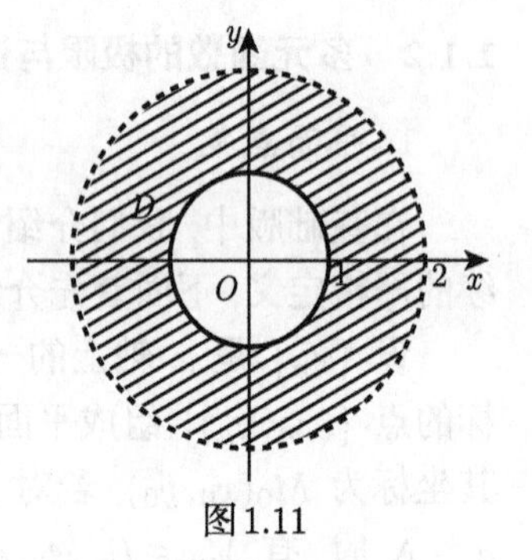

图 1.11

则满足 $1 < x^2 + y^2 < 4$ 的所有点都是 D 的内点; 满足 $x^2 + y^2 = 1$ 的所有点是 D 的边界点, 它们都属于 D; 满足 $x^2 + y^2 = 4$ 的所有点也是 D 的边界点, 但它们都不属于 D; 点集 D 连同它外圆边界上的所有点都是 D 的聚点.

设 E 是一个开集, 并且 E 中任何两点 M_1 和 M_2 之间都可以用有限条含于 E 的直线段所组成的折线连接起来, 则称 E 为**连通开集**, 或称 E 为**区域**. 区域 E 加上它的边界 ∂E 称为**闭区域**.

如图 1.12 所示, 设平面点集

$$E = \{x, y | xy > 0\},$$

则 E 是开集, 但因 I 和III象限之间不具有连通性, 所以 E 不是开域, 也不是区域.

设 E 是平面点集, 若存在某一正数 r, 使得

$$E \subset U(O,r),$$

其中 O 是坐标原点 (也可以是其他固定点), 则称 E 为**有界集**. 如果 E 不是有界集, 则称 E 为**无界集**.

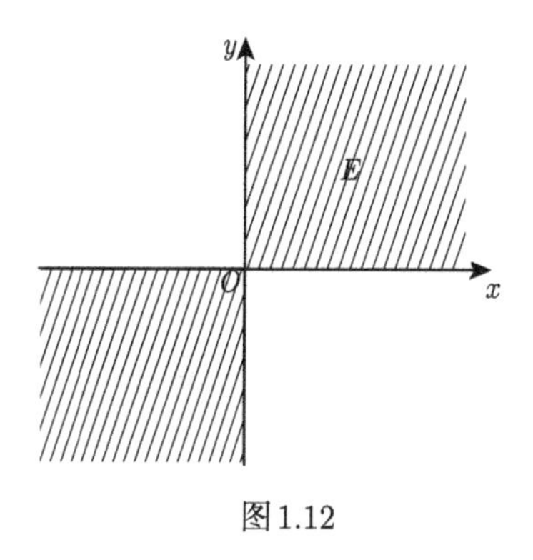

图1.12

例如, 在平面点集

$$D_1 = \left\{x, y | 1 \leqslant x^2 + y^2 \leqslant 4\right\},$$

$$D_2 = \left\{x, y | x^2 + y^2 > 4\right\},$$

$$D_3 = \left\{x, y | x^2 + y^2 \geqslant 4\right\}$$

中, D_1 是有界闭区域; D_2 是无界开区域; D_3 是无界闭区域.

2. 二元函数的极限

定义 1.1.7 设二元函数 $f(M) = f(x,y)$ 的定义域为 D, 点 $M_0(x_0,y_0)$ 为 D 的聚点. 如果存在常数 A, 对 $\forall\varepsilon > 0$, 总存在 $\delta > 0$, 当 $M \in D$ 且 $0 < |MM_0| < \delta$ 时, 不等式

$$|f(M) - A| < \varepsilon$$

都成立, 则称**常数 A 为函数 $f(M)$ 当 M 趋于 M_0 时的极限**, 记作

$$\lim_{M \to M_0} f(M) = A$$

或

$$f(M) \to A \quad (M \to M_0).$$

定义 1.1.7 可用点的坐标形式描述: 设二元函数 $z = f(x,y)$ 的定义域为 D, 点 (x_0,y_0) 为 D 的聚点. 如果存在常数 A, 对于 $\forall\varepsilon > 0$, 总存在 $\delta > 0$, 当 $(x,y) \in D$ 且 $0 < \sqrt{(x-x_0)^2 + (y-y_0)^2} < \delta$ 时, 不等式

$$|f(x,y) - A| < \varepsilon$$

都成立, 则称**常数 A 为函数 $f(x,y)$ 当 (x,y) 趋于 (x_0,y_0) 时的极限**, 记作

$$\lim_{(x,y) \to (x_0,y_0)} f(x,y) = A,$$

或

$$f(x,y) \to A \quad ((x,y) \to (x_0,y_0)).$$

定义 1.1.7 也可用邻域的形式来表达: 设二元函数 $f(M) = f(x,y)$ 的定义域为 D, 点 $M_0(x_0,y_0)$ 为 D 的聚点. 如果存在常数 A, 对于 A 的任何 ε 邻域 $U(A,\varepsilon)$, 总

存在点 M_0 的去心 δ 邻域 $\mathring{U}(M_0,\delta)$, 当 $M\in D\cap\mathring{U}(M_0,\delta)$ 时, 恒有 $f(M)\in U(A,\varepsilon)$, 则称**常数 A 为函数 $f(M)$ 当 M 趋于 M_0 时的极限.**

例 15　设 $f(x,y)=(x^2+y^2)\sin\dfrac{1}{x^2+y^2}$, 证明 $\lim\limits_{(x,y)\to(0,0)} f(x,y)=0$.

证　因为

$$
\begin{aligned}
|f(x,y)-0| &= \left|(x^2+y^2)\sin\frac{1}{x^2+y^2}-0\right| \\
&= |x^2+y^2|\cdot\left|\sin\frac{1}{x^2+y^2}\right| \leqslant x^2+y^2,
\end{aligned}
$$

因此 $\forall\varepsilon>0$, 取 $\delta=\sqrt{\varepsilon}$, 则当 $0<\sqrt{(x-0)^2+(y-0)^2}<\delta$ 时, 即当 $M(x,y)\in D\cap\mathring{U}(O,\delta)$ 时, 恒有

$$|f(x,y)-0|<\varepsilon,$$

所以

$$\lim_{(x,y)\to(0,0)} f(x,y)=0.$$

一般地, 多元函数的极限的严格定义可以类似得到. 例如, 设三元函数

$$f(M)=f(x,y,z)$$

的定义域为 Ω, 点 $M_0(x_0,y_0,z_0)$ 为 Ω 的聚点. 如果存在常数 A, 对于 $\forall\varepsilon>0$, 总存在 $\delta>0$, 当 $M\in\Omega$ 且 $0<|MM_0|<\delta$ 时, 不等式

$$|f(M)-A|<\varepsilon$$

都成立, 则称**常数 A 为函数 $f(M)$ 当 M 趋于 M_0 时的极限**, 记作

$$\lim_{M\to M_0} f(M)=A$$

或

$$f(M)\to A\quad (M\to M_0).$$

注　为了区别于一元函数的极限, 我们把二元函数的极限称为**二重极限**. 类似地, 三元函数的极限称为**三重极限**.

3. 二元连续函数的定义及性质

定义 1.1.8　设二元函数 $f(M)=f(x,y)$ 的定义域为 D, 点 $M_0(x_0,y_0)$ 为 D 的聚点, 且 $M_0\in D$. 如果

$$\lim_{M\to M_0} f(M)=f(M_0),$$

或

$$\lim_{(x,y)\to(x_0,y_0)} f(x,y) = f(x_0,y_0),$$

则称**函数$f(x,y)$在点$M_0(x_0,y_0)$处连续，点$M_0(x_0,y_0)$为函数$f(x,y)$的连续点.** 否则称**函数$f(x,y)$在点$M_0(x_0,y_0)$处不连续，点$M_0(x_0,y_0)$为函数$f(x,y)$的间断点.**

注 一元函数的间断点分为两类, 二元函数的间断点要复杂得多, 有时间断点会形成一条曲线, 常称为**间断线**.

设二元函数 $f(M)=f(x,y)$ 的定义域为 D_f, $D\subset D_f$, 任意点 $M(x,y)\in D$ 都是 D_f 的聚点, 如果函数 $f(x,y)$ 在点 $M(x,y)$ 处连续, 那么称 $f(x,y)$**是D上的连续函数**, 或称**函数$f(x,y)$在D上连续**.

与在闭区间上一元连续函数的性质类似, 在有界闭区域上二元连续函数有如下性质.

定理 1.1.5 (有界性定理) 若函数 $f(x,y)$ 在有界闭区域 D 上连续, 则它在 D 上有界, 亦即存在正数 M, 使得在 D 上恒有 $|f(x,y)|\leqslant M$.

定理 1.1.6 (最大值最小值定理) 若函数 $f(x,y)$ 在有界闭区域 D 上连续, 则它在 D 上必有最大值和最小值.

定理 1.1.7 (介值定理) 若函数 $f(x,y)$ 在有界闭区域 D 上连续, 则它必取得介于最大值和最小值之间的任何值.

定理 1.1.8 (零点定理) 若函数 $f(x,y)$ 在有界闭区域 D 上连续, 存在 M_1, $M_2\in D$ 且 $f(M_1)$ 与 $f(M_2)$ 异号 (即 $f(M_1)\cdot f(M_2)<0$), 那么至少存在一点 $M_0\in D$, 使得

$$f(M_0)=0.$$

注 上述二元函数连续的定义及其性质均可推广到一般的多元函数情形.

1.1.3 极限理论在经济学中的简单应用

尽管经济活动中的变量大多数为离散型变量, 但它们与极限却仍有着十分密切的联系. 这直接导致极限理论在经济生活中的运用非常广泛, 对于在一定时期内反复多次进行或长期逐渐发展的经济过程, 研究其经济变量的影响因素与变化规律, 大都可以用得上极限方法. 极限方法体现着无限逼近的思想, 实际运用时对于经济问题来说无限逼近常常是相对的. 这是由于对经济量的估算往往并不要求绝对精确, 而只要达到可靠精度就能满足要求, 所以在求极限的过程中, 只要逼近次数足够多, 误差达到精度要求即可在数学上作为无限逼近来处理. 下面我们通过简单的案例来加以说明.

1. *存款创造系数*

银行在吸收存款和发放贷款的过程中, 为了避免发生客户提取存款时无款可提的被动情况, 因此不能把吸收来的存款全部用于放贷, 客观上需要保留一定份额的存款作为准备的资金, 称为**存款准备金**. 假设央行确定的存款准备金率为 $r\,(0<r<1)$, 某家银行的最初存款数额为 R, 那么最初该银行可以发放的贷款额为 $R\,(1-r)$, 假设这数额为 $R\,(1-r)$ 的贷款全被借贷者作为活期存款存入同自己有往来的银行中. 这样, 在社会范围内就派生出一份数量为 $R\,(1-r)$ 的存款, 这份派生的存款又被吸收了它的银行放贷出去, 根据存款准备金率, 第二次可以发放的贷款额为 $R\,(1-r)-R\,(1-r)\,r=R\,(1-r)^2$. 假设这数额为 $R\,(1-r)^2$ 的贷款还会全被借贷者作为活期存款存入某些银行, 于是在社会范围内又派生出一份数额为 $R\,(1-r)^2$ 的存款, 如此下去, 在一定时间内 (如一年), 最初数额为 R 的存款就会发生许许多多的 "派生", 在数学上可以把这许许多多看成是无穷多次, 这样就可以利用极限概念来研究存款形成总额及派生存款的创造系数.

存款形成总额:

最初存款

$$D_0=R,$$

第 1 次贷放后

$$D_1=R+R\,(1-r)\,,$$

第 2 次贷放后

$$D_2=R+R\,(1-r)+R\,(1-r)^2,$$

$$\cdots\cdots$$

第 N 次贷放后

$$\begin{aligned}D_N&=R+R\,(1-r)+R\,(1-r)^2+\cdots+R\,(1-r)^N\\&=\sum_{n=1}^{N+1}R(1-r)^{n-1}=\frac{R}{r}\left[1-(1-r)^{N+1}\right].\end{aligned}$$

最终派生存款形成总额

$$D=\lim_{N\to\infty}\frac{R}{r}\left[1-(1-r)^{N+1}\right]=\frac{R}{r},$$

因此有

$$\frac{D}{R}=\frac{1}{r},$$

我们称 $\dfrac{D}{R}$ 为**存款创造系数**. 事实上, 存款创造系数就是存款准备金率的倒数. 例如, 中国人民银行决定, 自 2016 年 3 月 1 日起, 普遍下调金融机构人民币存款准备金率 0.5 个百分点, 中小金融机构调整后的存款准备金率为 13%, 即 $r = 13\%$, 则存款创造系数 $\dfrac{D}{R}$ 为

$$\frac{1}{13\%} \approx 7.692.$$

这意味着, 如果最初存款是 1 亿元, 那么最终将形成大约 7.692 亿元的存款总额.

2. 资金的时间价值

在日常生活中, 我们常把钱存在银行里. 设将存入银行的钱称为**本金**, 用 A_0 表示, 银行所提供的年利率为 r, 则一年后得利息 $A_0 r$, 本利和为

$$A_1 = A_0 + A_0 r = A_0 (1 + r).$$

n 年后所得利息 $nA_0 r$, 本利和为

$$A_n = A_0 + nA_0 r = A_0 (1 + nr).$$

上式称为**单利的本利和计算公式**.

现在, 若第二年以第一年后的本利和 A_1 为本金, 则两年后的本利和为

$$A_2 = A_0 (1 + r) + A_0 (1 + r) r = A_0 (1 + r)^2,$$

照此计算, n 年后应得本利和为

$$A_n = A_0 (1 + r)^n.$$

上式称为**一般复利的本利和计算公式**.

考虑到资金周转过程是不断持续进行的, 计算利息分期越细越合理, 若一年中分 t 期计算, 年利率仍为 r, 于是每期利率为 $\dfrac{r}{t}$, 则一年后的本利和为

$$A_1 = A_0 \left(1 + \frac{r}{t}\right)^t,$$

n 年后本利和为

$$A_n = A_0 \left(1 + \frac{r}{t}\right)^{nt}.$$

若采取瞬时结算法, 即随时生息, 随时计算, 也就是 $t \to \infty$ 时, 利用极限

$$\lim_{x \to \infty} \left(1 + \frac{1}{x}\right)^x = \mathrm{e},$$

可得 n 年后本利和为

$$A_n = \lim_{t\to\infty} A_0\left(1+\frac{r}{t}\right)^{nt} = A_0\lim_{t\to\infty}\left(1+\frac{r}{t}\right)^{\frac{n}{r}\cdot nr} = A_0\lim_{t\to\infty}\left(\left(1+\frac{r}{t}\right)^{\frac{t}{r}}\right)^{nr} = A_0\mathrm{e}^{nr}.$$

上式称为**连续复利公式**.

例 16　设某人将 10000 元钱存入银行, 银行提供的年利率为 8%, 计算 10 年后在下列各情况下的本利和:

(1) 每三个月复利一次;　　(2) 每半年复利一次;

(3) 每个月复利一次;　　(4) 连续复利.

解　根据题意知, $A_0 = 10000,\quad r = 0.08$.

(1) 因每三个月复利一次, 所以 $t = 4$ 且期数为 40, 故

$$A_{10} = 10000\left(1+\frac{0.08}{4}\right)^{40} \approx 22080(\text{元}).$$

(2) 依题意, $t = 2$ 且期数为 20, 故

$$A_{10} = 10000\left(1+\frac{0.08}{2}\right)^{20} \approx 21911(\text{元}).$$

(3) 依题意, $t = 12$ 且期数为 120, 故

$$A_{10} = 10000\left(1+\frac{0.08}{12}\right)^{120} \approx 22196(\text{元}).$$

(4) 依题意

$$A_{10} = 10000\mathrm{e}^{0.08\cdot 10} \approx 22255(\text{元}).$$

有时候我们为了方便缴纳学费或水电费等, 可提前在银行存入一笔钱, 以便到时候能通过银行代扣来实现缴费. 我们将现在存入银行、以后才要使用的这笔钱称为**现值**. 若按单利计算, 现在的 A_0 元, n 年后值为 $A_0(1+nr)$ 元. 因此, n 年后的 A_0 元, 现在只值 $\dfrac{A_0}{1+nr}$ 元, $A_0(1+nr)$ 元称为 A_0 元 n 年后的**终值**, $\dfrac{A_0}{1+nr}$ 元称为 **n年后的A_0元的现值**. 同样, 若按复利计算, 现在的 A_0 元, n 年后的终值为 $A_0(1+r)^n$ 元; n 年后的 A_0 元, 现值则为 $A_0(1+r)^{-n}$ 元. 按连续复利计算, 现在的 A_0 元, n 年后的终值为 $A_0\mathrm{e}^{nr}$ 元; n 年后的 A_0 元, 现值为 $A_0\mathrm{e}^{-nr}$ 元. 因此, 发生在不同时刻的现金收益不能简单相比, 必须折算到相同的时刻, 这就称为**资金的时间因素**.

例 17　小明即将进入一大学就读, 为了要支付 4 年学费, 小明欲将一笔钱存入银行, 使得每年皆有 4000 元可以支付学费. 而银行所提供的年利率为 6%, 且为连续复利, 试求出小明现在必须存入银行的钱的数额.

解　这笔钱可分为如下四部分：

第一部分为支付第一年的 4000 元, 其现值为 4000 元;

第二部分为支付第二年的 4000 元, 其现值为 $4000\mathrm{e}^{-0.06}$ 元;

第三部分为支付第三年的 4000 元, 其现值为 $4000\mathrm{e}^{-0.12}$ 元;

第四部分为支付第四年的 4000 元, 其现值为 $4000\mathrm{e}^{-0.18}$ 元.

故这笔钱的数额为

$$4000(1+\mathrm{e}^{-0.0.6}+\mathrm{e}^{-0.12}+\mathrm{e}^{-0.18})\approx 14656(\text{元}).$$

3. 连续复利公式的推广应用

对于上面讨论的连续复利公式

$$A_n=\lim_{t\to\infty}A_0\left(1+\frac{r}{t}\right)^{nt}=A_0\lim_{t\to\infty}\left(1+\frac{r}{t}\right)^{\frac{t}{r}\cdot nr}=A_0\lim_{t\to\infty}\left(\left(1+\frac{r}{t}\right)^{\frac{t}{r}}\right)^{nr}=A_0\mathrm{e}^{nr}.$$

如果对其中 A_0,A_n,n,r 的解释略作改变, 那么它在生物学中又可作为描述种群增长模型. 也就是说, 从数学本质上看, 本金生利与种群增长遵循着同一规律. 在此我们仅以人口增长模型为例来加以说明.

设 A_0 为当前的人口基数, r 为年平均纯增长率, 即

$$r=\text{年平均出生率}-\text{年平均死亡率}.$$

则 n 年后的人口总数为

$$A_n=A_0\mathrm{e}^{nr}.$$

例如, 根据《中国城市统计年鉴》知, 湘潭市 2001~2004 年人口总数见表 1.1:

表 1.1

年度	人口总数/万	计算 $A_n=280.47\mathrm{e}^{0.0028n}$/万
2001	280.47	$A_0=280.47$
2002	281.17	$A_1=281.26$
2003	282.03	$A_2=282.05$
2004	282.82	$A_3=282.84$

这里, 取

$$r\approx\frac{282.82-280.47}{280.47}\cdot\frac{1}{3}\approx 0.0028.$$

我们从统计资料可以看到, 在 2001~2004 年, 由于人口年平均增长率比较稳定, 因此根据公式得到计算值与统计人口总数非常接近. 但是, 此模型是有不足之处的, 当 n 无限增大时, A_n 也将趋向于无穷大, 这是违背基本常识的. 因此怎样建立更加有效的模型呢? 这是一个很值得大家思考的问题, 在此就不再过多地讨论了.

习　题　1.1

A 组

1. 用数列极限的定义证明下列结论:

(1) $\lim\limits_{n\to\infty} x_n = a$, 则对任一正整数 k, $\lim\limits_{n\to\infty} x_{n+k} = a$;

(2) 若 $x_n > 0\ (n = 1,\ 2,\ \cdots)$, 且 $\lim\limits_{n\to\infty} x_n = a \geqslant 0$, 则 $\lim\limits_{n\to\infty} \sqrt{x_n} = \sqrt{a}$.

2. 用数列极限证明:

(1) $\lim\limits_{n\to\infty} \dfrac{2n-1}{4n+3} = \dfrac{1}{2}$;

(2) $\lim\limits_{n\to\infty} (\sqrt{n+1} - \sqrt{n}) = 0$;

(3) $\lim\limits_{n\to\infty} \dfrac{n^2-n+4}{2n^2+n-4} = \dfrac{1}{2}$;

(4) $\lim\limits_{n\to\infty} \dfrac{\sqrt{n^2+a^2}}{n} = 1$.

3. 如果 $\lim\limits_{n\to\infty} x_n = a$, 证明 $\lim\limits_{n\to\infty} |x_n| = |a|$. 举例说明反之未必成立.

4. 若数列 $\{x_n\}$ 有界, 又 $\lim\limits_{n\to\infty} y_n = 0$, 证明 $\lim\limits_{n\to\infty} x_n y_n = 0$.

5. 用函数极限的定义证明:

(1) $\lim\limits_{x\to+\infty} \dfrac{\sin x}{\sqrt{x}} = 0$;

(2) $\lim\limits_{x\to\infty} \dfrac{x+1}{2x-1} = \dfrac{1}{2}$;

(3) $\lim\limits_{x\to 1^-} (2x-1) = 1$;

(4) $\lim\limits_{x\to 4} \sqrt{x} = 2$;

(5) $\lim\limits_{x\to 1} \dfrac{x^2-1}{2x^2-x-1} = \dfrac{2}{3}$;

(6) $\lim\limits_{(x,y)\to(1,2)} (3x+y) = 5$.

6. 证明函数 $y = x^2$ 在给定点 x_0 处连续.

7. 证明函数 $y = \sin x$ 在 $(+\infty, -\infty)$ 内连续.

8. 一笔钱存入银行内, 年利率为 8%且为连续复利, 则何时本利和达到原先的两倍?

B 组

1. 证明 $\lim\limits_{n\to\infty} x_n = a \Leftrightarrow \lim\limits_{n\to\infty} x_{2n-1} = \lim\limits_{n\to\infty} x_{2n} = a$.

2. 将二元函数与一元函数的极限、连续概念相比较, 说明二者之间的区别.

3. 若 $\lim\limits_{n\to\infty} x_n$ 存在, 证明 $\lim\limits_{n\to\infty} n\sin\dfrac{x_n}{n^2} = 0$.

4. 写出数列 $\{x_n\}$ 的极限不是 a 的定义.

1.2　极限的判别准则

1. 理解极限的两个判别准则;
2. 熟悉利用判别准则证明两个重要极限的方法;
3. 会利用判别准则求极限.

在基础版中, 已经介绍了部分简单极限的求法, 但没有提及如何判别极限是否存在这一问题, 本节我们将重点介绍极限存在的判别准则, 同时给出两个重要极限的严格证明.

1.2.1 夹逼准则

首先介绍数列的情形, 然后将其推广到函数的情形.

准则 I 如果数列 $\{x_n\},\{y_n\}$ 及 $\{z_n\}$ 满足下列条件:

(1) $y_n \leqslant x_n \leqslant z_n(n=1,2,\cdots)$;

(2) $\lim\limits_{n\to\infty} y_n = a, \quad \lim\limits_{n\to\infty} z_n = a$,

那么数列 $\{x_n\}$ 的极限存在, 且 $\lim\limits_{n\to\infty} x_n = a$.

证 因为 $\lim\limits_{n\to\infty} y_n = a, \lim\limits_{n\to\infty} z_n = a$, 由数列极限的定义, $\forall \varepsilon > 0, \exists N_1 \in \mathbf{N}$, 当 $n > N_1$ 时, 有

$$|y_n - a| < \varepsilon,$$

又 $\exists N_2 \in \mathbf{N}$, 当 $n > N_2$ 时, 有

$$|z_n - a| < \varepsilon.$$

取 $N = \max\{N_1, N_2\}$, 则当 $n > N$ 时, 有

$$|y_n - a| < \varepsilon, \quad |z_n - a| < \varepsilon$$

同时成立, 即

$$a - \varepsilon < y_n < a + \varepsilon, \quad a - \varepsilon < z_n < a + \varepsilon$$

同时成立. 又因为 $y_n \leqslant x_n \leqslant z_n$, 所以当 $n > N$ 时, 有

$$a - \varepsilon < y_n \leqslant x_n \leqslant z_n < a + \varepsilon,$$

即

$$|x_n - a| < \varepsilon.$$

所以 $\lim\limits_{n\to\infty} x_n = a$.

注 如果将准则中的条件 “$y_n \leqslant x_n \leqslant z_n \ (n=1,2,\cdots)$” 修改为 “存在一个正整数 k, 当 $n \geqslant k$ 时, 有 $y_n \leqslant x_n \leqslant z_n$”, 则结论同样成立.

准则 I′ 如果函数 $f(x)$, $g(x)$ 及 $h(x)$ 满足下列条件:

(1) $g(x) \leqslant f(x) \leqslant h(x)$;

(2) $\lim g(x) = A, \lim h(x) = A$,

那么 $\lim f(x)$ 存在, 且 $\lim f(x) = A$.

注　如果上述极限过程是 $x \to x_0$, 则要求函数在 x_0 的某一去心邻域内有定义; 如果上述极限过程是 $x \to \infty$, 则存在常数 $M > 0$, 要求函数当 $|x| > M$ 时有定义.

准则 I 和准则 I′ 统称为**夹逼准则或夹挤定理**.

准则 I 和准则 I′ 也可以统一表述为: 如果在某个变化过程中, 三个变量总有 $x \leqslant y \leqslant z$ 且 $\lim x = \lim z = A$, 则 $\lim y = A$.

注　夹逼准则不仅提供了一种极限存在的判别方法, 而且也提供了一种极限的求解方法. 因此, 常能用来解决一些较为困难的极限问题.

例 1　求 $\lim\limits_{n\to\infty} \dfrac{n!}{n^n}$.

解　令 $x_n = \dfrac{n!}{n^n}$, 则有

$$0 < x_n = \frac{n!}{n^n} = \frac{1}{n} \cdot \frac{2}{n} \cdot \cdots \cdot \frac{n}{n} \leqslant \frac{1}{n} \cdot 1 \cdot 1 \cdot \cdots \cdot 1 = \frac{1}{n},$$

由于

$$\lim_{n\to\infty} 0 = 0, \quad \lim_{n\to\infty} \frac{1}{n} = 0.$$

根据夹逼准则, 可得

$$\lim_{n\to\infty} \frac{n!}{n^n} = 0.$$

例 2　求 $\lim\limits_{n\to\infty} \left(1 + \dfrac{1}{n} + \dfrac{1}{n^2}\right)^n$.

解　因为

$$\left(1+\frac{1}{n}\right)^n < \left(1+\frac{1}{n}+\frac{1}{n^2}\right)^n = \left(1+\frac{1+n}{n^2}\right)^n < \left(1+\frac{1+n}{n^2-1}\right)^n = \left(1+\frac{1}{n-1}\right)^n,$$

又因为 $\lim\limits_{n\to\infty} \left(1+\dfrac{1}{n}\right)^n = \mathrm{e}$, 且

$$\lim_{n\to\infty} \left(1+\frac{1}{n-1}\right)^n = \lim_{n\to\infty} \left(1+\frac{1}{n-1}\right)^{n-1} \cdot \left(1+\frac{1}{n-1}\right) = \mathrm{e},$$

所以由夹逼准则得

$$\lim_{n\to\infty} \left(1+\frac{1}{n}+\frac{1}{n^2}\right)^n = \mathrm{e}.$$

下面根据准则 I′ 来证明基础版所学的一个**重要极限**:

$$\lim_{x\to 0} \frac{\sin x}{x} = 1.$$

证 由于函数 $\dfrac{\sin x}{x}$ 对于一切 $x \neq 0$ 都有定义. 如图 1.13 所示: 在单位圆 O 中, $BC \perp OA$, $DA \perp OA$. 圆心角 $\angle AOB = x\left(0 < x < \dfrac{\pi}{2}\right)$, 则有

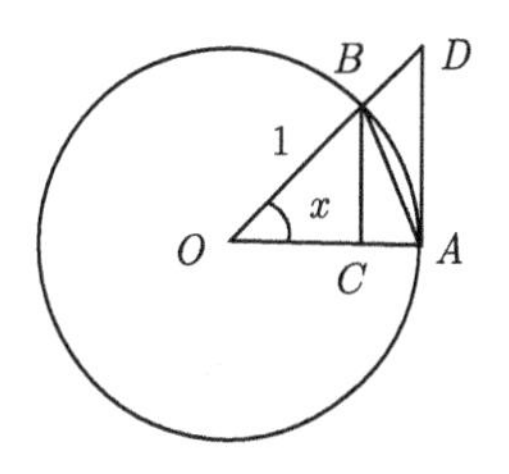

图 1.13

$$\sin x = CB, \quad x = AB, \quad \tan x = AD.$$

因为

$$S_{\triangle AOB} < S_{扇形AOB} < S_{\triangle AOD},$$

所以

$$\frac{1}{2}\sin x < \frac{1}{2}x < \frac{1}{2}\tan x,$$

即

$$\sin x < x < \tan x.$$

不等式各边都除以 $\sin x$, 就有

$$1 < \frac{x}{\sin x} < \frac{1}{\cos x},$$

或

$$\cos x < \frac{\sin x}{x} < 1.$$

根据偶函数的性质知, 当 $-\dfrac{\pi}{2} < x < 0$ 时, 上述不等式同样成立. 因此根据准则 I′, 要想证明结论成立, 下面只需证明 $\lim\limits_{x\to 0}\cos x = 1$.

因为当 $0 < |x| < \dfrac{\pi}{2}$ 时, 有

$$0 < |\cos x - 1| = 1 - \cos x = 2\sin^2\frac{x}{2} < 2\left(\frac{x}{2}\right)^2 = \frac{x^2}{2},$$

即

$$0 < |\cos x - 1| < \frac{x^2}{2},$$

根据准则 I′ 有

$$\lim_{x\to 0}(1 - \cos x) = 0,$$

所以

$$\lim_{x\to 0}\cos x = 1.$$

由于 $\lim\limits_{x\to 0}\cos x = 1$, $\lim\limits_{x\to 0} 1 = 1$, 所以

$$\lim_{x\to 0}\frac{\sin x}{x} = 1.$$

注　上述重要极限可以推广到更一般地形式: 若 $\alpha(x)$ 是无穷小, 则有

$$\lim \frac{\sin\alpha(x)}{\alpha(x)} = 1.$$

证　令 $u = \alpha(x)$, 因为 $\alpha(x)$ 是无穷小, 则有 $u \to 0$, 所以

$$\lim \frac{\sin\alpha(x)}{\alpha(x)} = \lim_{u\to 0} \frac{\sin u}{u} = 1.$$

简言之,

$$\lim_{x\to 0} \frac{\sin x}{x} = 1 \Rightarrow \lim \frac{\sin\alpha(x)}{\alpha(x)} = 1 \quad (\alpha(x) \to 0).$$

利用上述结论求下列极限.

例 3　求 $\lim\limits_{x\to 0} \dfrac{\tan x}{x}$.

解　$\lim\limits_{x\to 0} \dfrac{\tan x}{x} = \lim\limits_{x\to 0} \dfrac{\sin x}{x} \cdot \dfrac{1}{\cos x} = \lim\limits_{x\to 0} \dfrac{\sin x}{x} \cdot \lim\limits_{x\to 0} \dfrac{1}{\cos x} = 1.$

例 4　求 $\lim\limits_{x\to 0} \dfrac{1-\cos x}{x^2}$.

解　$\lim\limits_{x\to 0} \dfrac{1-\cos x}{x^2} = \lim\limits_{x\to 0} \dfrac{2\sin^2\dfrac{x}{2}}{x^2} = \dfrac{1}{2}\lim\limits_{x\to 0} \dfrac{\sin^2\dfrac{x}{2}}{\left(\dfrac{x}{2}\right)^2} = \dfrac{1}{2}\lim\limits_{x\to 0} \left(\dfrac{\sin\dfrac{x}{2}}{\dfrac{x}{2}}\right)^2 = \dfrac{1}{2}\cdot 1^2 = \dfrac{1}{2}.$

例 5　求 $\lim\limits_{x\to\infty} \left(\dfrac{1}{x}\sin x + x\sin\dfrac{1}{x}\right)$.

解　因为

$$\lim_{x\to\infty} \frac{1}{x}\sin x = 0 \quad (|\sin x| \leqslant 1), \quad \lim_{x\to\infty} x\sin\frac{1}{x} = \lim_{x\to\infty} \frac{\sin\dfrac{1}{x}}{\dfrac{1}{x}} = 1,$$

所以

$$\lim_{x\to\infty} \left(\frac{1}{x}\sin x + x\sin\frac{1}{x}\right) = 1.$$

1.2.2　单调有界数列收敛准则

如果数列 $\{x_n\}$ 满足条件

$$x_1 \leqslant x_2 \leqslant x_3 \leqslant \cdots \leqslant x_n \leqslant x_{n+1} \leqslant \cdots,$$

就称数列 $\{x_n\}$ 是**单调增加的**;

如果数列 $\{x_n\}$ 满足条件

$$x_1 \geqslant x_2 \geqslant x_3 \geqslant \cdots \geqslant x_n \geqslant x_{n+1} \geqslant \cdots,$$

就称数列 $\{x_n\}$ 是**单调减少的**. 单调增加和单调减少数列统称为**单调数列**.

准则 II 单调有界数列必有极限.

准则 II 表明如果数列 $\{x_n\}$ 满足两个条件: ① 单调; ② 有界, 那么数列 $\{x_n\}$ 的极限必定存在, 即数列 $\{x_n\}$ 必定收敛.

注 两个条件缺一不可, 即单调数列、有界数列的极限不一定存在. 例如, 数列 $\{n^2\}$ 是单调递增的, 但其极限不存在. 数列 $\{(-1)^n\}$ 是有界的, 但其极限也不存在.

准则 II 的几何解释 单调数列的点 x_n 在数轴上只能单向移动, 所以只有两种情形: 一种情形是点 x_n 沿数轴向右 (或向左) 移动到无穷远, 另一种情形点 x_n 无限趋近某一定点. 如果数列 $\{x_n\}$ 有界, 则点 x_n 全都落在某个闭区间 $[-M, M]$ 内, 因此, 上述第一种情形不可能出现, 而只能出现第二种情形, 故单调有界数列必有极限. 具体而言, 单调增加数列 $\{x_n\}$ 的点只可能向右方向移动, 或者无限向右移动, 或者无限趋近于某一定点 A, 而对单调增加并且有界的数列

$$x_1 \leqslant x_2 \leqslant \cdots \leqslant x_n \leqslant x_{n+1} \leqslant \cdots \leqslant M.$$

只可能是后者情况发生. 如图 1.14 所示.

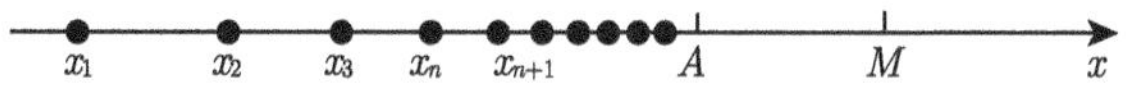

图1.14

同理, 单调减少数列 $\{x_n\}$ 的点只可能向左方向移动, 或者无限向左移动, 或者无限趋近于某一定点 B, 而对单调减少并且有界数列

$$x_1 \geqslant x_2 \geqslant \cdots \geqslant x_n \geqslant x_{n+1} \geqslant \cdots \geqslant m$$

只可能是后者情况发生. 如图 1.15 所示.

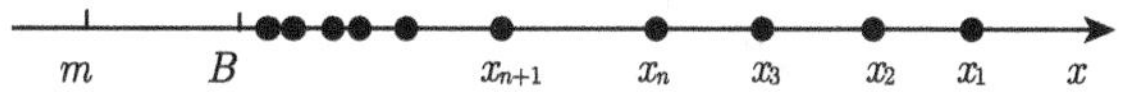

图1.15

准则 II′ 单调上升且有上界的数列必有极限; 单调下降且有下界的数列必有极限.

例 6 设 $x_n = \dfrac{1}{\ln(1+n)}$, 证明 $\lim\limits_{n\to\infty} x_n$ 存在.

证 因为

$$x_{n+1} - x_n = \frac{1}{\ln(2+n)} - \frac{1}{\ln(1+n)} \leqslant 0,$$

故 $\{x_n\}$ 单调递减, 又因为 $x_n = \dfrac{1}{\ln(1+n)} \geqslant 0$, 知 $\{x_n\}$ 有下界, 所以根据准则 II 知, $\lim\limits_{n\to\infty} \dfrac{1}{\ln(1+n)}$ 存在.

例 7　设 $x_1 > 0$, $x_{n+1} = \frac{1}{2}\left(x_n + \frac{1}{x_n}\right)$ $(n = 1, 2, \cdots)$, 证明 $\lim\limits_{n\to\infty} x_n$ 存在并求极限.

解　因为 $x_1 > 0$, 且当 $n \geqslant 1$ 时, 有

$$x_{n+1} = \frac{1}{2}\left(x_n + \frac{1}{x_n}\right) \geqslant \sqrt{x_n \cdot \frac{1}{x_n}} = 1.$$

所以

$$x_{n+1} - x_n = \frac{1}{2}\left(\frac{1}{x_n} - x_n\right) = \frac{1 - x_n^2}{2x_n} \leqslant 0.$$

即 $\{x_n\}$ 单调减少有下界, 故 $\lim\limits_{n\to\infty} x_n$ 存在. 设 $\lim\limits_{n\to\infty} x_n = A$, 由

$$x_{n+1} = \frac{1}{2}\left(x_n + \frac{1}{x_n}\right),$$

令 $n \to \infty$, 上式两边同时取极限得

$$A = \frac{1}{2}\left(A + \frac{1}{A}\right),$$

解方程得

$$A = \pm 1.$$

又因为 $x_{n+1} \geqslant 1$, 由数列极限保序性定理知 $A = \lim\limits_{n\to\infty} x_{n+1} \geqslant 1$, 所以

$$A = \lim_{n\to\infty} x_n = 1.$$

根据准则 II, 可以证明另一**重要极限**

$$\lim_{x\to\infty}\left(1 + \frac{1}{x}\right)^x = \mathrm{e}.$$

首先考虑特殊情形: 当 x 取正整数且趋于 $+\infty$ 时, 设 $x_n = \left(1 + \frac{1}{n}\right)^n$, 证明数列 $\{x_n\}$ 是单调有界的.

根据牛顿二项式展开定理, 有

$$x_n = \left(1 + \frac{1}{n}\right)^n = 1 + \frac{n}{1!} \cdot \frac{1}{n} + \frac{n(n-1)}{2!} \cdot \frac{1}{n^2} + \frac{n(n-1)(n-2)}{3!} \cdot \frac{1}{n^3} + \cdots$$

$$+ \frac{n(n-1)\cdots(n-n+1)}{n!} \cdot \frac{1}{n^n}$$

$$= 1 + 1 + \frac{1}{2!}\left(1 - \frac{1}{n}\right) + \frac{1}{3!}\left(1 - \frac{1}{n}\right)\left(1 - \frac{2}{n}\right) + \ \cdots$$

$$+\frac{1}{n!}\left(1-\frac{1}{n}\right)\left(1-\frac{2}{n}\right)\cdots\left(1-\frac{n-1}{n}\right).$$

$$\begin{aligned}x_{n+1}=&1+1+\frac{1}{2!}\left(1-\frac{1}{n+1}\right)+\frac{1}{3!}\left(1-\frac{1}{n+1}\right)\left(1-\frac{2}{n+1}\right)+\cdots\\&+\frac{1}{n!}\left(1-\frac{1}{n+1}\right)\left(1-\frac{2}{n+1}\right)\cdots\left(1-\frac{n-1}{n+1}\right)\\&+\frac{1}{(n+1)!}\left(1-\frac{1}{n+1}\right)\left(1-\frac{2}{n+1}\right)\cdots\left(1-\frac{n}{n+1}\right).\end{aligned}$$

比较 x_n, x_{n+1} 的展开式, 可以看出除前两项外, x_n 的每一项都小于 x_{n+1} 的对应项, 并且 x_{n+1} 还多了最后一项, 其值大于 0, 因此

$$x_n<x_{n+1},$$

这就表明数列 $\{x_n\}$ 是单调增加的.

下面证明数列 $\{x_n\}$ 是有界的. 因为 x_n 的展开式中各项括号内的数值都小于 1 , 所以有

$$x_n<1+1+\frac{1}{2!}+\frac{1}{3!}+\cdots\frac{1}{n!}<1+1+\frac{1}{2}+\frac{1}{2^2}+\cdots+\frac{1}{2^{n-1}}=1+\frac{1-\frac{1}{2^n}}{1-\frac{1}{2}}=3-\frac{1}{2^{n-1}}<3.$$

所以根据准则 II, 数列 $\{x_n\}$ 必有极限. 记

$$\lim_{n\to\infty}\left(1+\frac{1}{n}\right)^n=\mathrm{e}.$$

考虑一般情形: 当 x 取实数且趋于 $+\infty$ 或 $-\infty$ 时, 可以证明, 函数的极限都存在且都等于 e, 因此

$$\lim_{x\to\infty}\left(1+\frac{1}{x}\right)^x=\mathrm{e}.$$

首先考虑当 x 取实数且趋于 $+\infty$ 时, 当 $x\geqslant 1$ 时, 有 $[x]\leqslant x\leqslant [x]+1$, 故

$$1+\frac{1}{[x]+1}\leqslant 1+\frac{1}{x}\leqslant 1+\frac{1}{[x]},$$

且

$$\left(1+\frac{1}{[x]+1}\right)^{[x]}\leqslant\left(1+\frac{1}{x}\right)^x\leqslant\left(1+\frac{1}{[x]}\right)^{[x]+1},$$

当 x 趋于 $+\infty$ 时, $[x]$ 也趋于 $+\infty$, 因此

$$\lim_{[x]\to+\infty}\left(1+\frac{1}{[x]}\right)^{[x]+1}=\lim_{[x]\to+\infty}\left(1+\frac{1}{[x]}\right)^{[x]}\cdot\lim_{[x]\to+\infty}\left(1+\frac{1}{[x]}\right)=\mathrm{e},$$

$$\lim_{[x]\to+\infty}\left(1+\frac{1}{[x]+1}\right)^{[x]}=\lim_{[x]\to+\infty}\left(1+\frac{1}{[x]+1}\right)^{[x]+1}\cdot\lim_{[x]\to+\infty}\left(1+\frac{1}{[x]+1}\right)^{-1}=\mathrm{e}.$$

所以根据夹逼准则, 则有

$$\lim_{x\to+\infty}\left(1+\frac{1}{x}\right)^{x}=\mathrm{e}.$$

其次考虑当 x 取实数且趋于 $-\infty$ 时, 令 $t=-x$, 则有 t 趋于 $+\infty$, 因此

$$\begin{aligned}\lim_{x\to-\infty}\left(1+\frac{1}{x}\right)^{x}&=\lim_{t\to+\infty}\left(1-\frac{1}{t}\right)^{-t}=\lim_{t\to+\infty}\left(1+\frac{1}{t-1}\right)^{t}\\&=\lim_{t\to+\infty}\left(1+\frac{1}{t-1}\right)^{t-1}\left(1+\frac{1}{t-1}\right)=\mathrm{e},\end{aligned}$$

所以

$$\lim_{x\to\infty}\left(1+\frac{1}{x}\right)^{x}=\mathrm{e}.$$

进一步, 利用复合函数的极限运算法则, 令 $u=\dfrac{1}{x}$, 则有

$$\lim_{u\to0}(1+u)^{\frac{1}{u}}=\mathrm{e}.$$

注　关于此极限的多种表现形式, 在具体运用时, 一定要加以区别. 更一般地, 在极限 $\lim[1+\alpha(x)]^{\frac{1}{\alpha(x)}}$ 中, 若 $\alpha(x)$ 是无穷小, 则

$$\lim[1+\alpha(x)]^{\frac{1}{\alpha(x)}}=\mathrm{e}.$$

证　令 $u=\dfrac{1}{\alpha(x)}$, 则 $u\to\infty$, 有

$$\lim[1+\alpha(x)]^{\frac{1}{\alpha(x)}}=\lim_{u\to\infty}\left(1+\frac{1}{u}\right)^{u},$$

根据 $\lim\limits_{x\to\infty}\left(1+\dfrac{1}{x}\right)^{x}=\mathrm{e}$, 所以

$$\lim[1+\alpha(x)]^{\frac{1}{\alpha(x)}}=\mathrm{e}\quad(\alpha(x)\to0).$$

在利用上述公式求极限时, 经常用到下列指数运算公式:

(1) $a^{xy}=(a^{x})^{y}=\left(a^{kx}\right)^{\frac{y}{k}}$, 其中常数 $k\neq0$;

(2) $a^{x}=a^{x-y+y}=a^{x-y}\cdot a^{y}$;

(3) $a^{-x}=\dfrac{1}{a^{x}}$.

例 8　求 $\lim\limits_{x\to\infty}\left(1+\dfrac{1}{x}\right)^{3x}$.

解 $\lim\limits_{x\to\infty}\left(1+\dfrac{1}{x}\right)^{3x}=\lim\limits_{x\to\infty}\left[\left(1+\dfrac{1}{x}\right)^{x}\right]^{3}=\left[\lim\limits_{x\to\infty}\left(1+\dfrac{1}{x}\right)^{x}\right]^{3}=\mathrm{e}^{3}.$

类似地,

$$\lim_{x\to\infty}\left(1+\frac{1}{x}\right)^{kx}=\lim_{x\to\infty}\left[\left(1+\frac{1}{x}\right)^{x}\right]^{k}=\mathrm{e}^{k},$$

其中 k 为任一常数.

例 9 求 $\lim\limits_{x\to\infty}\left(1-\dfrac{1}{x}\right)^{x}$.

解 令 $u=-x$, 则当 $x\to\infty$ 时, 有 $u\to\infty$. 因此

$$\lim_{x\to\infty}\left(1-\frac{1}{x}\right)^{x}=\lim_{u\to\infty}\left(1+\frac{1}{u}\right)^{-u}=\lim_{u\to\infty}\frac{1}{\left(1+\dfrac{1}{u}\right)^{u}}=\frac{1}{\mathrm{e}}.$$

或

$$\lim_{x\to\infty}\left(1-\frac{1}{x}\right)^{x}=\lim_{x\to\infty}\left(1+\frac{1}{-x}\right)^{-x\cdot(-1)}=\left[\lim_{x\to\infty}\left(1+\frac{1}{-x}\right)^{-x}\right]^{-1}=\mathrm{e}^{-1}.$$

一般地,

$$\lim_{x\to\infty}\left(1+\frac{k}{x}\right)^{x}=\lim_{x\to\infty}\left[\left(1+\frac{k}{x}\right)^{\frac{x}{k}}\right]^{k}=\mathrm{e}^{k},$$

其中常数 $k\neq 0$.

例 10 求 $\lim\limits_{x\to 0}(1-x)^{\frac{2}{x}}$.

解 $\lim\limits_{x\to 0}(1-x)^{\frac{2}{x}}=\lim\limits_{x\to 0}(1-x)^{-\frac{1}{x}\cdot(-2)}=\lim\limits_{x\to 0}\left[(1-x)^{-\frac{1}{x}}\right]^{-2}=\mathrm{e}^{-2}.$

例 11 求 $\lim\limits_{x\to\infty}\left(\dfrac{x+1}{x+2}\right)^{x}$.

分析 利用第二个重要极限 $\lim\limits_{x\to\infty}\left(1+\dfrac{1}{x}\right)^{x}=\mathrm{e}$ 求极限时, 要将底数写成数 1 与一个无穷小量之和的形式, 而指数则恰是该无穷小量的倒数.

解 由于

$$\frac{x+1}{x+2}=\frac{(x+2)-1}{x+2}=1+\frac{-1}{x+2},$$

故

$$\lim_{x\to\infty}\left(\frac{x+1}{x+2}\right)^{x}=\lim_{x\to\infty}\left(1+\frac{-1}{x+2}\right)^{x}=\lim_{x\to\infty}\left[\left(1+\frac{-1}{x+2}\right)^{-(x+2)}\right]^{\frac{-x}{x+2}}=\mathrm{e}^{-1}.$$

例 12 求 $\lim\limits_{x\to 0}(1+3\tan^{2}x)^{\cot^{2}x}$.

解 $\lim\limits_{x\to 0}(1+3\tan^{2}x)^{\cot^{2}x}=\lim\limits_{x\to 0}(1+3\tan^{2}x)^{\frac{1}{\tan^{2}x}}=\lim\limits_{x\to 0}\left[(1+3\tan^{2}x)^{\frac{1}{3\tan^{2}x}}\right]^{3}=\mathrm{e}^{3}.$

习　题　1.2

A 组

1. 求下列数列的极限:

(1) $\lim\limits_{n\to\infty}\dfrac{n}{3^n}$;

(2) $\lim\limits_{n\to\infty}\sqrt{1+\dfrac{1}{n}}$;

(3) $\lim\limits_{n\to\infty}\left(\dfrac{1}{n+\sqrt{1}}+\dfrac{1}{n+\sqrt{2}}+\cdots+\dfrac{1}{n+\sqrt{n}}\right)$;

(4) $\lim\limits_{n\to\infty}\sqrt[n]{1+\dfrac{1}{2!}+\dfrac{1}{3!}+\cdots+\dfrac{1}{n!}}$;

(5) $\lim\limits_{n\to\infty}n\left(\dfrac{1}{n^2+\pi}+\dfrac{1}{n^2+2\pi}+\cdots+\dfrac{1}{n^2+n\pi}\right)$;

(6) $\lim\limits_{n\to\infty}\sqrt[n]{\dfrac{2+(-1)^n}{2^n}}$.

2. 求下列极限:

(1) $\lim\limits_{x\to\infty}x\sin\dfrac{1}{x}$;

(2) $\lim\limits_{x\to 1}(1-x)\sec\dfrac{\pi x}{2}$;

(3) $\lim\limits_{x\to 0}(1-3\tan^2 x)^{\cot^2 x}$;

(4) $\lim\limits_{x\to\infty}\left(\dfrac{x-1}{x+3}\right)^{x+2}$;

(5) $\lim\limits_{x\to\infty}\left(\dfrac{x^2}{x^2-1}\right)^{x}$;

(6) $\lim\limits_{x\to 0}\dfrac{\sqrt{1+\tan x}-\sqrt{1+\sin x}}{x^3}$;

(7) $\lim\limits_{x\to\infty}x\left[\sin\ln\left(1+\dfrac{3}{x}\right)-\sin\ln\left(1+\dfrac{1}{x}\right)\right]$;

(8) $\lim\limits_{x\to\infty}\left(1-\dfrac{1}{x}\right)^{x+1}$;

(9) $\lim\limits_{n\to\infty}\left(\dfrac{2n-1}{2n+1}\right)^{n}$;

(10) $\lim\limits_{x\to\infty}\left(1-\dfrac{2}{x}\right)^{x}$;

(11) $\lim\limits_{x\to\infty}\left(1+\dfrac{5}{x}\right)^{x}$;

(12) $\lim\limits_{x\to\infty}\left(\dfrac{2x+3}{2x+1}\right)^{x+1}$.

3. 设 $0<x_n<1$, $x_{n+1}(1-x_n)\geqslant\dfrac{1}{4}(n=1,\ 2,\ \cdots)$, 证明数列 $\{x_n\}$ 极限存在, 并求此极限.

B 组

1. 证明: $\lim\limits_{n\to\infty}\dfrac{n}{a^n}=0\ (a>1)$.

2. 求下列极限:

(1) $\lim\limits_{n\to\infty}\left(\dfrac{1}{n^2+n+1}+\dfrac{2}{n^2+n+2}+\cdots+\dfrac{n}{n^2+n+n}\right)$;

(2) $\lim\limits_{n\to\infty}\left[\dfrac{n}{(n+1)^2}+\dfrac{n}{(n+2)^2}+\cdots+\dfrac{n}{(n+n)^2}\right]$;

(3) $I=\lim\limits_{n\to\infty}\left[\dfrac{\sin\frac{\pi}{n}}{n+1}+\dfrac{\sin\frac{2\pi}{n}}{n+\frac{1}{2}}+\cdots+\dfrac{\sin\frac{n\pi}{n}}{n+\frac{1}{n}}\right]$.

3. 设 $x_1=10$, $x_{n+1}=\sqrt{6+x_n}(n=1,2,\cdots)$, 试证数列 $\{x_n\}$ 极限存在, 并求此极限.

4. 求极限 $\lim\limits_{x\to 0}\left(\dfrac{a^x+b^x+c^x}{3}\right)^{\frac{1}{x}}$.

5. 单调数列是否一定收敛? 收敛数列是否一定单调?

1.3 高阶导数与高阶偏导数

1. 掌握高阶偏导数与高阶微分的定义;
2. 会求函数的高阶导数与高阶偏导数;
3. 了解高阶微分的简单计算.

1.3.1 高阶偏导数的定义

基础版已经学习了一元函数的高阶导数, 现在先用一小段篇幅来回顾一下. 函数 $y=f(x)$ 的导数 $y'=f'(x)$ 仍然是 x 的函数, 并将导数 $y'=f'(x)$ 的导数称为函数 $y=f(x)$ 的**二阶导数**, 记作

$$y'',\quad f''(x)\quad 或\quad \frac{\mathrm{d}^2y}{\mathrm{d}x^2},$$

即

$$y''=(y')',\quad f''(x)=[f'(x)]'\quad 或\quad \frac{\mathrm{d}^2y}{\mathrm{d}x^2}=\frac{\mathrm{d}}{\mathrm{d}x}\left(\frac{\mathrm{d}y}{\mathrm{d}x}\right).$$

相应地, 二阶导数 $y''=f''(x)$ 的导数称为函数 $y=f(x)$ 的**三阶导数**, 记作

$$y''',\quad f'''(x)\quad 或\quad \frac{\mathrm{d}^3y}{\mathrm{d}x^3},$$

即

$$y'''=(y'')',\quad f'''(x)=[f''(x)]'\quad 或\quad \frac{\mathrm{d}^3y}{\mathrm{d}x^3}=\frac{\mathrm{d}}{\mathrm{d}x}\left(\frac{\mathrm{d}^2y}{\mathrm{d}x^2}\right).$$

一般地, 函数 $y=f(x)$ 的 $n-1$ 阶导数的导数称为函数 $y=f(x)$ 的 ***n*阶导数**, 记作

$$y^{(n)},\quad f^{(n)}(x)\quad 或\quad \frac{\mathrm{d}^ny}{\mathrm{d}x^n},$$

即

$$y^{(n)}=\left(y^{(n-1)}\right)',\quad f^{(n)}(x)=\left[f^{(n-1)}(x)\right]'\quad 或\quad \frac{\mathrm{d}^ny}{\mathrm{d}x^n}=\frac{\mathrm{d}}{\mathrm{d}x}\left(\frac{\mathrm{d}^{n-1}y}{\mathrm{d}x^{n-1}}\right).$$

二阶及二阶以上的导数统称**高阶导数**.

与一元函数的高阶导数类似, 一般说来, 函数 $z=f(x,y)$ 的偏导数

$$\frac{\partial z}{\partial x}=f'_x(x,y),\quad \frac{\partial z}{\partial y}=f'_y(x,y),$$

还是 x,y 的二元函数. 如果上述两个函数的偏导数也存在, 则称它们是函数 $z=f(x,y)$ 的二阶偏导数, 按照对变量求导次序的不同一共有四个二阶偏导数, 分别记作

$$\frac{\partial^2 z}{\partial x^2}=\frac{\partial}{\partial x}\left(\frac{\partial z}{\partial x}\right)=f''_{xx}(x,y),\quad \frac{\partial^2 z}{\partial x\partial y}=\frac{\partial}{\partial y}\left(\frac{\partial z}{\partial x}\right)=f''_{xy}(x,y),$$

$$\frac{\partial^2 z}{\partial y\partial x}=\frac{\partial}{\partial x}\left(\frac{\partial z}{\partial y}\right)=f''_{yx}(x,y),\quad \frac{\partial^2 z}{\partial y^2}=\frac{\partial}{\partial y}\left(\frac{\partial z}{\partial y}\right)=f''_{yy}(x,y).$$

或简记为 z''_{xx}, z''_{xy}, z''_{yx}, z''_{yy}. 其中第二、三两个二阶偏导数 $\dfrac{\partial^2 z}{\partial x\partial y}$ 及 $\dfrac{\partial^2 z}{\partial y\partial x}$ 称为**二阶混合偏导数**. 类似地, 可以得到函数 $z=f(x,y)$ 的三阶、四阶 …… 直至 n 阶偏导数. 例如, 函数 $z=f(x,y)$ 的部分三阶偏导数

$$\frac{\partial^3 z}{\partial x^3}=\frac{\partial}{\partial x}\left(\frac{\partial^2 z}{\partial x^2}\right),\quad \frac{\partial^3 z}{\partial x^2\partial y}=\frac{\partial}{\partial y}\left(\frac{\partial^2 z}{\partial x^2}\right),\quad \frac{\partial^3 z}{\partial x\partial y\partial x}=\frac{\partial}{\partial x}\left(\frac{\partial^2 z}{\partial x\partial y}\right).$$

二阶及二阶以上的偏导数统称为**高阶偏导数**.

例 1 求函数 $z=x^3+y^3-3xy^2$ 的所有二阶偏导数.

解

$$\frac{\partial z}{\partial x}=3x^2-3y^2,\quad \frac{\partial z}{\partial y}=3y^2-6xy,$$

$$\frac{\partial^2 z}{\partial x^2}=6x,\quad \frac{\partial^2 z}{\partial x\partial y}=-6y,$$

$$\frac{\partial^2 z}{\partial y\partial x}=-6y,\quad \frac{\partial^2 z}{\partial y^2}=6y-6x.$$

例 2 求函数 $z=x^2ye^y$ 的所有二阶偏导数.

解

$$\frac{\partial z}{\partial x}=2xye^y,\quad \frac{\partial z}{\partial y}=x^2(e^y+ye^y)=x^2(1+y)e^y,$$

$$\frac{\partial^2 z}{\partial x^2}=2ye^y,\quad \frac{\partial^2 z}{\partial x\partial y}=2x(e^y+ye^y)=2x(1+y)e^y,$$

$$\frac{\partial^2 z}{\partial y\partial x}=2x(1+y)e^y,\quad \frac{\partial^2 z}{\partial y^2}=x^2(2+y)e^y.$$

在上面两个例题中, 两个二阶混合偏导数都相等, 即

$$\frac{\partial^2 z}{\partial x\partial y}=\frac{\partial^2 z}{\partial y\partial x},$$

虽说这不纯粹是一种巧合, 但这个等式也并不是对所有函数都能成立.

例 3 求函数

$$f(x,y)=\begin{cases}\dfrac{x^3y}{x^2+y^2}, & (x,y)\neq(0,0),\\ 0, & (x,y)=(0,0)\end{cases}$$

在点 $(0,0)$ 处的二阶混合偏导数.

解 当 $(x,y) \neq (0,0)$ 时, 有

$$f_x'(x,y) = \frac{3x^2y(x^2+y^2) - 2x \cdot x^3y}{(x^2+y^2)^2} = \frac{3x^2y}{x^2+y^2} - \frac{2x^4y}{(x^2+y^2)^2},$$

$$f_y'(x,y) = \frac{x^3}{x^2+y^2} - \frac{2x^3y^2}{(x^2+y^2)^2},$$

当 $(x,y) = (0,0)$ 时, 根据偏导数的定义, 有

$$f_x'(0,0) = \lim_{\Delta x \to 0} \frac{f(\Delta x,0) - f(0,0)}{\Delta x} = \lim_{\Delta x \to 0} \frac{0}{\Delta x} = 0,$$

$$f_y'(0,0) = \lim_{\Delta y \to 0} \frac{f(0,\Delta y) - f(0,0)}{\Delta y} = \lim_{\Delta y \to 0} \frac{0}{\Delta y} = 0,$$

因此

$$f_{xy}''(0,0) = \lim_{\Delta y \to 0} \frac{f_x'(0,\Delta y) - f_x'(0,0)}{\Delta y} = 0,$$

$$f_{yx}''(0,0) = \lim_{\Delta x \to 0} \frac{f_y'(\Delta x,0) - f_y'(0,0)}{\Delta x} = 1.$$

定理 1.3.1 如果函数 $z = f(x,y)$ 的两个二阶混合偏导数 $\frac{\partial^2 z}{\partial x \partial y}$ 及 $\frac{\partial^2 z}{\partial y \partial x}$ 在区域 D 内连续, 那么在该区域内这两个二阶混合偏导数必相等.

注 类似地, 可得到三元、四元 …… 直至 n 元函数的高阶偏导数, 而且高阶混合偏导数在偏导数连续的条件下也与求导的次序无关.

例 4 设函数 $z = x^3y^2 - 3xy^3 - xy + 1$, 求 $\frac{\partial^2 z}{\partial x^2}$, $\frac{\partial^3 z}{\partial x^3}$, $\frac{\partial^2 z}{\partial y \partial x}$ 和 $\frac{\partial^2 z}{\partial x \partial y}$.

解

$$\frac{\partial z}{\partial x} = 3x^2y^2 - 3y^3 - y, \quad \frac{\partial z}{\partial y} = 2x^3y - 9xy^2 - x,$$

$$\frac{\partial^2 z}{\partial x^2} = 6xy^2, \quad \frac{\partial^3 z}{\partial x^3} = 6y^2,$$

$$\frac{\partial^2 z}{\partial x \partial y} = 6x^2y - 9y^2 - 1, \quad \frac{\partial^2 z}{\partial y \partial x} = 6x^2y - 9y^2 - 1.$$

1.3.2 高阶导数的求导法则

如果函数 $u = u(x)$ 及 $v = v(x)$ 都在点 x 处具有 n 阶导数, 那么函数 $u(x) \pm v(x)$ 在点 x 处也具有 n 阶导数, 并且

$$(u \pm v)^{(n)} = u^{(n)} \pm v^{(n)}.$$

由积的求导法则可知

$$(uv)' = u'v + uv',$$

因此有

$$(uv)'' = (u'v + uv')' = u''v + 2u'v' + uv'',$$

$$(uv)''' = (u''v + 2u'v' + uv'')' = u'''v + 3u''v' + 3u'v'' + uv'''.$$

一般地, 用数学归纳法可以证明

$$(uv)^{(n)} = \sum_{k=0}^{n} \mathrm{C}_n^k u^{(k)} v^{(n-k)}.$$

上式被称为**莱布尼茨公式**.

求高阶导数的方法主要有两种: 一种根据定义逐步求高阶导数的**直接法**; 另一种是利用已知的高阶导数公式, 通过四则运算、变量代换等技巧, 求高阶导数的**间接法**.

例 5 设 $y = x^4$, 求 $y^{(n)}$.

解 $y' = 4x^3, y'' = 12x^2, y''' = 24x, y^{(4)} = 24, y^{(5)} = y^{(6)} = \cdots = 0.$

例 6 设 $y = \sin x$, 求 $y^{(n)}$.

解 $y' = (\sin x)' = \cos x = \sin\left(x + \dfrac{\pi}{2}\right),$

$$y'' = (\sin x)'' = \left[\sin\left(x + \frac{\pi}{2}\right)\right]' = \left[\cos\left(x + \frac{\pi}{2}\right)\right] \cdot \left(x + \frac{\pi}{2}\right)' = \sin\left(x + 2 \cdot \frac{\pi}{2}\right),$$

$$y''' = \left[\sin\left(x + 2 \cdot \frac{\pi}{2}\right)\right]' = \cos\left(x + 2 \cdot \frac{\pi}{2}\right) = \sin\left(x + 3 \cdot \frac{\pi}{2}\right).$$

一般地, 可得

$$y^{(n)} = (\sin x)^{(n)} = \sin\left(x + n \cdot \frac{\pi}{2}\right).$$

同理有

$$(\cos x)^{(n)} = \cos\left(x + n \cdot \frac{\pi}{2}\right).$$

例 7 设 $y = a^x (a > 0, a \neq 1)$, 求 $y^{(n)}$.

解

$$y' = a^x \ln a,$$

$$y'' = (a^x \ln a)' = \ln a (a^x)' = a^x (\ln a)^2,$$

一般地, 可得

$$y^{(n)} = a^x (\ln a)^n.$$

特别地, 有

$$(\mathrm{e}^x)^{(n)} = \mathrm{e}^x.$$

例 8 设 $y = \ln(1 + x)$, 求 $y^{(n)}$.

解

$$y' = \frac{1}{1+x}, \quad y'' = -\frac{1}{(1+x)^2}, \quad y''' = \frac{1 \cdot 2}{(1+x)^3}, \quad y^{(4)} = -\frac{1 \cdot 2 \cdot 3}{(1+x)^4},$$

一般地, 可得

$$y^{(n)} = (-1)^{n-1} \frac{(n-1)!}{(1+x)^n},$$

即

$$(\ln(1+x))^{(n)} = (-1)^{n-1} \frac{(n-1)!}{(1+x)^n}.$$

通常规定 $0! = 1$, 所以这个公式当 $n = 1$ 时也成立.

例 9 设 $y = x^{\mu}$(μ 是任意常数), 求 $y^{(n)}$.

解

$$y' = \mu x^{\mu-1},$$

$$y'' = \mu(\mu-1)x^{\mu-2},$$

$$y''' = \mu(\mu-1)(\mu-2)x^{\mu-3},$$

$$y^{(4)} = \mu(\mu-1)(\mu-2)(\mu-3)x^{\mu-4},$$

一般地, 可得

$$y^{(n)} = \mu(\mu-1)(\mu-2)\cdots(\mu-n+1)x^{\mu-n},$$

即

$$(x^{\mu})^{(n)} = \mu(\mu-1)(\mu-2)\cdots(\mu-n+1)x^{\mu-n}.$$

当 $\mu = n$ 时, 得

$$(x^n)^{(n)} = n(n-1)(n-2)\cdots 3 \cdot 2 \cdot 1 = n!,$$

且

$$(x^n)^{(n+1)} = 0.$$

注 利用直接法求函数 $y = f(x)$ 的 n 阶导数, 关键是寻找规律, 最后归纳出一般规律.

例 10 设 $y = \dfrac{1}{x^2-5x-6}$, 求 $y^{(n)}$.

解 因为

$$y = \frac{1}{x^2-5x-6} = \frac{1}{7}\left(\frac{1}{x-6} - \frac{1}{x+1}\right) = \frac{1}{7}(x-6)^{-1} - \frac{1}{7}(x+1)^{-1},$$

所以由例 9 的结论可得

$$y^{(n)} = \frac{(-1)^n}{7} n!\,(x-6)^{-(n+1)} - \frac{(-1)^n}{7} n!\,(x+1)^{-(n+1)}$$

$$= \frac{(-1)^n}{7} n! \left(\frac{1}{(x-6)^{(n+1)}} - \frac{1}{(x+1)^{(n+1)}} \right).$$

例 11 设 $y = x^2 \mathrm{e}^{2x}$, 求 $y^{(20)}$.

解 设 $u = x^2, v = \mathrm{e}^{2x}$, 则

$$u' = 2x, \quad u'' = 2, \quad u''' = u^{(4)} = \cdots = u^{(20)} = 0,$$

$$v^{(k)} = 2^k \mathrm{e}^{2x} \quad (k = 1, 2, \cdots, 20).$$

故代入莱布尼茨公式, 得

$$y^{(20)} = (uv)^{(20)} = \sum_{k=0}^{20} \mathrm{C}_{20}^k u^{(k)} v^{(n-k)} = \mathrm{C}_{20}^0 uv^{(20)} + \mathrm{C}_{20}^1 u'v^{(19)} + \mathrm{C}_{20}^2 u''v^{(18)}$$

$$= x^2 \cdot 2^{20} \mathrm{e}^{2x} + 20 \cdot 2x \cdot 2^{19} \mathrm{e}^{2x} + \frac{20 \cdot 19}{2!} \cdot 2 \cdot 2^{18} \mathrm{e}^{2x}$$

$$= 2^{20} \mathrm{e}^{2x} \left(x^2 + 20x + 95 \right).$$

1.3.3 高阶微分

已知函数 $y = f(x)$, 则它的微分为

$$\mathrm{d}y = f'(x)\mathrm{d}x,$$

亦可称为**一阶微分**. 类似地, **二阶微分**定义为

$$\mathrm{d}(\mathrm{d}y) = \mathrm{d}(f'(x)\mathrm{d}x) = (f'(x)\mathrm{d}x)' \mathrm{d}x = f''(x)\mathrm{d}x \cdot \mathrm{d}x = f''(x)(\mathrm{d}x)^2,$$

记作

$$\mathrm{d}^2 y = f''(x)\mathrm{d}x^2.$$

一般地, 已知函数 $y = f(x)$, 若它的 $n-1$ 阶微分为

$$\mathrm{d}^{n-1} y = f^{(n-1)}(x)\mathrm{d}x^{n-1},$$

则 n**阶微分**定义为

$$\mathrm{d}\left(\mathrm{d}^{n-1} y\right) = \mathrm{d}\left(f^{n-1}(x)\mathrm{d}x^{n-1}\right) = \left(f^{n-1}(x)\mathrm{d}x^{n-1}\right)' \mathrm{d}x = f^{(n)}(x)(\mathrm{d}x)^n,$$

记作

$$\mathrm{d}^n y = f^{(n)}(x)\mathrm{d}x^n.$$

由此可得

$$\frac{\mathrm{d}^n y}{\mathrm{d}x^n} = f^{(n)}(x),$$

这就是记 n 阶导数为 $\dfrac{\mathrm{d}^n y}{\mathrm{d}x^n}$ 的原因.

注 $\mathrm{d}y^n$ 表示微分 $\mathrm{d}y$ 的 n 次方, 即 $\mathrm{d}y^n=(\mathrm{d}y)^n$, $\mathrm{d}(y^n)$ 表示 y^n 的一阶微分, $\mathrm{d}^n y$ 表示 y 的 n 阶微分.

例 12 设函数 $y=4x^3+3$, 求 d^2y.

解 $\mathrm{d}y=12x^2\mathrm{d}x, \mathrm{d}^2y=y''\mathrm{d}x^2=24x\mathrm{d}x^2$.

注 一阶微分具有微分形式不变性, 但高阶微分不具有微分形式不变性. 请看下例.

例 13 设 $y=f(u)=\sin u,\ u=\varphi(x)=x^2$. 求 d^2y.

分析 若以 $y=\sin u$ 求二阶微分, 然后代入 $u=x^2$, 则有

$$\mathrm{d}^2y=(\sin u)''(\mathrm{d}u)^2=-\sin u(\mathrm{d}u)^2=-\sin x^2(2x\mathrm{d}x)^2=-4x^2\sin x^2\mathrm{d}x^2;$$

倘若先把 $u=x^2$ 代入 $y=\sin u$, 再求二阶微分, 可得

$$\mathrm{d}^2y=\mathrm{d}^2\sin x^2=(2\cos x^2-4x^2\sin x^2)\mathrm{d}x^2=2\cos x^2\mathrm{d}x^2-4x^2\sin x^2\mathrm{d}x^2.$$

由此可见, 上述两种结果并不相等. 即二阶微分已经不具有形式不变性.

高阶微分不具有微分形式不变性, 这正是高阶微分与一阶微分之间的重要差别. 一般地, 求复合函数的高阶微分, 可以采用逐阶求微分的方法.

解
$$\mathrm{d}y=\cos u\mathrm{d}u,$$

$$\mathrm{d}^2y=\mathrm{d}(\cos u\mathrm{d}u)=\mathrm{d}(\cos u)\,\mathrm{d}u+\cos u\mathrm{d}(\mathrm{d}u)=-\sin u\mathrm{d}u^2+\cos u\mathrm{d}^2u,$$

因 $u=\varphi(x)=x^2$, 于是

$$\mathrm{d}u=2x\mathrm{d}x,\quad \mathrm{d}u^2=(\mathrm{d}u)^2=4x^2\mathrm{d}x^2,\quad \mathrm{d}^2u=\mathrm{d}(\mathrm{d}u)=u''\mathrm{d}x^2=2\mathrm{d}x^2.$$

故

$$\begin{aligned}\mathrm{d}^2y&=-\sin u\mathrm{d}u^2+\cos u\mathrm{d}^2u=-\sin x^2\cdot\left(4x^2\mathrm{d}x^2\right)+\cos x^2\cdot\left(2\mathrm{d}x^2\right)\\&=\left(-4x^2\sin x^2+2\cos x^2\right)\mathrm{d}x^2.\end{aligned}$$

注 上例表明, 求复合函数的高阶微分, 也可先把中间变量消去后, 再求之.

习 题 1.3

A 组

1. 求下列函数的二阶偏导数:

(1) $z=x^2y-4x\sin y+y^2$;

(2) $z=x^y(x>0,x\neq 1)$;

(3) $z=x^3y^2-3xy^3-xy$;

(4) $z=x^2+y^2-xy+1$;

(5) $z=x\mathrm{e}^{xy}$;

(6) $z=\mathrm{e}^x(\cos y+x\sin y)$.

2. 验证函数 $z=\ln\sqrt{x^2+y^2}$ 满足方程 $\dfrac{\partial^2 z}{\partial x^2}+\dfrac{\partial^2 z}{\partial y^2}=0$.

B 组

1. 若在区域 D 内, 函数 $f(x,y)$ 的所有二阶偏导数都存在, 则 (　　).

A. 必有 $\dfrac{\partial^2 f}{\partial x\partial y}=\dfrac{\partial^2 f}{\partial y\partial x}$

B. $f(x,y)$ 在 D 内必连续

C. $f(x,y)$ 在 D 内必可微

D. 以上结论都不对

2. 设函数 $y=\dfrac{1}{2x+3}$, 则 $y^{(n)}(0)=$____________.

3. 设函数 $f(u,v)$ 由关系式 $f(xg(y),y)=x+g(y)$ 确定, 其中函数 $g(y)$ 可微, 且 $g(y)\neq 0$, 则 $\dfrac{\partial^2 f}{\partial u\partial v}=$____________.

4. $z=\sin(2x+3y)$, 求 z'_x, z'_y, z''_{xx}, z''_{yy}, z''_{xy}.

1.4　函数的求导法则

1. 掌握复合函数的链式求导法则;
2. 会利用导数的定义求分段函数的导数;
3. 会求隐函数的导数.

1.4.1　复合函数的求导法则

1. 一元复合函数求导的链式法则

基础版我们简单介绍了一元复合函数求导的链式法则, 在此我们首先给出定理的另一种证明方法, 然后将结论做了进一步推广, 并介绍求导法则的一个重要应用——对数求导法.

定理 1.4.1　设函数 $u=g(x)$ 在 $x=x_0$ 处可导, 函数 $y=f(u)$ 在 $u=u_0=g(x_0)$ 处可导, 则复合函数 $y=f(g(x))$ 在 $x=x_0$ 处可导, 并且

$$[f(g(x))]'\big|_{x=x_0}=f'(u_0)\cdot g'(x_0)=f'(g(x_0))\cdot g'(x_0),$$

即

$$\left.\frac{\mathrm{d}y}{\mathrm{d}x}\right|_{x=x_0}=\left.\frac{\mathrm{d}y}{\mathrm{d}u}\right|_{u=u_0}\cdot\left.\frac{\mathrm{d}u}{\mathrm{d}x}\right|_{x=x_0}.$$

证 因为函数 $y=f(u)$ 在 $u=u_0=g(x_0)$ 处可导, $u=g(x)$ 在 $x=x_0$ 处可导, 则有

$$\lim_{\Delta u\to 0}\frac{\Delta y}{\Delta u}=f'(u_0),\quad \lim_{\Delta x\to 0}\frac{\Delta u}{\Delta x}=g'(x_0).$$

因此

$$\frac{\Delta y}{\Delta u}=f'(u_0)+\varepsilon_1,\quad \frac{\Delta u}{\Delta x}=g'(x_0)+\varepsilon_2,$$

其中 $\lim\limits_{\Delta u\to 0}\varepsilon_1=0,\ \lim\limits_{\Delta x\to 0}\varepsilon_2=0$. 于是

$$\Delta y=f'(u_0)\Delta u+\varepsilon_1\Delta u,\quad \Delta u=g'(x_0)\Delta x+\varepsilon_2\Delta x,$$

故

$$\Delta y=[f'(u_0)+\varepsilon_1][g'(x_0)+\varepsilon_2]\Delta x,$$

因此

$$\frac{\Delta y}{\Delta x}=[f'(u_0)+\varepsilon_1][g'(x_0)+\varepsilon_2].$$

由于函数 $u=g(x)$ 在 $x=x_0$ 处可导, 所以 $\lim\limits_{\Delta x\to 0}\Delta u=0$, 于是

$$\left.\frac{\mathrm{d}y}{\mathrm{d}x}\right|_{x=x_0}=\lim_{\Delta x\to 0}\frac{\Delta y}{\Delta x}=[f'(u_0)+\lim_{\Delta u\to 0}\varepsilon_1][g'(x_0)+\lim_{\Delta x\to 0}\varepsilon_2]=f'(u_0)g'(x_0).$$

复合函数的求导法则可以写成

$$\frac{\mathrm{d}y}{\mathrm{d}x}=\frac{\mathrm{d}y}{\mathrm{d}u}\cdot\frac{\mathrm{d}u}{\mathrm{d}x}.$$

说明 (1) 若 $y=f(u)$, $u=\varphi(x)$, 则复合函数 $y=f(\varphi(x))$ 的导数为

$$y'=f'(u)\cdot\varphi'(x),$$

或者写成

$$\frac{\mathrm{d}y}{\mathrm{d}x}=\frac{\mathrm{d}y}{\mathrm{d}u}\cdot\frac{\mathrm{d}u}{\mathrm{d}x}.$$

上述复合函数的求导法则称为**链式法则**.

(2) 注意 $f'(\varphi(x))=f'(u)|_{u=\varphi(x)}$ 与 $(f(\varphi(x)))'=f'(\varphi(x))\cdot\varphi'(x)$ 写法与含义的区别.

例如, 设 $y=f(u)=u^2$, $u=\varphi(x)=2x$, 则

$$f'(\varphi(x))=\left.\left(u^2\right)'\right|_{u=2x}=2u|_{u=2x}=4x,$$

而

$$(f(\varphi(x)))'=f'(\varphi(x))\cdot\varphi'(x)=4x\cdot(2x)'=8x.$$

(3) 多个中间变量的情形：例如，设 $y=f(u)$, $u=\varphi(v)$, $v=\psi(x)$, 则复合函数 $y=f(\varphi(\psi(x)))$ 的导数

$$\frac{\mathrm{d}y}{\mathrm{d}x}=\frac{\mathrm{d}y}{\mathrm{d}u}\cdot\frac{\mathrm{d}u}{\mathrm{d}v}\cdot\frac{\mathrm{d}v}{\mathrm{d}x}.$$

(4) 对复合函数求导的结果我们一般应用最终自变量 (如以上的 x) 表示.

例 1　求幂函数 $y=x^{\alpha}(\alpha\in\mathbf{R},x>0)$ 的导数.

解　幂函数

$$y=x^{\alpha}=\mathrm{e}^{\ln x^{\alpha}}=\mathrm{e}^{\alpha\ln x}$$

可看成函数 $y=\mathrm{e}^{u}$ 与 $u=\alpha\ln x$ 复合而成, 根据复合函数求导法则, 有

$$(x^{\alpha})'=(\mathrm{e}^{\alpha\ln x})'=(\mathrm{e}^{u})'\cdot u'(x)=\mathrm{e}^{u}\cdot\frac{\alpha}{x}=\alpha x^{\alpha-1}.$$

因此

$$(x^{\alpha})'=\alpha x^{\alpha-1}.$$

例 2　求函数 $y=\ln|x|$ 的导数.

解　当 $x>0$ 时, 有

$$(\ln|x|)'=(\ln x)'=\frac{1}{x}.$$

当 $x<0$ 时, 令 $u=-x$, 则有

$$(\ln|x|)=(\ln u)'\cdot u'(x)=\frac{1}{u}\cdot(-1)=\frac{1}{x},$$

所以

$$(\ln|x|)'=\frac{1}{x}.$$

例 3　求函数 $y=\ln\sin x$ 的导数.

解　令 $u=\sin x$, 则有

$$(\ln\sin x)'=(\ln u)'\cdot u'(x)=\frac{1}{u}\cdot\cos x=\frac{\cos x}{\sin x}=\cot x.$$

例 4　求函数 $y=\mathrm{e}^{\sin\frac{1}{1+x}}$ 的导数.

解　幂函数 $y=\mathrm{e}^{\sin\frac{1}{1+x}}$ 可看成函数 $y=\mathrm{e}^{u}$, $u=\sin\dfrac{1}{1+x}$ 与 $v=\dfrac{1}{1+x}$ 复合而成, 根据复合函数求导法则, 则有

$$\begin{aligned}y'&=\left(\mathrm{e}^{\sin\frac{1}{1+x}}\right)'=(\mathrm{e}^{u})'\cdot(\sin v)'\cdot\left(\frac{1}{1+x}\right)'=\mathrm{e}^{u}\cdot\cos v\cdot\frac{-1}{(1+x)^2}\\&=-\frac{1}{(1+x)^2}\cos\frac{1}{1+x}\mathrm{e}^{\sin\frac{1}{1+x}}.\end{aligned}$$

2. 多元复合函数的求导法则

1) 复合函数的中间变量均为一元函数的情形

定理 1.4.2 如果函数 $u=\varphi(t)$ 及 $v=\psi(t)$ 都在点 t 可导, 函数 $z=f(u,v)$ 在对应点 (u,v) 具有连续偏导数, 则复合函数 $z=f(\varphi(t),\psi(t))$ 在点 t 可导, 且有

$$\frac{\mathrm{d}z}{\mathrm{d}t}=\frac{\partial z}{\partial u}\cdot\frac{\mathrm{d}u}{\mathrm{d}t}+\frac{\partial z}{\partial v}\cdot\frac{\mathrm{d}v}{\mathrm{d}t}.$$

证 因为 $z=f(u,v)$ 具有连续的偏导数, 所以它是可微的, 即有

$$\mathrm{d}z=\frac{\partial z}{\partial u}\mathrm{d}u+\frac{\partial z}{\partial v}\mathrm{d}v.$$

又因为 $u=\varphi(t)$ 及 $v=\psi(t)$ 都可导, 因而可微, 即有

$$\mathrm{d}u=\frac{\mathrm{d}u}{\mathrm{d}t}\mathrm{d}t,\quad \mathrm{d}v=\frac{\mathrm{d}v}{\mathrm{d}t}\mathrm{d}t,$$

代入上式得

$$\mathrm{d}z=\frac{\partial z}{\partial u}\cdot\frac{\mathrm{d}u}{\mathrm{d}t}\mathrm{d}t+\frac{\partial z}{\partial v}\cdot\frac{\mathrm{d}v}{\mathrm{d}t}\mathrm{d}t=\left(\frac{\partial z}{\partial u}\cdot\frac{\mathrm{d}u}{\mathrm{d}t}+\frac{\partial z}{\partial v}\cdot\frac{\mathrm{d}v}{\mathrm{d}t}\right)\mathrm{d}t,$$

所以

$$\frac{\mathrm{d}z}{\mathrm{d}t}=\frac{\partial z}{\partial u}\cdot\frac{\mathrm{d}u}{\mathrm{d}t}+\frac{\partial z}{\partial v}\cdot\frac{\mathrm{d}v}{\mathrm{d}t}.$$

这里出现的导数 $\dfrac{\mathrm{d}z}{\mathrm{d}t}$ 称为**全导数**.

定理 1.4.2 的结论可以推广到复合函数的中间变量多于两个的情形. 例如, 如果函数 $u=\varphi(t),v=\psi(t)$ 及 $w=\omega(t)$ 都在点 t 可导, 函数 $z=f(u,v,w)$ 在对应点 (u,v,w) 具有连续偏导数, 则复合函数 $z=f(\varphi(t),\psi(t),\omega(t))$ 在点 t 可导, 且有

$$\frac{\mathrm{d}z}{\mathrm{d}t}=\frac{\partial z}{\partial u}\frac{\mathrm{d}u}{\mathrm{d}t}+\frac{\partial z}{\partial v}\frac{\mathrm{d}v}{\mathrm{d}t}+\frac{\partial z}{\partial w}\frac{\mathrm{d}w}{\mathrm{d}t}.$$

例 5 设 $z=u^2v,\ u=\cos t,\ v=\sin t$, 求全导数 $\dfrac{\mathrm{d}z}{\mathrm{d}t}$.

解 **方法一** 由复合函数的求导法则得

$$\frac{\mathrm{d}z}{\mathrm{d}t}=\frac{\partial z}{\partial u}\cdot\frac{\mathrm{d}u}{\mathrm{d}t}+\frac{\partial z}{\partial v}\cdot\frac{\mathrm{d}v}{\mathrm{d}t}=2uv\cdot(-\sin t)+u^2\cdot\cos t.$$

将 $u=\cos t,\ v=\sin t$ 代入上式, 得

$$\frac{\mathrm{d}z}{\mathrm{d}t}=\frac{\partial z}{\partial u}\cdot\frac{\mathrm{d}u}{\mathrm{d}t}+\frac{\partial z}{\partial v}\cdot\frac{\mathrm{d}v}{\mathrm{d}t}=-2\sin^2 t\cos t+\cos^3 t.$$

方法二　将 $u=\cos t$, $v=\sin t$ 代入 $z=u^2v$, 得

$$z=\cos^2 t\sin t,$$

所以

$$\frac{\mathrm{d}z}{\mathrm{d}t}=\left(\cos^2 t\right)'\cdot\sin t+\cos^2 t\cdot(\sin t)'=-2\sin^2 t\cos t+\cos^3 t.$$

注　全导数实际上是一元函数的导数, 只是求导的过程是借助于偏导数来完成而已.

例 6　设 $z=\arctan(x-y^2)$, $x=3t$, $y=4t^2$, 求全导数 $\dfrac{\mathrm{d}z}{\mathrm{d}t}$.

解　由复合函数的求导法则得

$$\frac{\mathrm{d}z}{\mathrm{d}t}=\frac{\partial z}{\partial x}\cdot\frac{\mathrm{d}x}{\mathrm{d}t}+\frac{\partial z}{\partial y}\cdot\frac{\mathrm{d}y}{\mathrm{d}t}=\frac{1}{1+(x-y^2)^2}(1\times 3-2y\times 8t)=\frac{3-64t^3}{1+(3t-16t^4)^2}.$$

思考　设 $z=f(t,v)$, $v=\psi(t)$, 则 $\dfrac{\mathrm{d}z}{\mathrm{d}t}=?$

解答　令 $u=t$, 则根据复合函数的求导法则知

$$\frac{\mathrm{d}z}{\mathrm{d}t}=\frac{\partial z}{\partial u}\cdot\frac{\mathrm{d}u}{\mathrm{d}t}+\frac{\partial z}{\partial v}\cdot\frac{\mathrm{d}v}{\mathrm{d}t}=\frac{\partial z}{\partial u}+\frac{\partial z}{\partial v}\cdot\frac{\mathrm{d}v}{\mathrm{d}t}.$$

由此可得

$$\frac{\mathrm{d}z}{\mathrm{d}t}=\frac{\partial z}{\partial t}+\frac{\partial z}{\partial v}\cdot\frac{\mathrm{d}v}{\mathrm{d}t}.$$

2) 复合函数的中间变量均为多元函数的情形

定理 1.4.3　如果函数 $u=\varphi(x,y)$ 及 $v=\psi(x,y)$ 都在点 (x,y) 具有对 x 及 y 的偏导数, 函数 $z=f(u,v)$ 在对应点 (u,v) 具有连续偏导数, 则复合函数 $z=f(\varphi(x,y),\psi(x,y))$ 在点 (x,y) 的两个偏导数存在, 且有

$$\frac{\partial z}{\partial x}=\frac{\partial z}{\partial u}\cdot\frac{\partial u}{\partial x}+\frac{\partial z}{\partial v}\cdot\frac{\partial v}{\partial x},\quad \frac{\partial z}{\partial y}=\frac{\partial z}{\partial u}\cdot\frac{\partial u}{\partial y}+\frac{\partial z}{\partial v}\cdot\frac{\partial v}{\partial y}.$$

这个公式称为求复合函数偏导数的**链式法则**.

由于在求偏导数 $\dfrac{\partial z}{\partial x}$ 时, 可将复合函数 $z=f(\varphi(x,y),\psi(x,y))$ 中的 y 视为常量, 因此 $u=\varphi(x,y)$ 及 $v=\psi(x,y)$ 可看作是一元函数而可以应用定理 1.4.2, 所以可完全类似地得到定理 1.4.3 的结论. 证明过程留给读者.

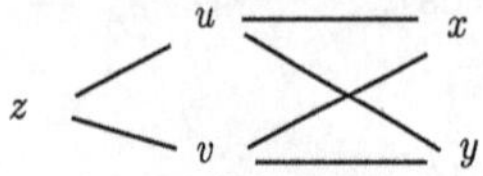

z　u　v　x　y

图1.16

注　复合函数偏导数的链式法则可以借助函数的复合关系图来帮助理解. 求函数对某一自变量的偏导数, 首先在复合关系图上找出函数与此自变量之间的所有 “路径”, 同一 “路径” 上, 由前面的变量对后面的变量求导, 然后相乘, 每一条 “路径” 确定一

项; 再将所有的项相加即为所求. 例如, 复合函数 $z=f(u,v)$, 其中 $u=\varphi(x,y)$ 及 $v=\psi(x,y)$, 求 $\frac{\partial z}{\partial x}$.根据题意知, 函数 $z=f(u,v)$ 的复合关系如图 1.16 所示, 由 z 到 x 的路径有两条: $z\to u\to x$ 和 $z\to v\to x$; 路径 $z\to u\to x$ 确定的项为 $\frac{\partial z}{\partial u}\cdot\frac{\partial u}{\partial x}$, 路径 $z\to v\to x$ 确定的项为 $\frac{\partial z}{\partial v}\cdot\frac{\partial v}{\partial x}$, 因此

$$\frac{\partial z}{\partial x}=\frac{\partial z}{\partial u}\cdot\frac{\partial u}{\partial x}+\frac{\partial z}{\partial v}\cdot\frac{\partial v}{\partial x}.$$

例 7 设 $z=\frac{x^2}{y^2}\ln(2x-y)$, 求 $\frac{\partial z}{\partial x},\frac{\partial z}{\partial y}$.

解 **方法一** 令 $u=\frac{x}{y},v=2x-y$, 原式可写成

$$z=u^2\ln v,$$

由复合函数求导法则, 得

$$\frac{\partial z}{\partial x}=\frac{\partial z}{\partial u}\cdot\frac{\partial u}{\partial x}+\frac{\partial z}{\partial v}\cdot\frac{\partial v}{\partial x},\quad \frac{\partial z}{\partial y}=\frac{\partial z}{\partial u}\cdot\frac{\partial u}{\partial y}+\frac{\partial z}{\partial v}\cdot\frac{\partial v}{\partial y},$$

即

$$\begin{aligned}\frac{\partial z}{\partial x}&=2u\ln v\cdot\frac{1}{y}+\frac{u^2}{v}\cdot 2=\frac{2x}{y^2}\ln(2x-y)+\frac{2x^2}{y^2(2x-y)},\\ \frac{\partial z}{\partial y}&=\frac{\partial z}{\partial u}\cdot\frac{\partial u}{\partial y}+\frac{\partial z}{\partial v}\cdot\frac{\partial v}{\partial y}=2u\ln v\cdot\left(-\frac{x}{y^2}\right)+\frac{u^2}{v}\cdot(-1)\\ &=-\frac{2x^2}{y^3}\ln(2x-y)-\frac{x^2}{y^2(2x-y)}.\end{aligned}$$

方法二 利用一元函数求导法则求偏导, 可直接求出两个偏导数 $\frac{\partial z}{\partial x},\frac{\partial z}{\partial y}$, 即

$$\frac{\partial z}{\partial x}=\frac{2x}{y^2}\ln(2x-y)+\frac{2x^2}{y^2(2x-y)},\quad \frac{\partial z}{\partial y}=-\frac{2x^2}{y^3}\ln(2x-y)-\frac{x^2}{y^2(2x-y)}.$$

例 8 设 $z=u^2\ln v$, $u=\frac{x}{y}$, $v=3x-y$, 求 $\frac{\partial z}{\partial x}$ 和 $\frac{\partial z}{\partial y}$.

解 由复合函数的求导法则, 得

$$\begin{aligned}\frac{\partial z}{\partial x}&=\frac{\partial z}{\partial u}\cdot\frac{\partial u}{\partial x}+\frac{\partial z}{\partial v}\cdot\frac{\partial v}{\partial x}=2u\ln v\cdot\frac{1}{y}+u^2\cdot\frac{1}{v}\cdot 3\\ &=\frac{2x}{y^2}\ln(3x-y)+\frac{3x^2}{y^2(3x-y)},\end{aligned}$$

$$\frac{\partial z}{\partial y}=\frac{\partial z}{\partial u}\cdot\frac{\partial u}{\partial y}+\frac{\partial z}{\partial v}\cdot\frac{\partial v}{\partial y}=2u\ln v\left(-\frac{x}{y^2}\right)+u^2\cdot\frac{1}{v}(-1)$$

$$=-\frac{2x^2}{y^3}\ln(3x-y)-\frac{x^2}{y^2(3x-y)}.$$

思考　设 $z=f(u,v),u=\varphi(x,y),v=\psi(y)$, 则 $\frac{\partial z}{\partial x}=?\ \frac{\partial z}{\partial y}=?$

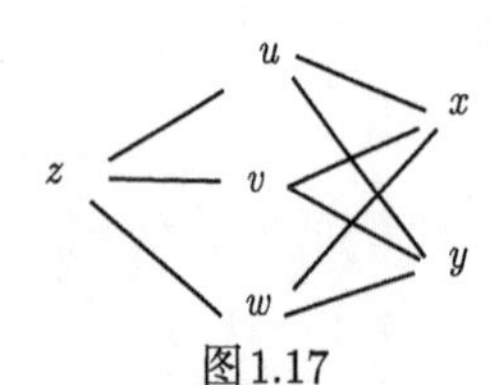

图1.17

答案　$\frac{\partial z}{\partial x}=\frac{\partial z}{\partial u}\cdot\frac{\partial u}{\partial x},\quad \frac{\partial z}{\partial y}=\frac{\partial z}{\partial u}\cdot\frac{\partial u}{\partial y}+\frac{\partial z}{\partial v}\cdot\frac{\mathrm{d}v}{\mathrm{d}y}.$

类似定理 1.4.3, 设函数 $u=\varphi(x,y),v=\psi(x,y)$ 及 $w=\omega(x,y)$ 都在点 (x,y) 具有对 x 及 y 的偏导数, 函数 $z=f(u,v,w)$ 在对应点 (u,v,w) 具有连续偏导数, 则复合函数

$$z=f(\varphi(x,y),\psi(x,y),\omega(x,y))$$

在点 (x,y) 的两个偏导数存在, 此时函数的复合关系如图 1.17 所示, 故有

$$\frac{\partial z}{\partial x}=\frac{\partial z}{\partial u}\cdot\frac{\partial u}{\partial x}+\frac{\partial z}{\partial v}\cdot\frac{\partial v}{\partial x}+\frac{\partial z}{\partial w}\cdot\frac{\partial w}{\partial x},\quad \frac{\partial z}{\partial y}=\frac{\partial z}{\partial u}\cdot\frac{\partial u}{\partial y}+\frac{\partial z}{\partial v}\cdot\frac{\partial v}{\partial y}+\frac{\partial z}{\partial w}\cdot\frac{\partial w}{\partial y}.$$

思考　设 $z=f(u,x,y)$, 且 $u=\varphi(x,y)$, 则 $\frac{\partial z}{\partial x}=?\ \frac{\partial z}{\partial y}=?$

答案　$\frac{\partial z}{\partial x}=\frac{\partial f}{\partial u}\frac{\partial u}{\partial x}+\frac{\partial f}{\partial x},\quad \frac{\partial z}{\partial y}=\frac{\partial f}{\partial u}\frac{\partial u}{\partial y}+\frac{\partial f}{\partial y}.$

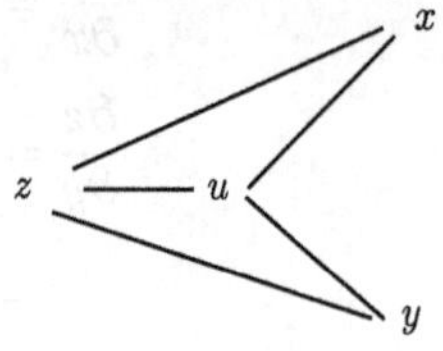

注　(1) $\frac{\partial z}{\partial x}$ 与 $\frac{\partial f}{\partial x},\frac{\partial z}{\partial y}$ 与 $\frac{\partial f}{\partial y}$ 是有区别的, 其中 $\frac{\partial z}{\partial x}$ 表示在复合函数 $z=f[\varphi(x,y),x,y]$ 中视 y 为常量, 对 x 求偏导数; $\frac{\partial f}{\partial x}$ 表示在三元函数 $z=f(u,x,y)$ 中视 u,y 为常量, 对 x 求偏导数; $\frac{\partial z}{\partial y}$ 表示在复合函数 $z=f(\varphi(x,y),x,y)$ 中视 x 为常量, 对 y 求偏导数; $\frac{\partial f}{\partial y}$ 表示在三元函数 $z=f(u,x,y)$ 中视 u,x 为常量, 对 y 求偏导数.

图1.18

(2) 为书写方便, 对于函数 $z=f(u,v)$, 常记 $f_1'=\frac{\partial f}{\partial u}$, 表示 $f(u,v)$ 关于第一个变量 u 的偏导数; $f_2'=\frac{\partial f}{\partial v}$, 表示 $f(u,v)$ 关于第二个变量 v 的偏导数; 依此类推, 还有

$$f''_{11}=\frac{\partial^2 f}{\partial u^2},\quad f''_{12}=\frac{\partial^2 f}{\partial u\partial v},\quad f''_{21}=\frac{\partial^2 f}{\partial v\partial u},\quad f''_{22}=\frac{\partial^2 f}{\partial v^2}.$$

例 9　设函数 $z=f\left(xy,\frac{x}{y}\right)$ 具有二阶连续偏导数, 求 $\frac{\partial^2 z}{\partial x^2},\frac{\partial^2 z}{\partial x\partial y},\frac{\partial^2 z}{\partial y^2}$.

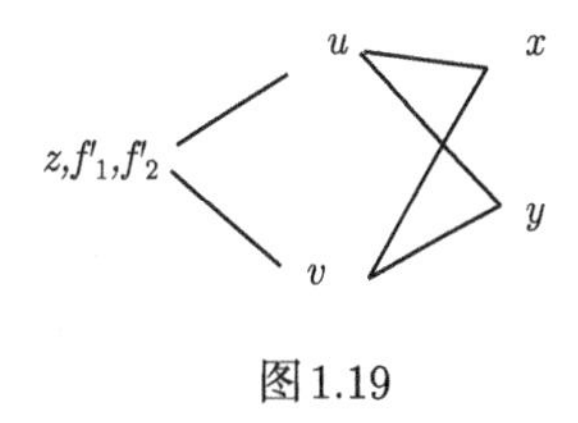

图1.19

分析 求多元函数的高阶偏导数, 关键在于牢记多元复合函数的各阶偏导数仍是与原来函数同类型的函数, 即以原中间变量为中间变量, 原自变量为自变量的多元复合函数. 高阶偏导数可采用简便记法, 当高阶偏导数连续时, 应将混合偏导数并项处理. 此题函数的复合关系如图 1.19 所示.

解 令 $u=xy, v=\dfrac{x}{y}$, 则 $z=f(u,v)$.

$$\frac{\partial z}{\partial x}=\frac{\partial f}{\partial u}\cdot\frac{\partial u}{\partial x}+\frac{\partial f}{\partial v}\cdot\frac{\partial v}{\partial x}=f_1'\cdot y+f_2'\cdot\frac{1}{y},$$

$$\frac{\partial z}{\partial y}=\frac{\partial f}{\partial u}\cdot\frac{\partial u}{\partial y}+\frac{\partial f}{\partial v}\cdot\frac{\partial v}{\partial y}=f_1'\cdot x+f_2'\cdot\left(-\frac{x}{y^2}\right),$$

$$\begin{aligned}\frac{\partial^2 z}{\partial x^2}&=\frac{\partial}{\partial x}\left(y\cdot f_1'+\frac{1}{y}\cdot f_2'\right)=y\frac{\partial f_1'}{\partial x}+\frac{1}{y}\cdot\frac{\partial f_2'}{\partial x}\\&=y\cdot\left(\frac{\partial f_1'}{\partial u}\cdot\frac{\partial u}{\partial x}+\frac{\partial f_1'}{\partial v}\cdot\frac{\partial v}{\partial x}\right)+\frac{1}{y}\cdot\left(\frac{\partial f_2'}{\partial u}\cdot\frac{\partial u}{\partial x}+\frac{\partial f_2'}{\partial v}\cdot\frac{\partial v}{\partial x}\right)\\&=y\cdot\left(f_{11}''\cdot y+f_{12}''\cdot\frac{1}{y}\right)+\frac{1}{y}\cdot\left(f_{21}''\cdot y+f_{22}''\cdot\frac{1}{y}\right)\\&=y^2f_{11}''+2f_{12}''+\frac{1}{y^2}f_{22}'',\end{aligned}$$

$$\begin{aligned}\frac{\partial^2 z}{\partial x\partial y}&=\frac{\partial}{\partial y}\left(y\cdot f_1'+\frac{1}{y}\cdot f_2'\right)=f_1'+y\cdot\frac{\partial f_1'}{\partial y}-\frac{1}{y^2}f_2'+\frac{1}{y}\frac{\partial f_2'}{\partial y}\\&=f_1'+y\cdot\left(\frac{\partial f_1'}{\partial u}\cdot\frac{\partial u}{\partial y}+\frac{\partial f_1'}{\partial v}\cdot\frac{\partial v}{\partial y}\right)-\frac{1}{y^2}\cdot f_2'+\frac{1}{y}\left(\frac{\partial f_2'}{\partial u}\cdot\frac{\partial u}{\partial y}+\frac{\partial f_2'}{\partial v}\frac{\partial v}{\partial y}\right)\\&=f_1'+y\cdot\left(f_{11}''\cdot x-f_{12}''\cdot\frac{x}{y^2}\right)-\frac{1}{y^2}\cdot f_2'+\frac{1}{y}\left(f_{21}''\cdot x-f_{22}''\cdot\frac{x}{y^2}\right)\\&=f_1'-\frac{1}{y^2}f_2'+xyf_{11}''-\frac{x}{y^3}f_{22}'',\end{aligned}$$

$$\begin{aligned}\frac{\partial^2 z}{\partial y^2}&=\frac{\partial}{\partial y}\left(x\cdot f_1'-\frac{x}{y^2}\cdot f_2'\right)=x\cdot\frac{\partial f_1'}{\partial y}+\frac{2x}{y^3}\cdot f_2'-\frac{x}{y^2}\cdot\frac{\partial f_2'}{\partial y}\\&=x\cdot\left(\frac{\partial f_1'}{\partial u}\cdot\frac{\partial u}{\partial y}+\frac{\partial f_1'}{\partial v}\cdot\frac{\partial v}{\partial y}\right)+\frac{2x}{y^3}\cdot f_2'-\frac{x}{y^2}\cdot\left(\frac{\partial f_2'}{\partial u}\cdot\frac{\partial u}{\partial y}+\frac{\partial f_2'}{\partial v}\cdot\frac{\partial v}{\partial y}\right)\\&=x\cdot\left(f_{11}''\cdot x-\frac{x}{y^2}f_{12}''\right)+\frac{2x}{y^3}f_2'-\frac{x}{y^2}\left(f_{21}''\cdot x-\frac{x}{y^2}\cdot f_{22}''\right)\end{aligned}$$

$$= x^2 \cdot f''_{11} - \frac{2x^2}{y^2} \cdot f''_{12} + \frac{x^2}{y^4} \cdot f''_{22} + \frac{2x}{y^3} \cdot f'_2.$$

注　常见错解有

$$\frac{\partial^2 z}{\partial x^2} = \frac{\partial}{\partial x}\left(y \cdot f'_1 + \frac{1}{y} \cdot f'_2\right) = 0, \quad \frac{\partial^2 z}{\partial x \partial y} = \frac{\partial}{\partial y}\left(y \cdot f'_1 + \frac{1}{y} \cdot f'_2\right) = f'_1 - \frac{1}{y^2} f'_2,$$

$$\frac{\partial^2 z}{\partial y^2} = \frac{\partial}{\partial y}\left(x \cdot f'_1 - \frac{x}{y^2} \cdot f'_2\right) = \frac{2x}{y^3} \cdot f'_2.$$

其错误的原因通常是把 f'_1, f'_2 误认为常量.

3. 全微分形式不变性

设 $z = f(u,v)$ 具有连续偏导数, 则有全微分

$$\mathrm{d}z = \frac{\partial z}{\partial u}\mathrm{d}u + \frac{\partial z}{\partial v}\mathrm{d}v.$$

如果 $z = f(u,v)$ 具有连续偏导数, 而 $u = \varphi(x,y), v = \psi(x,y)$ 也具有连续偏导数, 则

$$\begin{aligned}\mathrm{d}z &= \frac{\partial z}{\partial x}\mathrm{d}x + \frac{\partial z}{\partial y}\mathrm{d}y = \left(\frac{\partial z}{\partial u} \cdot \frac{\partial u}{\partial x} + \frac{\partial z}{\partial v} \cdot \frac{\partial v}{\partial x}\right)\mathrm{d}x + \left(\frac{\partial z}{\partial u} \cdot \frac{\partial u}{\partial y} + \frac{\partial z}{\partial v} \cdot \frac{\partial v}{\partial y}\right)\mathrm{d}y \\ &= \frac{\partial z}{\partial u}\left(\frac{\partial u}{\partial x}\mathrm{d}x + \frac{\partial u}{\partial y}\mathrm{d}y\right) + \frac{\partial z}{\partial v}\left(\frac{\partial v}{\partial x}\mathrm{d}x + \frac{\partial v}{\partial y}\mathrm{d}y\right) = \frac{\partial z}{\partial u}\mathrm{d}u + \frac{\partial z}{\partial v}\mathrm{d}v.\end{aligned}$$

由此可见, 无论 z 是自变量 u, v 的函数或中间变量 u, v 的函数, 它的全微分形式是一样的. 这个性质称为**全微分形式不变性**.

例 10　设 $z = \mathrm{e}^x \cos y + \ln x^2 y - 4$, 求 $\mathrm{d}z, \dfrac{\partial z}{\partial x}, \dfrac{\partial z}{\partial y}$.

解　方法一　利用求偏导数计算公式有

$$\frac{\partial z}{\partial x} = \mathrm{e}^x \cos y + \frac{2}{x}, \quad \frac{\partial z}{\partial y} = -\mathrm{e}^x \sin y + \frac{1}{y},$$

则

$$\mathrm{d}z = \frac{\partial z}{\partial x}\mathrm{d}x + \frac{\partial z}{\partial y}\mathrm{d}y = \left(\mathrm{e}^x \cos y + \frac{2}{x}\right)\mathrm{d}x - \left(\mathrm{e}^x \sin y - \frac{1}{y}\right)\mathrm{d}y.$$

方法二　利用全微分形式不变性有

$$\begin{aligned}\mathrm{d}z &= \mathrm{d}(\mathrm{e}^x \cos y + 2\ln x + \ln y - 4) = \mathrm{d}(\mathrm{e}^x \cos y) + 2\mathrm{d}(\ln x) + \mathrm{d}(\ln y) \\ &= \cos y \mathrm{d}(\mathrm{e}^x) + \mathrm{e}^x \mathrm{d}(\cos y) + \frac{2}{x}\mathrm{d}x + \frac{1}{y}\mathrm{d}y \\ &= \mathrm{e}^x \cos y \mathrm{d}x - \mathrm{e}^x \sin y \mathrm{d}y + \frac{2}{x}\mathrm{d}x + \frac{1}{y}\mathrm{d}y\end{aligned}$$

$$= \left(\mathrm{e}^x \cos y + \frac{2}{x}\right)\mathrm{d}x + \left(-\mathrm{e}^x \sin y + \frac{1}{y}\right)\mathrm{d}y.$$

因此

$$\frac{\partial z}{\partial x} = \mathrm{e}^x \cos y + \frac{2}{x}, \quad \frac{\partial z}{\partial y} = -\mathrm{e}^x \sin y + \frac{1}{y}.$$

注 (1) 利用全微分形式不变性求偏导数也是一种有效的方法.

(2) 利用全微分形式不变性, 能比较容易地得出全微分的四则运算公式:

$$\begin{aligned} &\mathrm{d}(u \pm v) = \mathrm{d}u \pm \mathrm{d}v, \\ &\mathrm{d}(u \cdot v) = u\mathrm{d}v + v\mathrm{d}u, \\ &\mathrm{d}\left(\frac{u}{v}\right) = \frac{v\mathrm{d}u - u\mathrm{d}v}{v^2} \quad (v \neq 0). \end{aligned}$$

例如, $\mathrm{d}(u \cdot v) = \dfrac{\partial(uv)}{\partial u}\mathrm{d}u + \dfrac{\partial(uv)}{\partial v}\mathrm{d}v = v\mathrm{d}u + u\mathrm{d}v.$

例 11 设 $z = f(x^2 + xy, \sin^2 x)$, 其中 $f(u,v)$ 有连续偏导数, 求 $\mathrm{d}z, \dfrac{\partial z}{\partial x}, \dfrac{\partial z}{\partial y}$.

解 利用全微分形式不变性, 设 $u = x^2 + xy, v = \sin^2 x$, 则

$$\begin{aligned} \mathrm{d}z &= \frac{\partial f}{\partial u}\mathrm{d}u + \frac{\partial f}{\partial v}\mathrm{d}v = \frac{\partial f}{\partial u}[(2x + y)\mathrm{d}x + x\mathrm{d}y] + \frac{\partial f}{\partial v}(2\sin x \cos x\mathrm{d}x) \\ &= \left[(2x + y)\frac{\partial f}{\partial u} + \sin 2x\frac{\partial f}{\partial v}\right]\mathrm{d}x + x\frac{\partial f}{\partial u}\mathrm{d}y. \end{aligned}$$

因此

$$\frac{\partial z}{\partial x} = (2x + y)\frac{\partial f}{\partial u} + \sin 2x\frac{\partial f}{\partial v}, \quad \frac{\partial z}{\partial y} = x\frac{\partial f}{\partial u}.$$

1.4.2 隐函数的求导法则

1. 一元函数的情形

隐函数存在定理 1 设函数 $F(x,y)$ 在点 $P(x_0, y_0)$ 的某一邻域内具有连续的偏导数, 且 $F(x_0, y_0) = 0$, $F'_y(x_0, y_0) \neq 0$, 则方程 $F(x,y)=0$ 在点 (x_0, y_0) 的某一邻域内恒能唯一确定一个单值连续且具有连续导数的函数 $y = f(x)$, 它满足条件 $y_0 = f(x_0)$, 并有

$$\frac{\mathrm{d}y}{\mathrm{d}x} = -\frac{F'_x}{F'_y}. \tag{1.4.1}$$

对于定理我们不证, 现仅就公式 (1.4.1) 作如下推导. 将方程 $F(x,y) = 0$ 左端看作 x 的复合函数 $z = F(x,y)$, 如果在两边对 x 求导, 则左端为全导数

$$\frac{\mathrm{d}z}{\mathrm{d}x} = \frac{\partial F}{\partial x} + \frac{\partial F}{\partial y} \cdot \frac{\mathrm{d}y}{\mathrm{d}x},$$

而右端的导数恒为 0, 因此得到含 y' 的方程

$$\frac{\partial F}{\partial x}+\frac{\partial F}{\partial y}\cdot\frac{\mathrm{d}y}{\mathrm{d}x}=0,$$

解方程可得

$$\frac{\mathrm{d}y}{\mathrm{d}x}=-\frac{F'_x}{F'_y}\quad(F_y\neq 0),$$

其中 $F'_x=\dfrac{\partial F}{\partial x},F'_y=\dfrac{\partial F}{\partial y}$.

如果方程 $F(x,y)=0$ 确定了唯一的具有连续导数的函数 $y=f(x)$, 如何求该隐函数的导数呢? 一般地, 可以借助于复合函数的求导法去求, 通常可以采用下列两种方法.

方法一　直接利用公式 (1.4.1). 应用此方法求隐函数的导数时, 一定要将隐函数方程写成 $F(x,y)=0$ 的形式.

方法二　首先在方程两边对 x 求导, 遇到 y 的关系式时将 y 看作中间变量 (即 y 的关系式对 y 求导后, y 再对 x 求导), 利用复合函数的求导法则得到含 y' 的方程, 解出 y' 即可.

例 12　设方程 $x^2+y^2=1$ 确定 y 是 x 的函数, 试求 y'.

解　**方法一**　设 $F(x,y)=x^2+y^2-1$, 则

$$F'_x=2x,\quad F'_y=2y,$$

因此

$$\frac{\mathrm{d}y}{\mathrm{d}x}=-\frac{F'_x}{F'_y}=-\frac{x}{y}\ \ (y\neq 0).$$

方法二　将 y^2 看作 x 的复合函数, 中间变量为 $y=y(x)$, 方程两边逐项对 x 求导, 得

$$\frac{\mathrm{d}\left(x^2\right)}{\mathrm{d}x}+\frac{\mathrm{d}\left(y^2\right)}{\mathrm{d}y}\cdot\frac{\mathrm{d}y}{\mathrm{d}x}=0,$$

计算整理可得

$$2x+2y\cdot y'=0,$$

所以

$$y'=-\frac{x}{y}\quad(y\neq 0).$$

例 13　设方程 $\ln\sqrt{x^2+y^2}=\arctan\dfrac{y}{x}$ 确定 y 是 x 的函数, 试求 $\dfrac{\mathrm{d}y}{\mathrm{d}x}$.

解　设 $F(x,y)=\ln\sqrt{x^2+y^2}-\arctan\dfrac{y}{x}$, 则

$$F'_x(x,y)=\frac{x+y}{x^2+y^2},\quad F'_y(x,y)=\frac{y-x}{x^2+y^2},$$

因此

$$\frac{\mathrm{d}y}{\mathrm{d}x}=-\frac{F_x'}{F_y'}=-\frac{x+y}{y-x}\quad(y\neq x).$$

例 14 设方程 $x^2+xy+y^2=4$ 确定 y 是 x 的函数, 试求 y'.

解 将方程两边对 x 求导, 得

$$2x+y+xy'+2y\cdot y'=0,$$

解得

$$y'=-\frac{2x+y}{x+2y}\quad(x+2y\neq 0).$$

例 15 设方程 $\mathrm{e}^{x+y}-xy=0$ 确定 y 是 x 的函数, 试求 y'.

解 将方程两边对 x 求导, 得

$$\mathrm{e}^{x+y}(x+y)'-(y+xy')=0,$$

即

$$\mathrm{e}^{x+y}(1+y')-y-xy'=0,$$

解得

$$y'=\frac{y-\mathrm{e}^{x+y}}{\mathrm{e}^{x+y}-x}\quad\left(\mathrm{e}^{x+y}-x\neq 0\right).$$

例 16 求曲线 $2y^2=x^2(x+1)$ 在点 $(1,1)$ 处的切线方程.

解 将方程两边对 x 求导, 得

$$4yy'=3x^2+2x,$$

解得

$$y'=\frac{3x^2+2x}{4y}.$$

因此所求切线的斜率为

$$k=y'|_{x=1}=\frac{5}{4},$$

故所求的切线方程为

$$y-1=\frac{5}{4}(x-1),$$

即

$$5x-4y-1=0.$$

2. 多元函数的情形

一个二元方程 $F(x,y)=0$ 可以确定一个一元隐函数 $y=f(x)$, 一个三元方程 $F(x,y,z)=0$ 可以确定一个二元隐函数 $z=f(x,y)$.

隐函数存在定理 2 设函数 $F(x,y,z)$ 在点 $P(x_0,y_0,z_0)$ 的某一邻域内具有连续的偏导数, 且 $F(x_0,y_0,z_0)=0$, $F'_z(x_0,y_0,z_0)\neq 0$, 则方程 $F(x,y,z)=0$ 在点 (x_0,y_0,z_0) 的某一邻域内恒能唯一确定一个单值连续且具有连续偏导数的函数 $z=f(x,y)$, 它满足条件 $z_0=f(x_0,y_0)$, 并有

$$\frac{\partial z}{\partial x}=-\frac{F'_x}{F'_z},\quad \frac{\partial z}{\partial y}=-\frac{F'_y}{F'_z}. \tag{1.4.2}$$

此处就省略了定理的详细证明过程. 下面仅给出公式 (1.4.2) 的具体推导.

将方程 $F(x,y,z)=0$ 左端看作 x,y 的复合函数 $u=F(x,y,z)$, 如果在两边对 x 求偏导数, 则

$$\frac{\partial u}{\partial x}=\frac{\partial F}{\partial x}+\frac{\partial F}{\partial z}\cdot\frac{\partial z}{\partial x},$$

而右端的导数恒为 0, 因此得到含 $\dfrac{\partial z}{\partial x}$ 的方程

$$\frac{\partial F}{\partial x}+\frac{\partial F}{\partial z}\cdot\frac{\partial z}{\partial x}=0,$$

解方程可得

$$\frac{\partial z}{\partial x}=-\frac{F'_x}{F'_z}\ \ (F'_z\neq 0),$$

其中 $F'_x=\dfrac{\partial F}{\partial x},F'_z=\dfrac{\partial F}{\partial z}$. 同理可得

$$\frac{\partial z}{\partial y}=-\frac{F'_y}{F'_z}\ \ (F'_z\neq 0).$$

如何求二元隐函数的偏导数呢? 考虑到求偏导数其实质就是求导数, 因此我们可以将一元情形中的方法二推广到多元的情形, 直接利用公式 (1.4.2) 即可.

例 17 设方程 $x^2+y^2+z^2-4z=0$ 确定函数 $z=f(x,y)$, 求 $\dfrac{\partial^2 z}{\partial x^2}$.

解 设 $F(x,y,z)=x^2+y^2+z^2-4z$, 则

$$\frac{\partial F}{\partial x}=2x,\quad \frac{\partial F}{\partial z}=2z-4,$$

因此

$$\frac{\partial z}{\partial x}=-\frac{F'_x}{F'_z}=-\frac{2x}{2z-4}=\frac{x}{2-z},$$

所以

$$\frac{\partial^2 z}{\partial x^2}=\frac{\partial}{\partial x}\left(\frac{\partial z}{\partial x}\right)=\frac{(2-z)+x\dfrac{\partial z}{\partial x}}{(2-z)^2}=\frac{(2-z)+x\left(\dfrac{x}{2-z}\right)}{(2-z)^2}=\frac{(2-z)^2+x^2}{(2-z)^3}.$$

例 18 求由方程 $\dfrac{x^2}{a^2}+\dfrac{y^2}{b^2}+\dfrac{z^2}{c^2}=1$ 所确定的函数 $z=f(x,y)$ 的偏函数.

解 方法一 设 $F(x,y,z)=\dfrac{x^2}{a^2}+\dfrac{y^2}{b^2}+\dfrac{z^2}{c^2}-1$, 则

$$\frac{\partial F}{\partial x}=\frac{2x}{a^2},\quad \frac{\partial F}{\partial y}=\frac{2y}{b^2},\quad \frac{\partial F}{\partial z}=\frac{2z}{c^2},$$

所以直接利用公式 (1.4.2) 可得

$$\frac{\partial z}{\partial x}=-\frac{F_x'}{F_z'}=-\frac{2x/a^2}{2z/c^2}=-\frac{c^2x}{a^2z},\quad \frac{\partial z}{\partial y}=-\frac{F_y'}{F_z'}=-\frac{2y/b^2}{2z/c^2}=-\frac{c^2y}{b^2z}.$$

方法二 方程两边先对 x 求偏导数, 注意到 z 是 x 的函数, 得

$$\frac{2x}{a^2}+\frac{2z}{c^2}\cdot\frac{\partial z}{\partial x}=0,$$

解得

$$\frac{\partial z}{\partial x}=-\frac{c^2x}{a^2z}.$$

同理对两边求 y 的偏导数, 注意到 z 是 y 的函数, 有

$$\frac{2y}{b^2}+\frac{2z}{c^2}\cdot\frac{\partial z}{\partial y}=0,$$

解得

$$\frac{\partial z}{\partial y}=-\frac{c^2y}{b^2z}.$$

例 19 设方程 $\mathrm{e}^{-xy}-2z+\mathrm{e}^z=0$ 确定函数 $z=z(x,y)$, 求 $\dfrac{\partial z}{\partial x}$.

解 方法一 设 $F(x,y,z)=\mathrm{e}^{-xy}-2z+\mathrm{e}^z$, 则

$$\frac{\partial F}{\partial x}=-y\mathrm{e}^{-xy},\quad \frac{\partial F}{\partial z}=-2+\mathrm{e}^z,$$

所以

$$\frac{\partial z}{\partial x}=-\frac{F_x'}{F_z'}=\frac{y\mathrm{e}^{-xy}}{\mathrm{e}^z-2}.$$

方法二 方程两边对 x 求导, 则

$$-y\mathrm{e}^{-xy}-2\frac{\partial z}{\partial x}+\mathrm{e}^z\frac{\partial z}{\partial x}=0,$$

所以

$$\frac{\partial z}{\partial x}=\frac{y\mathrm{e}^{-xy}}{\mathrm{e}^{z}-2}.$$

方法三 根据一阶全微分形式不变性. 方程两边微分, 则

$$\mathrm{d}\left(\mathrm{e}^{-xy}-2z+\mathrm{e}^{z}\right)=0,$$

故

$$\mathrm{d}\left(\mathrm{e}^{-xy}\right)-\mathrm{d}\left(2z\right)+\mathrm{d}\left(\mathrm{e}^{z}\right)=0,$$

因此

$$-\mathrm{e}^{-xy}\mathrm{d}\left(xy\right)-2\mathrm{d}z+\mathrm{e}^{z}\mathrm{d}z=0,$$

所以

$$-\mathrm{e}^{-xy}\left(x\mathrm{d}y+y\mathrm{d}x\right)-2\mathrm{d}z+\mathrm{e}^{z}\mathrm{d}z=0,$$

即

$$\mathrm{d}z=\frac{y\mathrm{e}^{-xy}}{\mathrm{e}^{z}-2}\mathrm{d}x+\frac{x\mathrm{e}^{-xy}}{\mathrm{e}^{z}-2}\mathrm{d}y,$$

所以

$$\frac{\partial z}{\partial x}=\frac{y\mathrm{e}^{-xy}}{\mathrm{e}^{z}-2},\quad \frac{\partial z}{\partial y}=\frac{x\mathrm{e}^{-xy}}{\mathrm{e}^{z}-2}.$$

3. *方程组的情形*

下面我们将隐函数存在定理作另一方面的推广. 我们不仅增加方程中变量的个数. 而且增加方程的个数, 例如, 考虑方程组

$$\begin{cases} F(x,y,u,v)=0, \\ G(x,y,u,z)=0. \end{cases} \tag{1.4.3}$$

这时, 在四个变量中, 一般只能有两个变量独立变化, 因此方程组 (1.4.3) 就有可能确定两个二元函数. 在这种情形下, 我们可以由函数 $F(x,y,u,v)$、$G(x,y,u,v)$ 的性质来断定由方程组 (1.4.3) 所确定的两个二元函数的存在, 以及它们的性质. 我们有下面的定理.

隐函数存在定理 3 设函数 $F(x,y,u,v)$、$G(x,y,u,v)$ 在点 $P_0(x_0,y_0,u_0,v_0)$ 的某一邻域内具有对各个变量的连续偏导数, 又 $F(x_0,y_0,u_0,v_0)=0$, $G(x_0,y_0,u_0,v_0)=0$, 且偏导数所组成的函数行列式 (或称雅可比 (Jacobi) 行列式):

$$J=\frac{\partial(F,G)}{\partial(u,v)}=\begin{vmatrix} \dfrac{\partial F}{\partial u} & \dfrac{\partial F}{\partial v} \\ \dfrac{\partial G}{\partial u} & \dfrac{\partial G}{\partial v} \end{vmatrix}$$

在点 $P_0(x_0,y_0,u_0,v_0)$ 不等于零, 则方程组 $F(x,y,u,v)=0$, $G(x,y,u,v)=0$ 在点 (x_0,y_0,u_0,v_0) 的某一邻域内恒能唯一确定一组单值连续且具有连续偏导数的函数 $u=u(x,y), v=v(x,y)$, 它满足条件 $u_0=u(x_0,y_0), v_0=v(x_0,u_0)$, 并有

$$
\begin{aligned}
\frac{\partial u}{\partial x}&=-\frac{1}{J}\frac{\partial(F,G)}{\partial(x,v)}=-\frac{\begin{vmatrix}F'_x & F'_v\\ G'_x & G'_v\end{vmatrix}}{\begin{vmatrix}F'_u & F'_v\\ G'_u & G'_v\end{vmatrix}},\\
\frac{\partial v}{\partial x}&=-\frac{1}{J}\frac{\partial(F,G)}{\partial(u,x)}=-\frac{\begin{vmatrix}F'_u & F'_x\\ G'_u & G'_x\end{vmatrix}}{\begin{vmatrix}F'_u & F'_v\\ G'_u & G'_v\end{vmatrix}},\\
\frac{\partial u}{\partial y}&=-\frac{1}{J}\frac{\partial(F,G)}{\partial(y,v)}=-\frac{\begin{vmatrix}F'_y & F'_v\\ G'_y & G'_v\end{vmatrix}}{\begin{vmatrix}F'_u & F'_v\\ G'_u & G'_v\end{vmatrix}},\\
\frac{\partial v}{\partial y}&=-\frac{1}{J}\frac{\partial(F,G)}{\partial(u,y)}=-\frac{\begin{vmatrix}F'_u & F'_y\\ G'_u & G'_y\end{vmatrix}}{\begin{vmatrix}F'_u & F'_v\\ G'_u & G'_v\end{vmatrix}}.
\end{aligned}
\tag{1.4.4}
$$

这个定理我们不证. 与前两个定理类似, 下面仅就公式 (1.4.4) 作如下推导. 由于

$$
\begin{cases}
F(x,y,u(x,y),v(x,y))\equiv 0,\\
G(x,y,u(x,y),v(x,y))\equiv 0,
\end{cases}
$$

将恒等式两边分别对 x 求导, 应用复合函数求导法则得

$$
\begin{cases}
F'_x+F'_u\dfrac{\partial u}{\partial x}+F'_v\dfrac{\partial v}{\partial x}=0,\\[2ex]
G'_x+G'_u\dfrac{\partial u}{\partial x}+G'_v\dfrac{\partial v}{\partial x}=0.
\end{cases}
$$

这是关于 $\dfrac{\partial u}{\partial x}, \dfrac{\partial v}{\partial x}$ 的线性方程组, 由假设可知, 在点 $P_0(x_0,y_0,u_0,v_0)$ 的一个邻域内, 系数行列式

$$
J=\begin{vmatrix}F'_u & F'_v\\ G'_u & G'_v\end{vmatrix}\neq 0,
$$

从而可解出 $\dfrac{\partial u}{\partial x}, \dfrac{\partial v}{\partial x}$, 得

$$\frac{\partial u}{\partial x}=-\frac{1}{J}\frac{\partial(F,G)}{\partial(x,v)},\quad \frac{\partial v}{\partial x}=-\frac{1}{J}\frac{\partial(F,G)}{\partial(u,x)}.$$

同理, 可得

$$\frac{\partial u}{\partial y}=-\frac{1}{J}\frac{\partial(F,G)}{\partial(y,v)},\quad \frac{\partial v}{\partial y}=-\frac{1}{J}\frac{\partial(F,G)}{\partial(u,y)}.$$

例 20 设 $xu-yv=0, yu+xv=1$, 求 $\dfrac{\partial u}{\partial x}, \dfrac{\partial u}{\partial y}, \dfrac{\partial v}{\partial x}$ 和 $\dfrac{\partial v}{\partial y}$.

分析 此题解法有两种: 一是直接利用公式 (1.4.4); 二是依照推导公式 (1.4.4) 的方法来求解. 下面我们具体采用后一种方法来解答.

解 将所给方程的两边对 x 求导并移项, 得

$$\begin{cases} x\dfrac{\partial u}{\partial x}-y\dfrac{\partial v}{\partial x}=-u, \\ y\dfrac{\partial u}{\partial x}+x\dfrac{\partial v}{\partial x}=-v. \end{cases}$$

在 $J=\begin{vmatrix} x & -y \\ y & x \end{vmatrix}=x^2+y^2\neq 0$ 的条件下,

$$\frac{\partial u}{\partial x}=\frac{\begin{vmatrix} -u & -y \\ -v & x \end{vmatrix}}{\begin{vmatrix} x & -y \\ y & x \end{vmatrix}}=-\frac{xu+yv}{x^2+y^2},$$

$$\frac{\partial v}{\partial x}=\frac{\begin{vmatrix} x & -u \\ y & -v \end{vmatrix}}{\begin{vmatrix} x & -y \\ y & x \end{vmatrix}}=\frac{yu-xv}{x^2+y^2}.$$

将所给方程的两边对 y 求导, 用同样方法在 $J=x^2+y^2\neq 0$ 的条件下可得

$$\frac{\partial u}{\partial y}=\frac{xv-yu}{x^2+y^2},\quad \frac{\partial v}{\partial y}=-\frac{xu+yv}{x^2+y^2}.$$

例 21 设函数 $x=x(u,v), y=y(u,v)$ 在点 (u,v) 的某一邻域内具有连续偏导数, 又

$$\frac{\partial(x,y)}{\partial(u,v)}\neq 0.$$

(1) 证明方程组

$$\begin{cases} x = x(u, v), \\ y = (u, v) \end{cases} \tag{1.4.5}$$

在点 (x, y, u, v) 的某一邻域内唯一确定一组单值连续且具有连续偏导数的反函数 $u = u(x, y), v = v(x, y)$.

(2) 求反函数 $u = u(x, y), v = v(x, y)$ 对 x, y 的偏导数.

解 (1) 将方程组 (1.4.5) 改写成下面的形式

$$\begin{cases} F(x, y, u, v) \equiv x - x(u, v) = 0, \\ G(x, y, u, v) \equiv y - y(u, v) = 0, \end{cases}$$

则

$$J = \frac{\partial(F, G)}{\partial(u, v)} = \frac{\partial(x, y)}{\partial(u, v)} \neq 0.$$

所以根据隐函数存在定理 3, 即得所要证的结论.

(2) 将方程组 (1.4.5) 所确定的反函数 $u = u(x, y), v = v(x, y)$ 代入 (1.4.5), 即得

$$\begin{cases} x \equiv x\left(u(x, y), v(x, y)\right), \\ y \equiv y\left(u(x, y), v(x, y)\right). \end{cases}$$

将上述恒等式两边分别对 x 求偏导数, 得

$$\begin{cases} 1 = \dfrac{\partial x}{\partial u} \cdot \dfrac{\partial u}{\partial x} + \dfrac{\partial x}{\partial v} \cdot \dfrac{\partial v}{\partial x}, \\ 0 = \dfrac{\partial y}{\partial u} \cdot \dfrac{\partial u}{\partial x} + \dfrac{\partial y}{\partial v} \cdot \dfrac{\partial v}{\partial x}. \end{cases}$$

由于 $J \neq 0$, 故可解得

$$\frac{\partial u}{\partial x} = \frac{1}{J}\frac{\partial y}{\partial v}, \quad \frac{\partial v}{\partial x} = -\frac{1}{J}\frac{\partial y}{\partial u}.$$

同理, 可得

$$\frac{\partial u}{\partial y} = -\frac{1}{J}\frac{\partial x}{\partial v}, \quad \frac{\partial v}{\partial y} = \frac{1}{J}\frac{\partial x}{\partial u}.$$

一般地, 求方程组所确定的隐函数的导数 (或偏导数), 通常不用公式法, 而是对各方程的两边关于自变量求导 (或求偏导), 得到所求导数 (或偏导数) 的方程组, 再解出所求量.

例 22 设函数 $z = f(u)$, 方程 $u = \varphi(u) + \int_y^x p(t)\mathrm{d}t$ 确定 u 是 x, y 的函数, 其中 $f(u), \varphi(u)$ 可微, $p(t), \varphi'(u)$ 连续, 且 $\varphi'(u) \neq 1$, 求 $p(y)\dfrac{\partial z}{\partial x} + p(x)\dfrac{\partial z}{\partial y}$.

解　隐函数 $z=z(x,y)$ 看成由方程组

$$\begin{cases} z=f(u), \\ u=\varphi(u)+\int_y^x p(t)\mathrm{d}t \end{cases}$$

所确定. 当然同时还确定了另一函数 $u=u(x,y)$. 对方程组的两个方程关于 x 求偏导, 得

$$\begin{cases} \dfrac{\partial z}{\partial x}=f'(u)\dfrac{\partial u}{\partial x}, \\ \dfrac{\partial u}{\partial x}=\varphi'(u)\dfrac{\partial u}{\partial x}+p(x). \end{cases}$$

解方程组得

$$\frac{\partial z}{\partial x}=\frac{f'(u)p(x)}{1-\varphi'(u)}.$$

类似地, 可求得

$$\frac{\partial z}{\partial y}=\frac{f'(u)p(y)}{\varphi'(u)-1},$$

所以

$$p(y)\frac{\partial z}{\partial x}+p(x)\frac{\partial z}{\partial y}=0.$$

1.4.3　对数求导法

我们知道一元隐函数求导, 如果能够将由方程 $F(x,y)=0$ 确定的隐函数显化成 $y=f(x)$ 的形式, 那么利用求导公式和运算法则来求导, 不失是一种有效的方法. 不仅如此, 将显函数 $y=f(x)$ 转化成隐函数, 利用一元隐函数求导法, 也可以得到一种简化求导运算的方法. 它适用于由几个因子通过乘、除、乘方与开方所构成的比较复杂的函数或幂指函数的求导. 该方法是先取对数, 化乘、除为加、减, 化乘方、开方为乘积, 再利用隐函数求导法则求导, 所以此方法称为**对数求导法**.

例 23　设函数 $u(x)$ 和 $v(x)$ 在区间 (a,b) 内可导, 且 $u(x)>0, y=u(x)^{v(x)}$, 求导数 y'.

解　对函数 $y=u(x)^{v(x)}$ 两边取对数, 得

$$\ln y=v(x)\ln u(x),$$

由于 $\ln u(x), v(x)$ 都是 (a,b) 上的可导函数, 所以 $\ln y$ 也可导, 且

$$(\ln y)'=v'(x)\ln u(x)+v(x)\frac{1}{u(x)}u'(x),$$

即

$$\frac{1}{y}y'=v'(x)\ln u(x)+v(x)\frac{1}{u(x)}u'(x),$$

所以

$$\begin{aligned}y' &= y\left(v'(x)\ln u(x) + v(x)\frac{1}{u(x)}u'(x)\right)\\ &= u(x)^{v(x)}\left(v'(x)\ln u(x) + v(x)\frac{1}{u(x)}u'(x)\right).\end{aligned}$$

例 24 求函数 $y=(1+2x)^{\sin x}$ 的导数 y'.

解 函数 $y=(1+2x)^{\sin x}$ 两边取对数, 得

$$\ln y = \sin x \ln(1+2x).$$

上式两边同时对 x 求导, 得到

$$\frac{y'}{y} = \cos x\cdot\ln(1+2x) + \frac{2\sin x}{1+2x},$$

所以

$$y' = (1+2x)^{\sin x}\left(\cos x\ln(1+2x) + \frac{2\sin x}{1+2x}\right).$$

例 25 求函数 $y=(1+2x)^{\frac{1}{2}}(5x+2)^{\frac{1}{3}}(6x-1)^{\frac{1}{4}}$ 的导数 y'.

解 函数 $y=(1+2x)^{\frac{1}{2}}(5x+2)^{\frac{1}{3}}(6x-1)^{\frac{1}{4}}$ 两边取绝对值后再取对数, 得

$$\ln|y| = \frac{1}{2}\ln|1+2x| + \frac{1}{3}\ln|5x+2| + \frac{1}{4}\ln|6x-1|,$$

上式两边同时对 x 求导, 得到

$$\begin{aligned}\frac{y'}{y} &= \frac{1}{2}\cdot\frac{1}{1+2x}\cdot(1+2x)' + \frac{1}{3}\cdot\frac{1}{5x+2}\cdot(5x+2)' + \frac{1}{4}\cdot\frac{1}{6x-1}\cdot(6x-1)'\\ &= \frac{1}{1+2x} + \frac{5}{3}\frac{1}{5x+2} + \frac{3}{2}\frac{1}{6x-1},\end{aligned}$$

所以

$$y' = (1+2x)^{\frac{1}{2}}(5x+2)^{\frac{1}{3}}(6x-1)^{\frac{1}{4}}\left(\frac{1}{1+2x} + \frac{5}{3}\frac{1}{5x+2} + \frac{3}{2}\frac{1}{6x-1}\right).$$

例 26 设函数 $y=\sqrt{\dfrac{(x-1)(x-2)}{(3-x)(4-x)}}$, 求导数 y'.

解 先在等式两边取绝对值后再取对数, 得

$$\ln|y| = \frac{1}{2}\ln\left|\frac{(x-1)(x-2)}{(3-x)(4-x)}\right| = \frac{1}{2}[\ln|x-1| + \ln|x-2| - \ln|3-x| - \ln|4-x|].$$

等式两边分别对 x 求导, 得

$$\frac{1}{y}y' = \frac{1}{2}\left[\frac{(x-1)'}{x-1} + \frac{(x-2)'}{x-2} - \frac{(3-x)'}{3-x} - \frac{(4-x)'}{4-x}\right].$$

因此

$$y' = \frac{1}{2}\sqrt{\frac{(x-1)(x-2)}{(3-x)(4-x)}}\left(\frac{1}{x-1} + \frac{1}{x-2} + \frac{1}{3-x} + \frac{1}{4-x}\right).$$

例 27　设函数 $y = x^{\sin 3x}$ $(x > 0)$, 求导数 y'.

解　函数是幂指函数, 利用对数求导法, 先两边取对数, 得

$$\ln y = \sin 3x \cdot \ln x,$$

两边同时对 x 求导, 注意到 y 是 x 的函数, 得

$$\frac{1}{y}y' = 3\cos 3x \cdot \ln x + \sin 3x \cdot \frac{1}{x},$$

于是, 得到

$$y' = x^{\sin 3x}\left(3\cos 3x \cdot \ln x + \frac{\sin 3x}{x}\right).$$

注　对数求导法其实质是将函数 $y = f(x)$ 两边取对数, 先化成隐函数再求导数.

例 28　求函数 $y = x^x$ 的导数 y'.

解　方法一　将 $y = x^x$ 两边取对数, 得

$$\ln y = x \ln x,$$

两边同时对 x 求导, 得

$$\frac{1}{y}y' = \ln x + x \cdot \frac{1}{x},$$

于是得

$$y' = y(\ln x + 1) = x^x(\ln x + 1).$$

方法二　幂指函数 $y = x^x$ 也可以按以下方法求导: 因为

$$y = x^x = \mathrm{e}^{x \ln x},$$

根据复合函数求导的链式法则, 可得

$$y' = \left(\mathrm{e}^{x \ln x}\right)' = \mathrm{e}^{x \ln x} \cdot (x \ln x)' = \mathrm{e}^{x \ln x} \cdot (\ln x + 1) = x^x(\ln x + 1).$$

通过例 28 我们知道, 对数求导法是一种有效的求导方法, 但对于幂指函数的求导而言, 第二种解法也不失为一种好方法.

1.4.4 由参数方程所确定的函数的求导法则

一般地, 如果参数方程

$$\begin{cases} x = \varphi(t), \\ y = \psi(t) \end{cases} \quad (\alpha < t < \beta)$$

确定 y 与 x 之间的函数 $y = f(x)$, 则称函数 $y = f(x)$ 是**由参数方程所确定的函数**.

下面研究由参数方程所确定的函数的求导方法.

若函数 $\varphi(t)$, $\psi(t)$ 在 (α, β) 上可导, 且 $\varphi'(t) \neq 0$, 而且 $x = \varphi(t)$ 具有单调连续的反函数 $t = \varphi^{-1}(x)$, 则参数方程所确定的函数 $y = f(x)$ 可以看成 $y = \psi(t)$, $t = \varphi^{-1}(x)$ 复合而成, 根据复合函数与反函数的求导法则, 有

$$\frac{\mathrm{d}y}{\mathrm{d}x} = \frac{\mathrm{d}y}{\mathrm{d}t} \cdot \frac{\mathrm{d}t}{\mathrm{d}x} = \frac{\mathrm{d}y}{\mathrm{d}t} \cdot \frac{1}{\dfrac{\mathrm{d}x}{\mathrm{d}t}} = \frac{\psi'(t)}{\varphi'(t)}.$$

上式也可写成

$$\frac{\mathrm{d}y}{\mathrm{d}x} = \frac{\dfrac{\mathrm{d}y}{\mathrm{d}t}}{\dfrac{\mathrm{d}x}{\mathrm{d}t}}.$$

例 29 求摆线

$$\begin{cases} x = a(t - \sin t), \\ y = a(1 - \cos t) \end{cases} \quad (a > 0, 0 \leqslant t \leqslant 2\pi)$$

在 $t = \dfrac{\pi}{2}$ 处的切线方程.

解 先求摆线在任意点的切线斜率, 即求摆线的导数, 有

$$\frac{\mathrm{d}y}{\mathrm{d}x} = \frac{\dfrac{\mathrm{d}\left(a(1-\cos t)\right)}{\mathrm{d}t}}{\dfrac{\mathrm{d}\left(a(t-\sin t)\right)}{\mathrm{d}t}} = \frac{a \sin t}{a(1 - \cos t)} = \frac{\sin t}{1 - \cos t} = \cot \frac{t}{2}.$$

切线斜率

$$k = \cot \frac{t}{2}\bigg|_{t=\frac{\pi}{2}} = 1,$$

将 $t = \dfrac{\pi}{2}$ 代入摆线的参数方程, 得

$$x = a\left(\frac{\pi}{2} - 1\right), \quad y = a,$$

因此, 过点 $\left(a\left(\frac{\pi}{2}-1\right), a\right)$ 的切线方程为

$$y-a=x-\frac{a\pi}{2}+a,$$

即

$$y=x+a\left(2-\frac{\pi}{2}\right).$$

例 30　设 $y=y(x)$ 是由方程组 $\begin{cases} x=t^2-2t-3, \\ y-\mathrm{e}^y\sin t-1=0 \end{cases}$ 所确定的函数, 求 $\frac{\mathrm{d}y}{\mathrm{d}x}$.

解　对方程 $y-\mathrm{e}^y\sin t-1=0$ 应用隐函数的求导法则可得

$$\frac{\mathrm{d}y}{\mathrm{d}t}-\mathrm{e}^y\cos t-\mathrm{e}^y\sin t\frac{\mathrm{d}y}{\mathrm{d}t}=0,$$

因此

$$\frac{\mathrm{d}y}{\mathrm{d}t}=\frac{\mathrm{e}^y\cos t}{1-\mathrm{e}^y\sin t}.$$

又因为 $\frac{\mathrm{d}x}{\mathrm{d}t}=2t-2$, 所以

$$\frac{\mathrm{d}y}{\mathrm{d}x}=\frac{\frac{\mathrm{d}y}{\mathrm{d}t}}{\frac{\mathrm{d}x}{\mathrm{d}t}}=\frac{\mathrm{e}^y\cos t}{2(t-1)(1-\mathrm{e}^y\sin t)}.$$

注　参数方程所确定的函数的求导法则的另一种解释. 我们知道导数也叫微商, 因此对于参数方程

$$\begin{cases} x=\varphi(t), \\ y=\psi(t) \end{cases} \quad (\alpha<t<\beta)$$

确定的函数 $y=f(x)$, 也可以采用下述方法来求它的导数.

首先根据微分形式不变性可得

$$\mathrm{d}x=\varphi'(t)\,\mathrm{d}t, \quad \mathrm{d}y=\psi'(t)\,\mathrm{d}t,$$

然后根据导数是微商, 可得

$$\frac{\mathrm{d}y}{\mathrm{d}x}=\frac{\psi'(t)\,\mathrm{d}t}{\varphi'(t)\,\mathrm{d}t}=\frac{\psi'(t)}{\varphi'(t)}.$$

例 31　设 $\begin{cases} x=a\cos^3 t, \\ y=a\sin^3 t, \end{cases}$ 求 $\frac{\mathrm{d}y}{\mathrm{d}x}, \frac{\mathrm{d}^2y}{\mathrm{d}x^2}$.

解

$$\frac{\mathrm{d}y}{\mathrm{d}x}=\frac{3a\sin^2 t\cdot\cos t\mathrm{d}t}{3a\cos^2 t\cdot(-\sin t)\mathrm{d}t}=-\tan t.$$

若要求二阶导数, 则由下列参数方程

$$\begin{cases} x = a\cos^3 t, \\ \dfrac{\mathrm{d}y}{\mathrm{d}x} = -\tan t, \end{cases}$$

可得

$$\frac{\mathrm{d}^2y}{\mathrm{d}x^2} = \frac{\mathrm{d}}{\mathrm{d}x}\left(\frac{\mathrm{d}y}{\mathrm{d}x}\right) = \frac{\mathrm{d}\left(\dfrac{\mathrm{d}y}{\mathrm{d}x}\right)}{\mathrm{d}x} = \frac{\mathrm{d}(-\tan t)}{\mathrm{d}(a\cos^3 t)} = \frac{-\sec^2 t\mathrm{d}t}{3a\cos^2 t\cdot(-\sin t)\mathrm{d}t} = \frac{1}{3a\cos^4 t\cdot\sin t}.$$

如果 $x=\varphi(t)$, $y=\psi(t)$ 二阶可导, 则由

$$\frac{\mathrm{d}y}{\mathrm{d}x} = \frac{\psi'(t)}{\varphi'(t)}$$

还可得到 y 对 x 的二阶导数公式

$$\begin{aligned}\frac{\mathrm{d}^2y}{\mathrm{d}x^2} &= \frac{\mathrm{d}}{\mathrm{d}x}\left(\frac{\mathrm{d}y}{\mathrm{d}x}\right) = \frac{\mathrm{d}}{\mathrm{d}t}\left(\frac{\mathrm{d}y}{\mathrm{d}x}\right)\cdot\frac{\mathrm{d}t}{\mathrm{d}x} = \frac{\mathrm{d}}{\mathrm{d}t}\left(\frac{\psi'(t)}{\varphi'(t)}\right)\cdot\frac{\mathrm{d}t}{\mathrm{d}x} \\ &= \frac{\psi''(t)\varphi'(t)-\psi'(t)\varphi''(t)}{\varphi^2(t)}\cdot\frac{1}{\varphi'(t)},\end{aligned}$$

即

$$\frac{\mathrm{d}^2y}{\mathrm{d}x^2} = \frac{\psi''(t)\varphi'(t)-\psi'(t)\varphi''(t)}{\varphi^3(t)}.$$

1.4.5 分段函数的求导法则

1. 一元函数的情形

讨论函数 $y=f(x)$ 在 $x=x_0$ 处的可导性时, 除了直接根据导数的定义来判断外, 另外一种重要的方法是利用左右导数的定义来判断, 即当左右导数 $f'_-(x_0)$, $f'_+(x_0)$ 都存在且相等时, 函数 $y=f(x)$ 在 $x=x_0$ 处可导, 否则函数 $y=f(x)$ 在 $x=x_0$ 处不可导. 在讨论分段函数在分界点处的可导性时, 必须用左右导数的定义来判别. 另一方面, 由于连续是可导的必要条件, 故若能断言函数在某点不连续, 则此函数在该点处不可导.

例 32 求函数 $f(x)=\begin{cases}\ln(1+x), & x\geqslant 0,\\ x, & x<0\end{cases}$ 的导数.

解 当 $x>0$ 时, $f'(x)=\dfrac{1}{1+x}$, 当 $x<0$ 时, $f'(x)=1$,
当 $x=0$ 时,

$$f'(0)=\lim_{x\to 0}\frac{f(x)-f(0)}{x-0}=\lim_{x\to 0}\frac{f(x)-f(0)}{x},$$

所以

$$f'_-(0)=\lim_{x\to0^-}\frac{x-0}{x}=1,\quad f'_+(0)=\lim_{x\to0^+}\frac{\ln(1+x)-0}{x}=\lim_{x\to0^+}\ln(1+x)^{\frac{1}{x}}=\ln\mathrm{e}=1,$$

因此

$$f'(0)=1,$$

于是

$$f'(x)=\begin{cases}\dfrac{1}{1+x} & x>0,\\ 1, & x\leqslant 0.\end{cases}$$

注　求分段函数的导数时, 除了在分界点处的导数用导数定义求之外, 其余点仍按初等函数的求导公式即可求得.

例 33　讨论函数 $f(x)=\begin{cases}\dfrac{\sqrt{1+x}-1}{\sqrt{x}}, & x>0,\\ 0, & x\leqslant 0\end{cases}$ 在点 $x=0$ 处的连续性与可导性.

解　(1) 连续性

$$f(0+0)=\lim_{x\to0^+}f(x)=\lim_{x\to0^+}\frac{\sqrt{1+x}-1}{\sqrt{x}}=\lim_{x\to0^+}\frac{\left(\sqrt{1+x}-1\right)\left(\sqrt{1+x}+1\right)}{\sqrt{x}\left(\sqrt{1+x}+1\right)}$$

$$=\lim_{x\to0^+}\frac{x}{\sqrt{x}\left(\sqrt{1+x}+1\right)}=\lim_{x\to0^+}\frac{\sqrt{x}}{\sqrt{1+x}+1}=0=f(0),$$

$$f(0-0)=\lim_{x\to0^-}f(x)=0=f(0).$$

因此

$$\lim_{x\to0}f(x)=0=f(0),$$

所以 $f(x)$ 在 x=0 处连续.

(2) 可导性

$$f'_+(0)=\lim_{x\to0^+}\frac{f(x)-f(0)}{x}=\lim_{x\to0^+}\frac{\sqrt{1+x}-1}{x\sqrt{x}}=\lim_{x\to0^+}\frac{x}{x\sqrt{x}\left(\sqrt{1+x}+1\right)}=\infty,$$

即 $f(x)$ 在 $x=0$ 处的右导数不存在, 故 $f(x)$ 在 $x=0$ 处导数不存在.

例 34　确定常数 a 和 b, 使函数

$$f(x)=\begin{cases}ax+b, & x>1,\\ x^2, & x\leqslant 1\end{cases}$$

处处可导.

解 当 $x>1$ 时 $f'(x)=a$, 当 $x<1$ 时 $f'(x)=2x$, 即当 $x\neq 1$ 时, 函数 $f(x)$ 均可导, 因此要使 $f(x)$ 处处可导, 只要 $f(x)$ 在 $x=1$ 处可导即可.

如果函数 $f(x)$ 在 $x=1$ 处可导, 必有 $f(x)$ 在 $x=1$ 处连续, 故有

$$f(1+0)=f(1-0)=f(1)=1.$$

又因

$$f(1+0)=\lim_{x\to 1^+}f(x)=\lim_{x\to 1^+}(ax+b)=a+b,$$

$$f(1-0)=\lim_{x\to 1^-}f(x)=\lim_{x\to 1^-}x^2=1,$$

则

$$a+b=1,$$

又由

$$f'_-(1)=2,\quad f'_+(1)=a,$$

则

$$f'_-(1)=f'_+(1),$$

即

$$a=2,$$

将其代入 $a+b=1$, 可得

$$b=-1,$$

所以当 $a=2,b=-1$ 时, 函数 $f(x)$ 在 $x=1$ 处可导, 从而 $f(x)$ 处处可导.

例 35 设函数 $f(x)$ 在 $(-\infty,\ +\infty)$ 上有定义, 在区间 $[0,\ 2]$ 上, $f(x)=x(x^2-4)$, 若对任意的 x 都满足 $f(x)=kf(x+2)$, 其中 k 为常数.

(1) 写出 $f(x)$ 在 $[-2,\ 0]$ 上的表达式;

(2) 问 k 为何值时, $f(x)$ 在 $x=0$ 处可导.

解 (1) 当 $-2\leqslant x<0$, 即 $0\leqslant x+2<2$ 时,

$$f(x)=kf(x+2)=k(x+2)[(x+2)^2-4]=kx(x+2)(x+4).$$

(2) 由题设知 $f(0)=0$.

$$f'_+(0)=\lim_{x\to 0^+}\frac{f(x)-f(0)}{x-0}=\lim_{x\to 0^+}\frac{x(x^2-4)}{x}=-4,$$

$$f'_-(0)=\lim_{x\to 0^-}\frac{f(x)-f(0)}{x-0}=\lim_{x\to 0^-}\frac{kx(x+2)(x+4)}{x}=8k.$$

令 $f'_-(0)=f'_+(0)$, 得 $k=-\dfrac{1}{2}$, 即当 $k=-\dfrac{1}{2}$ 时, $f(x)$ 在 $x=0$ 处可导.

注　(1) 在判断分段函数在分界点处的可导性时, 应从导数的定义出发求增量之比的极限, 依据极限的存在性判断函数的可导性;

(2) 当函数在分界点两侧的函数表达式不同时, 应分别求出函数在该点处的左右导数, 看其是否存在并相等, 从而决定在该点处的可导性;

(3) 对于含参数的分段函数, 要确定其中参数的值, 一般可通过分界点的连续性, 可导性来确定.

2. 多元函数的情形

由于求偏导数其实质就是求导数, 因此在讨论多元分段函数在分界点处的可导性时, 跟一元函数的情形完全相同, 可根据偏导数的定义来判别.

例 36　设 $f(x,y)=\begin{cases}\dfrac{xy}{x^2+y^2}, & x^2+y^2\neq 0,\\ 0, & x^2+y^2=0,\end{cases}$ 求 $f(x,y)$ 在点 $(0,0)$ 处的偏导数.

解　根据偏导数定义有

$$f'_x(0,0)=\lim_{\Delta x\to 0}\frac{f(0+\Delta x,0)-f(0,0)}{\Delta x}=\lim_{\Delta x\to 0}\frac{0}{\Delta x}=0,$$

$$f'_y(0,0)=\lim_{\Delta y\to 0}\frac{f(0,0+\Delta y)-f(0,0)}{\Delta y}=\lim_{\Delta y\to 0}\frac{0}{\Delta y}=0.$$

注　一元函数有 "可导必连续" 的性质; 但在二元函数中, 若函数 $f(x,y)$ 在某点的两个偏导数 $\dfrac{\partial f}{\partial x}$ 与 $\dfrac{\partial f}{\partial y}$ 都存在, 而函数 $f(x,y)$ 在该点却不一定连续.

例如, 在例 36 中, 函数 $f(x,y)$ 在点 $(0,0)$ 处的两个偏导数 $\dfrac{\partial f}{\partial x}$ 与 $\dfrac{\partial f}{\partial y}$ 都存在, 但函数 $f(x,y)$ 在点 $(0,0)$ 处是不连续的. 因为若取 $y=kx$, 则有

$$\lim_{\substack{x\to 0\\ y\to 0}}\frac{xy}{x^2+y^2}=\lim_{\substack{x\to 0\\ y=kx}}\frac{kx^2}{x^2+k^2x^2}=\frac{k}{1+k^2}.$$

其值随 k 的不同而变化, 因此函数 $f(x,y)$ 在点 $(0,0)$ 处的极限不存在, 所以函数 $f(x,y)$ 在点 $(0,0)$ 处不连续.

习　题　1.4

A 组

1. 求下列函数的全导数:

(1) 设 $z=uv+\sin t$, $u=\mathrm{e}^t$, $v=\cos t$, 求全导数 $\dfrac{\mathrm{d}z}{\mathrm{d}t}$;

(2) 设 $z=x^2+\sqrt{y}, y=\sin x$, 求全导数 $\dfrac{\mathrm{d}z}{\mathrm{d}x}$;

(3) 设 $u=\mathrm{e}^{xy}\sin(yz), x=\dfrac{1}{t}, y=\ln t, z=\cos t$, 求全导数 $\dfrac{\mathrm{d}u}{\mathrm{d}t}$;

(4) 设 $u=f\left(t\dfrac{y}{x}, t^2+\dfrac{x}{y}\right), x=\varphi(t), y=\psi(t)$, 其中 f,φ,ψ 均可微, 求全导数 $\dfrac{\mathrm{d}u}{\mathrm{d}t}$.

2. 求下列函数的一阶偏导数, 假设所有函数均可微:

(1) $z=xyf(xy^2)$;

(2) $z=(x+y)f(x+y,xy)$;

(3) $z=f\left(\varphi\left(\dfrac{y}{x}\right), y-\psi(x-y)\right)$;

(4) $z=f(x,y^2,\varphi(x^2,y))$.

3. 求下列复合函数的一阶偏导数, 假设所有函数均可微:

(1) 设 $u=f(x,y,z)=\mathrm{e}^{x^2+y^2+z^2}$, $z=x^2\sin y$, 求 $\dfrac{\partial u}{\partial x}$ 和 $\dfrac{\partial u}{\partial y}$;

(2) 设 $z=\mathrm{e}^{ax}(u-v), u=a\sin x+y, v=\cos x-y$, 求 $\dfrac{\partial z}{\partial x}$ 和 $\dfrac{\partial z}{\partial y}$;

(3) 设 $z=f(u,v), u=x^2-y^2, v=\mathrm{e}^{xy}$, 求 $\dfrac{\partial z}{\partial x}$ 和 $\dfrac{\partial z}{\partial y}$.

4. 验证下列函数分别满足指定的方程:

(1) $u=x^kf\left(\dfrac{z}{y},\dfrac{y}{x}\right)$ 满足 $x\dfrac{\partial u}{\partial x}+y\dfrac{\partial u}{\partial y}+z\dfrac{\partial u}{\partial z}=ku$;

(2) $u=\dfrac{1}{\sqrt{x^2+y^2+z^2}}$ 满足 $\dfrac{\partial^2 u}{\partial x^2}+\dfrac{\partial^2 u}{\partial y^2}+\dfrac{\partial^2 u}{\partial z^2}=0$;

(3) $z=\dfrac{y^2}{2x}+\varphi(xy)$, φ 为可微函数, 满足 $x^2\dfrac{\partial z}{\partial x}-xy\dfrac{\partial z}{\partial y}+\dfrac{3}{2}y^2=0$.

5. 设 $z=z(x,y)$ 是由方程 $f(xz,y+z)=0$ 所确定的隐函数, 求 $\mathrm{d}z$.

6. 求下列函数指定的二阶偏导数, 假设所有的函数均有二阶偏导数:

(1) $u=\dfrac{f(x,y)}{y}+xf(x,y)$, 求 $\dfrac{\partial^2 u}{\partial x\partial y}$;

(2) $z=\dfrac{1}{y}f(xy)+xf\left(\dfrac{y}{x}\right)$, f 具有连续的二阶导数, 求 $\dfrac{\partial^2 z}{\partial x\partial y}$;

(3) $z=f[\varphi(x)-y,\psi(y)+x]$, f 具有连续的二阶偏导数, φ,ψ 可导, 求 $\dfrac{\partial^2 z}{\partial x\partial y}$;

(4) $f(x,y)=\begin{cases}\dfrac{xy(x^2-y^2)}{x^2+y^2}, & x^2+y^2\neq 0,\\ 0, & x^2+y^2=0,\end{cases}$ 求 $\left.\dfrac{\partial^2 f}{\partial x\partial y}\right|_{(0,0)}, \left.\dfrac{\partial^2 f}{\partial y\partial x}\right|_{(0,0)}$.

7. 设 $F(x)=\min\{f_1(x),f_2(x)\}$, 定义在 $(0,2)$ 内, 其中 $f_1(x)=x$, $f_2(x)=\dfrac{1}{x}$. 求 $F'(x), x\in(0,2)$.

8. 求由方程 $y-x\mathrm{e}^y+x=0$ 所确定的函数 $y=f(x)$ 的导数.

9. 求由方程 $\dfrac{x}{z}=\ln\dfrac{z}{y}$ 所确定的函数 $z=f(x,y)$ 的偏导数 $\dfrac{\partial z}{\partial x},\dfrac{\partial z}{\partial y}$.

10. 求由方程 $x^2+y^2-1=0$ 确定的隐函数 $y=f(x)$ 一阶与二阶导数在 $x=0$ 的值.

11. 设方程 $\mathrm{e}^z-z+xy=3$ 确定隐函数 $z=f(x,y)$, 求 $\dfrac{\partial^2 z}{\partial x^2}$.

12. 设 $z=(1+x)^{xy}$, 求 $\dfrac{\partial z}{\partial x}, \dfrac{\partial z}{\partial y}$.

13. 求由下面参数方程所确定的函数的导数 $\dfrac{\mathrm{d}y}{\mathrm{d}x}$, 其中 a,b 是不为 0 的常数.

(1) $\begin{cases} x=at^2, \\ y=bt^3; \end{cases}$　　(2) $\begin{cases} x=\dfrac{2at}{1+t^2}, \\ y=\dfrac{3at^2}{1+t^2}; \end{cases}$

(3) $\begin{cases} x=a\cos t, \\ y=b\sin t; \end{cases}$　　(4) $\begin{cases} x=t(1-\sin t), \\ y=t\cos t. \end{cases}$

14. 求下列参数方程所确定的函数的二阶导数 $\dfrac{\mathrm{d}^2y}{\mathrm{d}x^2}$.

(1) $\begin{cases} x=1-t^2, \\ y=t-t^3; \end{cases}$　　(2) $\begin{cases} x=\ln\left(1+t^2\right), \\ y=t-\arctan t. \end{cases}$

B 组

1. 设 $z=\dfrac{1}{x}f(xy)+y\varphi(x+y), f,\varphi$ 具有二阶偏导数, 求 $\dfrac{\partial^2 z}{\partial x\partial y}$.

2. 设 $z=f(\mathrm{e}^x\sin y, x^2+y^2)$, 其中 f 具有二阶连续偏导数, 求 $\dfrac{\partial^2 z}{\partial x\partial y}$.

3. 设 $z=f(u,x,y), u=x\mathrm{e}^y$, 其中 f 具有二阶连续偏导, 求 $\dfrac{\partial^2 z}{\partial x\partial y}$.

4. 设 $z^3-3xyz=a^3$, 求 $\dfrac{\partial^2 z}{\partial x\partial y}$.

5. 设 $f(x,y,z)=xy^2z^3$, 其中 $z=z(x,y)$ 是由方程 $x^2+y^2+z^2-3xyz=0$ 所确定的隐函数, 求 $f_x(1,1,1)$.

6. 设函数 $u=f(x,y,z)$ 具有连续偏导数, 且 $z=z(x,y)$ 由方程 $x\mathrm{e}^x-y\mathrm{e}^y=z\mathrm{e}^z$ 所确定, 求全微分 $\mathrm{d}u$.

7. 设 $f(u,v)$ 是二元可微函数, $z=f\left(\dfrac{y}{x},\dfrac{x}{y}\right)$, 则 $x\dfrac{\partial z}{\partial x}-y\dfrac{\partial z}{\partial y}=$__________.

8. 设函数 $f(x)$ 在 $x=2$ 的某邻域内可导, 且 $f'(x)=\mathrm{e}^{f(x)}$, $f(2)=1$, 则 $f'''(2)=$ __________.

9. 设 $z=z(x,y)$ 是由方程 $x^2+y^2-z=\varphi(x+y+z)$ 所确定的函数, 其中 φ 具有二阶导数且 $\varphi'\neq -1$.

(1) 求 $\mathrm{d}z$;

(2) 记 $u(x,y)=\dfrac{1}{x-y}\left(\dfrac{\partial z}{\partial x}-\dfrac{\partial z}{\partial y}\right)$, 求 $\dfrac{\partial u}{\partial x}$.

10. 设 $f(u,v)$ 具有二阶连续偏导数, 且满足 $\dfrac{\partial^2 f}{\partial u^2}+\dfrac{\partial^2 f}{\partial v^2}=1$, 又 $g(x,y)=f\left[xy,\dfrac{1}{2}(x^2-y^2)\right]$, 求 $\dfrac{\partial^2 g}{\partial x^2}+\dfrac{\partial^2 g}{\partial y^2}$.

11. 设 $f(u)$ 具有二阶连续导数, 且 $g(x,y)=f\left(\dfrac{y}{x}\right)+yf\left(\dfrac{x}{y}\right)$, 求 $x^2\dfrac{\partial^2 g}{\partial x^2}-y^2\dfrac{\partial^2 g}{\partial y^2}$.

本章内容小结

本章的主要内容

(1) 函数极限的严格数学定义、极限的判别准则;

(2) 函数的高阶导数和高阶偏导数及其求法;

(3) 函数的求导法则: 复合函数的链式法则、隐函数的求导法则、由参数方程确定的函数的求导法则和对数求导法.

学习中要注意的几点:

(i) 对于函数极限的严格数学定义的准确理解: 即在 ε-N, ε-δ, ε-M 定义中, 每个符号的确切含义;

(ii) 证明函数极限存在和计算极限的重要工具: 极限的判别准则;

(iii) 利用全微分形式不变性求偏导数是一种有效的方法;

(iv) 运用复合函数链式法则求导时, 一定要弄清中间量的具体表现形式;

(v) 注意对数求导法所适用的范围, 认识到其本质就是将显函数 $y=f(x)$ 通过两边取对数转化成隐函数 $\ln y=\ln f(x)$ 然后利用隐函数求导法则来求解;

(vi) 多元函数的连续、偏导数、可微的概念都是用极限定义的, 不同的概念对应不同的极限, 切勿混淆. 考虑函数 $f(x,y)$ 在 (x_0,y_0) 点的情形, 则它们分别为

$f(x,y)$ 在点 (x_0,y_0)**连续的定义为**

$$\lim_{\substack{x\to x_0\\ y\to y_0}} f(x,y)=f(x_0,y_0).$$

$f(x,y)$ 在点 (x_0,y_0) 存在**偏导数的定义为**

$$f'_x(x_0,y_0)=\lim_{x\to x_0}\frac{f(x,y_0)-f(x_0,y_0)}{x-x_0}$$

或

$$f'_x(x_0,y_0)=\lim_{\Delta x\to 0}\frac{f(x_0+\Delta x,y_0)-f(x_0,y_0)}{\Delta x};$$

$$f'_y(x_0,y_0)=\lim_{y\to y_0}\frac{f(x_0,y)-f(x_0,y_0)}{y-y_0}$$

或

$$f'_y(x_0,y_0)=\lim_{\Delta y\to 0}\frac{f(x_0,y_0+\Delta y)-f(x_0,y_0)}{\Delta y}.$$

$f(x,y)$ 在点 (x_0,y_0)**可微的定义为**

$$\lim_{\substack{\Delta x\to 0\\ \Delta y\to 0}}\frac{f(x_0+\Delta x,y_0+\Delta y)-f(x_0,y_0)-A\Delta x-B\Delta y}{\sqrt{\Delta x^2+\Delta y^2}}=0.$$

这三个概念之间的关系可以用下图表示.

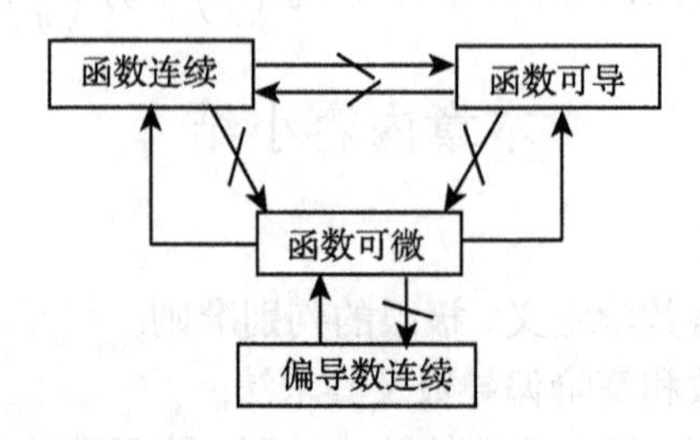

具体内容可以参见本章的相应结论和例题.

第 2 章　微分中值定理与导数的应用

微分学的基本定理是应用导数研究函数性态以及进行经济分析的理论基础. 由于这些定理都有共同的特点: 当函数满足一定条件时, 在所给区间内至少存在一点, 函数在此点具有某种性质. 因此, 统称为微分中值定理. 本章主要讨论微分中值定理及导数在研究函数性态与经济中的应用.

2.1　微分中值定理

1. 理解罗尔 (Rolle) 定理、拉格朗日 (Lagrange) 中值定理;
2. 了解柯西 (Cauchy) 中值定理;
3. 掌握这三个定理的简单应用.

首先, 观察图 2.1, 设曲线弧 $\overset{\frown}{AB}$ 是函数 $y=f(x)(x\in[a,b])$ 的图形, 它是一条连续的曲线弧, 除端点外处处有不垂直于 x 轴的切线.

可以发现, 在 $\overset{\frown}{AB}$ 上至少有一点 C 存在, C 点处的切线平行于弦 AB, 即至少存在一点 $\xi\in(a,b)$, 使得 $f'(\xi)=k_{AB}$, 其中 k_{AB} 为弦 AB 的斜率.

特别地, 当 AB 平行于 x 轴, 即 $f(a)=f(b)$ 时, $k_{AB}=0$, 则至少存在一点 $\xi\in(a,b)$, 使得 $f'(\xi)=0$. 此结论即为罗尔定理.

若 $f(a)\neq f(b)$, 由图 2.1, $k_{AB}=\dfrac{f(b)-f(a)}{b-a}$, 则至少存在一点 $\xi\in(a,b)$, 使得 $f'(\xi)=k_{AB}=\dfrac{f(b)-f(a)}{b-a}$, 此结论即为拉格朗日中值定理.

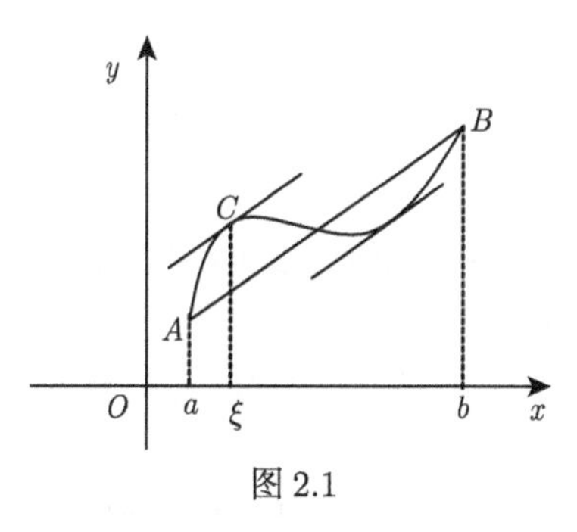

图 2.1

下面分别来详细叙述.

2.1.1　罗尔定理

罗尔定理　若函数 $f(x)$ 在闭区间 $[a,b]$ 上连续, 在开区间 (a,b) 内可导, 并且在区间端点处的函数值相等, 即 $f(a)=f(b)$, 则在开区间 (a,b) 内至少存在一点 ξ, 使得 $f'(\xi)=0$.

证 由于 $f(x)$ 在闭区间 $[a,b]$ 上连续, 则 $f(x)$ 在闭区间 $[a,b]$ 上必取得最大值 M 和最小值 m. 于是有两种可能情形.

(1) $M=m$. 此时, $f(x)$ 在区间 $[a,b]$ 上恒为常数, 则 $\forall x\in(a,b)$ 有 $f'(x)=0$. 于是任取 $\xi\in(a,b)$ 有 $f'(\xi)=0$.

(2) $M>m$. 由于 $f(a)=f(b)$, 则 M 和 m 中至少有一个不等于 $f(a)$. 不妨设 $M\neq f(a)$, 那么在开区间 (a,b) 内至少有一点 ξ, 使得 $f(\xi)=M$.

因为 $f(x)$ 在 (a,b) 内可导, 则 $f'(\xi)$ 存在, 且

$$f'(\xi)=\lim_{\Delta x\to 0}\frac{f(\xi+\Delta x)-f(\xi)}{\Delta x}=\lim_{\Delta x\to 0}\frac{f(\xi+\Delta x)-M}{\Delta x}.$$

由于 $f(\xi+\Delta x)-M\leqslant 0$, 则 $f'_+(\xi)\leqslant 0$, $f'_-(\xi)\geqslant 0$, 因此, $f'(\xi)=0$.

注 (1) 罗尔定理中的三个条件缺一不可, 否则, 定理的结论就不一定成立, 如图 2.2 所示.

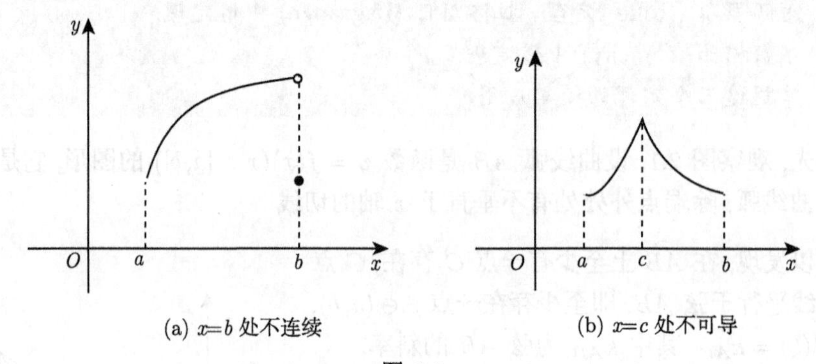

(a) $x=b$ 处不连续　　(b) $x=c$ 处不可导

图 2.2

(2) 满足定理中三个条件的函数 $f(x)$, 函数 $y'=f'(x)$ 必定有零点, 零点的个数可能有多个.

(3) 罗尔定理的几何意义：当函数 $f(x)$ 在区间 $[a,b]$ 上满足定理条件时, 在 (a,b) 内的曲线弧 $f(x)$ 上必存在水平切线.

例 1 验证罗尔定理对函数 $f(x)=x^3-3x$ 在区间 $[-\sqrt{3},\sqrt{3}]$ 上的正确性.

解 函数 $f(x)=x^3-3x$ 显然在 $[-\sqrt{3},\sqrt{3}]$ 上连续, 在 $(-\sqrt{3},\sqrt{3})$ 内可导, 并且

$$f(\sqrt{3})=f(-\sqrt{3})=0,$$

而

$$f'(x)=3x^2-3=3(x-1)(x+1),$$

则在 $(-\sqrt{3},\sqrt{3})$ 内有两点 $\xi_1=-1,\xi_2=1$ 满足 $f'(\xi)=0$.

例 2 设函数 $f(x)$ 在 $[0,+\infty)$ 上连续, 在 $(0,+\infty)$ 内可导, 并且方程 $f(x)=0$ 有一正根, 证明至少存在一点 $\xi>0$, 使得

$$f'(\xi)=-\frac{2f(\xi)}{\xi}.$$

证 令 $g(x)=x^2f(x)$, 则 $g(x)$ 也在 $[0,+\infty)$ 上连续, 在 $(0,+\infty)$ 内可导. 设 $f(x)=0$ 的正根为 $x=a$, 则有

$$g(0)=g(a)=0.$$

因此, 函数 $g(x)$ 在区间 $[0,a]$ 上满足罗尔定理的三个条件, 则至少有一点 $\xi\in(0,a)$, 使得 $g'(\xi)=0$, 即 $\xi^2f'(\xi)+2\xi f(\xi)=0$, 也即

$$f'(\xi)=-\frac{2f(\xi)}{\xi}.$$

2.1.2 拉格朗日中值定理

拉格朗日中值定理 若函数 $f(x)$ 在闭区间 $[a,b]$ 上连续, 在开区间 (a,b) 内可导, 则在开区间 (a,b) 内至少存在一点 ξ, 使得等式

$$f(b)-f(a)=f'(\xi)(b-a) \tag{2.1.1}$$

成立.

证 由图 2.1 可以看出, 直线 AB 与曲线 $f(x)$ 在 A, B 两点相交. 直线 AB 的方程为

$$y=f(a)+\frac{f(b)-f(a)}{b-a}(x-a).$$

构造辅助函数

$$\varPhi(x)=f(x)-\left(f(a)+\frac{f(b)-f(a)}{b-a}(x-a)\right).$$

容易验证, $\varPhi(x)$ 在闭区间 $[a,b]$ 上连续, 在开区间 (a,b) 内可导, 并且 $\varPhi(a)=\varPhi(b)=0$. 由罗尔定理, 则在开区间 (a,b) 内至少存在一点 ξ, 使得 $\varPhi'(\xi)=0$, 即

$$f'(\xi)-\frac{f(b)-f(a)}{b-a}=0,$$

所以

$$f(b)-f(a)=f'(\xi)(b-a).$$

注 (1) 在拉格朗日中值定理中, 若加上条件 $f(a)=f(b)$, 则结论变成 $f'(\xi)=0$. 因此, 罗尔定理是拉格朗日中值定理的特殊情形.

(2) 拉格朗日中值定理的几何意义：如果连续曲线 $y=f(x)$ 的弧 $\overset{\frown}{AB}$ 上除端点外处处有不垂直于 x 轴的切线, 那么曲线弧 $\overset{\frown}{AB}$ 上至少有一点 C, 使曲线在点 C 处的切线平行于弦 AB.

显然, 式 (2.1.1) 对 $b<a$ 也成立. 式 (2.1.1) 称为**拉格朗日中值公式**.

设 $x\in[a,b]$, 取 Δx, 使得 $x+\Delta x\in[a,b]$, 则式 (2.1.1) 在区间 $[x,x+\Delta x]$(或 $[x+\Delta x,x]$) 上就成为

$$\Delta y=f(x+\Delta x)-f(x)=f'(\xi)\Delta x.$$

由于 $x<\xi<x+\Delta x$(或 $x+\Delta x<\xi<x$), 则可记 $\xi=x+\theta\Delta x(0<\theta<1)$, 因此,

$$\Delta y=f'(x+\theta\Delta x)\Delta x,\quad 0<\theta<1. \tag{2.1.2}$$

已经知道, 函数的微分 $\mathrm{d}y=f'(x)\Delta x$ 是函数增量 Δy 的近似表达式, 用 $\mathrm{d}y$ 近似代替 Δy 时所产生的误差只有当 $\Delta x\to 0$ 时才趋于零; 而式 (2.1.2) 给出了当自变量取得有限增量 Δx 时, 函数增量 Δy 的准确表达式. 因此, 拉格朗日中值定理也称为**有限增量定理**, 式 (2.1.2) 也称为**有限增量公式**.

从拉格朗日中值定理易得如下推论:

推论 2.1.1 如果函数 $f(x)$ 在区间 I 上的导数恒为零, 则 $f(x)$ 在区间 I 上是一个常数.

证 在区间 I 上任取两点 $x_1,x_2(x_1<x_2)$, 由式 (2.1.1) 有

$$f(x_2)-f(x_1)=f'(\xi)(x_2-x_1),\quad x_1<\xi<x_2,$$

而 $f'(\xi)=0$, 则 $f(x_1)=f(x_2)$. 由 x_1, x_2 的任意性可知, $f(x)$ 在区间 I 上是一个常数.

推论 2.1.2 如果函数 $f(x)$ 和 $g(x)$ 在区间 I 上可导且 $f'(x)=g'(x)$, 则在区间 I 上有

$$f(x)=g(x)+C,$$

其中 C 为任意常数.

证 由于 $f'(x)=g'(x)$, 则

$$(f(x)-g(x))'=0.$$

由推论 2.1.1 可知 $f(x)-g(x)=C(C$ 为常数$)$, 即 $f(x)=g(x)+C$.

例 3 验证拉格朗日中值定理对于函数 $f(x)=\ln x$ 在区间 $[1,\mathrm{e}]$ 上的正确性.

解 $f(x)=\ln x$ 显然在区间 $[1,\mathrm{e}]$ 上连续, 在区间 $(1,\mathrm{e})$ 内可导, 而 $f(1)=0$,

$f(\mathrm{e})=1$, $f'(x)=\dfrac{1}{x}$. 由

$$\frac{f(\mathrm{e})-f(1)}{\mathrm{e}-1}=\frac{1}{\xi},$$

解得 $\xi=\mathrm{e}-1\in(1,\mathrm{e})$, 故可取 $\xi=\mathrm{e}-1$, 使得

$$f'(\xi)=\frac{f(\mathrm{e})-f(1)}{\mathrm{e}-1}$$

成立.

例 4 证明当 $-1<x<1$ 时,

$$\arcsin x=\arctan\frac{x}{\sqrt{1-x^2}}.$$

证 令 $f(x)=\arcsin x-\arctan\dfrac{x}{\sqrt{1-x^2}}$, 则

$$\begin{aligned}f'(x)&=\frac{1}{\sqrt{1-x^2}}-\frac{1}{1+\dfrac{x^2}{1-x^2}}\left(\frac{x}{\sqrt{1-x^2}}\right)'\\&=\frac{1}{\sqrt{1-x^2}}-\frac{1}{\sqrt{1-x^2}}\\&=0,\end{aligned}$$

因此, $f(x)=C(-1<x<1)$. 又 $f(0)=0$, 则 $C=0$, 因此, $f(x)=0$, 即

$$\arcsin x=\arctan\frac{x}{\sqrt{1-x^2}}.$$

例 5 证明当 $x>0$ 时,

$$\frac{x}{1+x}<\ln(1+x)<x.$$

证 设 $f(x)=\ln x$, 显然, $f(x)$ 在区间 $[1,1+x]$ 上满足拉格朗日中值定理的条件, 则存在 $\xi\in(1,1+x)$, 使得

$$\ln(1+x)-\ln 1=(\ln x)'\big|_{x=\xi}(1+x-1),$$

即

$$\ln(1+x)=\frac{1}{\xi}x,$$

而 $1<\xi<1+x$, 因此

$$\frac{x}{1+x}<\frac{x}{\xi}<x,$$

即

$$\frac{x}{1+x} < \ln(1+x) < x, \quad x > 0.$$

例 6　设 $f(x)$ 在区间 $[a,b]$ 上连续, 在区间 (a,b) 内二阶导数存在. 若连接点 $A(a,f(a))$ 与点 $B(b,f(b))$ 的直线交曲线 $y=f(x)$ 于点 $C(c,f(c))$ 且 $a<c<b$, 证明在 (a,b) 内至少存在 ξ, 使得 $f''(\xi)=0$.

证　由函数 $f(x)$ 在区间 $[a,c]$ 上满足拉格朗日中值定理的条件, 则存在 $\xi_1 \in (a,c)$, 使得

$$f'(\xi_1) = k_{AC} = k_{AB}.$$

同样, 函数 $f(x)$ 在区间 $[c,b]$ 上满足拉格朗日中值定理的条件, 因此, 存在 $\xi_2 \in (c,b)$, 使得

$$f'(\xi_2) = k_{CB} = k_{AB}.$$

对函数 $y=f'(x)$, 易知在区间 $[\xi_1,\xi_2]$ 上满足罗尔定理的条件, 则存在 $\xi \in (\xi_1,\xi_2)$, 使得

$$f''(\xi) = 0.$$

2.1.3　柯西中值定理

已经知道, 如果连续曲线弧 $\overset{\frown}{AB}$ 除端点外处处有不垂直于 x 轴的切线存在, 那么在这段弧上至少存在一点 C, 使曲线在点 C 处的切线平行于弦 AB. 若弧 $\overset{\frown}{AB}$ 由参数方程

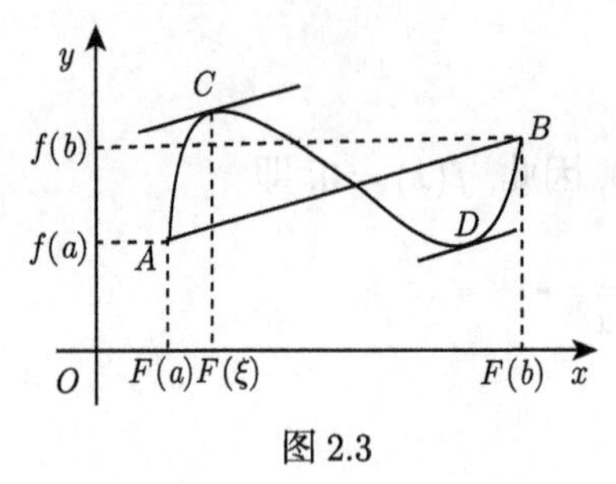

图 2.3

$$\begin{cases} x = F(t), \\ y = f(t), \end{cases} \quad a \leqslant t \leqslant b$$

表示 (图 2.3), 其中 t 为参数, $F'(t) \neq 0$, 那么, 曲线上点 (x,y) 处的切线斜率为

$$\frac{\mathrm{d}y}{\mathrm{d}x} = \frac{f'(t)}{F'(t)},$$

弦 AB 的斜率为

$$k_{AB} = \frac{f(b)-f(a)}{F(b)-F(a)}.$$

假定点 C 对应于参数 $t=\xi$, 则曲线上点 C 处的切线平行于弦 AB 可表示为

$$\frac{f(b)-f(a)}{F(b)-F(a)} = \frac{f'(\xi)}{F'(\xi)}.$$

与此对应就得到柯西中值定理.

柯西中值定理 如果函数 $f(x)$ 和 $F(x)$ 在闭区间 $[a,b]$ 上连续, 在开区间 (a,b) 内可导, 并且 $F'(x)\neq 0(x\in(a,b))$, 则在开区间 (a,b) 内至少存在一点 ξ, 使得等式

$$\frac{f'(\xi)}{F'(\xi)}=\frac{f(b)-f(a)}{F(b)-F(a)} \tag{2.1.3}$$

成立.

证 改写式 (2.1.3) 为

$$(F(b)-F(a))\,f'(\xi)-(f(b)-f(a))F'(\xi)=0,$$

则只需证明方程

$$((F(b)-F(a))f(x)-(f(b)-f(a))F(x))'=0$$

有根.

令 $g(x)=(F(b)-F(a))f(x)-(f(b)-f(a))F(x)$, 则 $g(x)$ 在闭区间 $[a,b]$ 上连续, 在开区间 (a,b) 内可导, 并且

$$g(a)=g(b)=f(a)F(b)-F(a)f(b),$$

即 $g(x)$ 在区间 $[a,b]$ 上满足罗尔定理的条件. 因此, 在开区间 (a,b) 内至少存在 ξ, 使得

$$g'(\xi)=0,$$

即

$$(F(b)-F(a))f'(\xi)-(f(b)-f(a))F'(\xi)=0.$$

又因为 $F'(x)\neq 0$, 则 $F'(\xi)\neq 0$, 且

$$F(b)-F(a)=F'(\eta)(b-a)\neq 0,\quad a<\eta<b,$$

则

$$\frac{f'(\xi)}{F'(\xi)}=\frac{f(b)-f(a)}{F(b)-F(a)}.$$

注 若取 $F(x)=x$, 则 $F(b)-F(a)=b-a$, $F'(x)=1$, 则式 (2.1.3) 变成

$$f(b)-f(a)=f'(\xi)(b-a),\quad a<\xi<b,$$

即为拉格朗日中值定理. 可见, 拉格朗日中值定理是柯西中值定理的特殊情形.

例 7 验证柯西中值定理对于函数 $f(x)=\sin x$ 和 $g(x)=\cos x$ 在区间 $\left[0,\dfrac{\pi}{2}\right]$ 上的正确性.

解　易知 $\sin x$ 和 $\cos x$ 在闭区间 $\left[0,\dfrac{\pi}{2}\right]$ 上连续, 在开区间 $\left(0,\dfrac{\pi}{2}\right)$ 内可导, 并且 $(\cos x)'=-\sin x\neq 0\left(x\in\left(0,\dfrac{\pi}{2}\right)\right)$.

由

$$\frac{f'(\xi)}{g'(\xi)}=\frac{f\left(\dfrac{\pi}{2}\right)-f(0)}{g\left(\dfrac{\pi}{2}\right)-g(0)}=\frac{1-0}{0-1}=-1,$$

即 $\dfrac{\cos\xi}{-\sin\xi}=-1$. 取 $\xi=\dfrac{\pi}{4}\in\left(0,\dfrac{\pi}{2}\right)$ 可使等式

$$\frac{f'(\xi)}{g'(\xi)}=\frac{f\left(\dfrac{\pi}{2}\right)-f(0)}{g\left(\dfrac{\pi}{2}\right)-g(0)}$$

成立.

习　题　2.1

A 组

1. 验证罗尔定理对于函数 $y=\ln\sin x$ 在区间 $\left[\dfrac{\pi}{6},\dfrac{5\pi}{6}\right]$ 上的正确性.

2. 验证拉格朗日中值定理对于函数

$$f(x)=\begin{cases}\dfrac{3-x^2}{2}, & x\leqslant 1,\\ \dfrac{1}{x}, & x>1\end{cases}$$

在区间 $[0,2]$ 上的正确性.

3. 验证柯西中值定理对于函数 $f(x)=\mathrm{e}^x$ 和函数 $g(x)=\mathrm{e}x$ 在区间 $[0,1]$ 上的正确性.

4. 证明方程 $x^5+x-1=0$ 有且只有一个正根.

5. 不用求出函数 $f(x)=x(x-1)(x-2)(x-3)$ 的导数, 说明方程 $f'(x)=0$ 有几个实根, 并指出它们所在的区间.

6. 证明当 $0<x<1$ 时,

$$\arcsin\sqrt{1-x^2}+\arctan\frac{x}{\sqrt{1-x^2}}=\frac{\pi}{2}.$$

7. 证明下列不等式:

(1) $|\sin x-\sin y|\leqslant|x-y|$;

(2) 当 $x>1$ 时, $\mathrm{e}^x>\mathrm{e}\cdot x$;

(3) 当 $0<b<a$ 时, $\dfrac{a-b}{a}<\ln\dfrac{a}{b}<\dfrac{a-b}{b}$.

8. 证明若函数 $f(x)$ 在 $(-\infty,+\infty)$ 内可导且 $f'(x)=f(x), f(0)=1$, 则 $f(x)=\mathrm{e}^x$.

9. 设函数 $f(x)$ 在闭区间 $[0,1]$ 上连续, 在开区间 $(0,1)$ 内可导, 且 $f(0)=f(1)=0$, 证明存在 $\xi\in(0,1)$, 使 $f(\xi)+f'(\xi)=0$.

B 组

1. 设函数 $f(x)$ 可导, 证明若 $f(x)$ 有两个零点, 则在这两个零点之间必有 $f(x)+f'(x)$ 的零点.

2. 设函数 $f(x)$ 与 $g(x)$ 在闭区间 $[a,b]$ 上连续, 在开区间 (a,b) 内可导, 并且 $g'(x)\neq 0$, 证明在 (a,b) 内存在 ξ, 使得等式

$$\frac{f(a)-f(\xi)}{g(\xi)-g(b)}=\frac{f'(\xi)}{g'(\xi)}$$

成立.

3. 设函数 $f(x)$ 在闭区间 $[0,1]$ 上连续, 在开区间 $(0,1)$ 内可导, 并且 $f(0)=f(1)=0$, $f\left(\dfrac{1}{2}\right)=1$. 证明

(1) 存在 $\eta\in\left(\dfrac{1}{2},1\right)$, 使得 $f(\eta)=\eta$;

(2) 存在 $\xi\in(0,1)$, 使得 $f'(\xi)=1$.

4. 设函数 $f(x)$ 在闭区间 $[a,b]$ 上连续, 在开区间 (a,b) 内可导, 并且 $0<a<b$. 证明存在 $\xi\in(a,b)$, 使得

$$f(b)-f(a)=\xi f'(\xi)\ln\frac{b}{a}.$$

5. 设函数 $f(x)$ 在闭区间 $[a,b]$ 上连续, 在开区间 (a,b) 内可导, 并且 $0<a<b$. 证明在 (a,b) 内存在 ξ,η, 使得等式 $f'(\xi)=\dfrac{\eta^2f'(\eta)}{ab}$ 成立.

6. 设函数 $f(x)$ 在闭区间 $[a,b]$ 上连续, 在开区间 (a,b) 内可导, 并且 $f(a)=f(b)=1$. 证明在 (a,b) 内存在两点 ξ, η, 使得

$$\mathrm{e}^{\eta-\xi}[f(\eta)+f'(\eta)]=1.$$

2.2 洛必达法则

1. 掌握求极限的洛必达 (L'Hospital) 法则;
2. 会用洛必达法则求极限.

若在自变量 x 的某种变化过程中, 函数 $f(x)$ 和 $g(x)$ 的值都趋于零或都趋于无穷大, 则极限 $\lim\dfrac{f(x)}{g(x)}$ 可能存在, 也可能不存在. 通常称这种类型的极限为未定式, 简记为 “$\dfrac{0}{0}$”, “$\dfrac{\infty}{\infty}$”. 未定式不能用极限的四则运算法则求. 利用柯西中值定理,

本节得到求这类极限的一种简便而重要的方法 —— 洛必达法则, 它将满足一定条件的两个函数比的极限转化成它们的导数比的极限.

2.2.1　$\dfrac{0}{0}$ 型未定式

设函数 $f(x)$ 与 $g(x)$ 在点 a 的某个去心邻域 $\mathring{U}(a)$ 内可导, $g'(x) \neq 0$ 且 $\lim\limits_{x \to a} f(x) = \lim\limits_{x \to a} g(x) = 0$. 由于 $\dfrac{f(x)}{g(x)}$在 $x \to a$ 时的极限与 $f(a)$ 及 $g(a)$ 无关, 故可假设 $f(a) = g(a) = 0$, 这样可使得函数 $f(x)$ 和 $g(x)$ 在 a 的某邻域 $U(a)$ 内连续. 设 $x \in U(a)$, 则在以 a 和 x 为端点的区间上, $f(x)$ 和 $g(x)$ 满足柯西中值定理的条件. 因此, 在 a 和 x 之间存在 ξ, 使得

$$\frac{f(x)}{g(x)} = \frac{f(x) - f(a)}{g(x) - g(a)} = \frac{f'(\xi)}{g'(\xi)}.$$

注意到当 $x \to a$ 时, $\xi \to a$, 对上式两端取 $x \to a$ 的极限, 则当

$$\lim_{x \to a} \frac{f'(\xi)}{g'(\xi)} = \lim_{\xi \to a} \frac{f'(\xi)}{g'(\xi)} = \lim_{x \to a} \frac{f'(x)}{g'(x)}$$

存在时, 有

$$\lim_{x \to a} \frac{f(x)}{g(x)} = \lim_{x \to a} \frac{f'(x)}{g'(x)}.$$

由此即得如下定理.

定理 2.2.1$\left(\dfrac{0}{0}\right.$ 型未定式的洛必达法则 I$\left.\right)$　若函数 $f(x)$ 和 $g(x)$ 满足下述条件:

(1) $\lim\limits_{x \to a} f(x) = \lim\limits_{x \to a} g(x) = 0$;

(2) 在点 a 的某个去心邻域内, $f'(x)$ 和 $g'(x)$ 均存在且 $g'(x) \neq 0$;

(3) $\lim\limits_{x \to a} \dfrac{f'(x)}{g'(x)}$ 存在 (或为无穷大),

则有

$$\lim_{x \to a} \frac{f(x)}{g(x)} = \lim_{x \to a} \frac{f'(x)}{g'(x)}.$$

注　(1) 洛必达法则只适用于未定式.

(2) 当 $\lim\limits_{x \to a} \dfrac{f'(x)}{g'(x)}$ 存在时, $\lim\limits_{x \to a} \dfrac{f(x)}{g(x)}$ 也存在且等于 $\lim\limits_{x \to a} \dfrac{f'(x)}{g'(x)}$; 当 $\lim\limits_{x \to a} \dfrac{f'(x)}{g'(x)}$ 为无穷大时, $\lim\limits_{x \to a} \dfrac{f(x)}{g(x)}$ 也为无穷大. 但当 $\lim\limits_{x \to a} \dfrac{f'(x)}{g'(x)}$ 不存在 (不为无穷大) 时, 不能说 $\lim\limits_{x \to a} \dfrac{f(x)}{g(x)}$ 也不存在, 只能说洛必达法则失效.

(3) 若 $\lim\limits_{x\to a}\dfrac{f'(x)}{g'(x)}$ 仍属于 $\dfrac{0}{0}$ 型, 并且 $f'(x), g'(x)$ 能满足定理中 $f(x)$ 和 $g(x)$ 所要满足的条件, 则可继续使用法则, 即

$$\lim_{x\to a}\frac{f(x)}{g(x)}=\lim_{x\to a}\frac{f'(x)}{g'(x)}=\lim_{x\to a}\frac{f''(x)}{g''(x)},$$

并且可以依此类推.

(4) 由于数列不是连续函数, 因此, 当求数列极限时, 不能直接使用洛必达法则, 但是可以先将数列改为相应的函数后, 再用洛必达法则求.

例 1 求 $\lim\limits_{x\to 0}\dfrac{\sin x}{x}$.

解 $\lim\limits_{x\to 0}\dfrac{\sin x}{x}=\lim\limits_{x\to 0}\dfrac{(\sin x)'}{x'}=\lim\limits_{x\to 0}\dfrac{\cos x}{1}=1.$

例 2 求 $\lim\limits_{x\to 0}\dfrac{\mathrm{e}^x-1}{x}$.

解 $\lim\limits_{x\to 0}\dfrac{\mathrm{e}^x-1}{x}=\lim\limits_{x\to 0}\dfrac{(\mathrm{e}^x-1)'}{x'}=\lim\limits_{x\to 0}\dfrac{\mathrm{e}^x}{1}=1.$

例 3 求 $\lim\limits_{x\to 0}\dfrac{x-\sin x}{\sin^3 x\cos^2 x}$.

解 如果直接用洛必达法则, 那么分母的导数 (尤其是高阶导数) 较繁. 若与其他求极限的方法结合使用, 往往能使运算简捷.

由于当 $x\to 0$ 时, $\sin^3 x\sim x^3$, 而 $\cos x\to 1$, 则

$$\lim_{x\to 0}\frac{x-\sin x}{\sin^3 x\cos^2 x}=\lim_{x\to 0}\frac{x-\sin x}{x^3}=\lim_{x\to 0}\frac{1-\cos x}{3x^2}=\lim_{x\to 0}\frac{\sin x}{6x}=\frac{1}{6}.$$

注 使用洛必达法则求极限时, 等价无穷小代换、非未定因子分离等方法能使计算过程简化.

若将定理 2.2.1 中 $x\to a$ 改为 $x\to\infty$, 可得如下定理:

定理 2.2.2 $\left(\dfrac{0}{0}\text{ 型未定式的洛必达法则 II}\right)$ 若函数 $f(x)$ 和 $g(x)$ 满足下述条件:

(1) $\lim\limits_{x\to\infty}f(x)=\lim\limits_{x\to\infty}g(x)=0$;

(2) 存在正数 N, 当 $|x|>N$ 时, $f'(x)$ 与 $g'(x)$ 均存在且 $g'(x)\neq 0$;

(3) $\lim\limits_{x\to\infty}\dfrac{f'(x)}{g'(x)}$ 存在 (或为无穷大),

则有

$$\lim_{x\to\infty}\frac{f(x)}{g(x)}=\lim_{x\to\infty}\frac{f'(x)}{g'(x)}.$$

2.2.2 $\dfrac{\infty}{\infty}$ 型未定式

类似地, 对 $\dfrac{\infty}{\infty}$ 型未定式有如下定理:

定理 2.2.3$\left(\dfrac{\infty}{\infty}\right.$ **型未定式的洛必达法则** I$\left.\right)$　若函数 $f(x)$ 和 $g(x)$ 满足下述条件:

(1) 当 $x \to a$ 时, $f(x)$ 和 $g(x)$ 均趋向无穷大;

(2) 在点 a 的某个去心邻域内, $f'(x)$ 与 $g'(x)$ 均存在且 $g'(x) \neq 0$;

(3) $\lim\limits_{x \to a} \dfrac{f'(x)}{g'(x)}$ 存在 (或为无穷大),

则有

$$\lim_{x \to a} \frac{f(x)}{g(x)} = \lim_{x \to a} \frac{f'(x)}{g'(x)}.$$

如果将 $x \to a$ 改为 $x \to \infty$, 即可得 $\dfrac{\infty}{\infty}$ 型未定式的**洛必达法则** II, 这里就不再重复了.

在利用定理 2.2.3 时, 其注意事项如同利用定理 2.2.1.

例 4　求 $\lim\limits_{n \to \infty} \dfrac{\ln^2 n}{n}$.

解　此为数列极限, 不能直接用洛必达法则, 转化为函数极限. 因为

$$\lim_{x \to +\infty} \frac{\ln^2 x}{x} = \lim_{x \to +\infty} \frac{2\frac{1}{x}\ln x}{1} = 2\lim_{x \to +\infty} \frac{\ln x}{x} = 2\lim_{x \to +\infty} \frac{1}{x} = 0,$$

所以

$$\lim_{n \to \infty} \frac{\ln^2 n}{n} = 0.$$

例 5　求 $\lim\limits_{x \to 0^+} \dfrac{\ln \cot x}{\ln x}$.

解　$\lim\limits_{x \to 0^+} \dfrac{\ln \cot x}{\ln x} = \lim\limits_{x \to 0^+} \dfrac{-\tan x \csc^2 x}{\dfrac{1}{x}}$

$$= -\lim_{x \to 0^+} \frac{x \tan x}{\sin^2 x} \quad (x \tan x \sim x^2, \sin^2 x \sim x^2)$$

$$= -\lim_{x \to 0^+} \frac{x^2}{x^2} = -1.$$

例 6　求 $\lim\limits_{x \to +\infty} \dfrac{\mathrm{e}^x}{x^n} (n \in \mathbf{N}^*)$.

解　$\lim\limits_{x \to +\infty} \dfrac{\mathrm{e}^x}{x^n} = \lim\limits_{x \to +\infty} \dfrac{\mathrm{e}^x}{nx^{n-1}} = \cdots = \lim\limits_{x \to +\infty} \dfrac{\mathrm{e}^x}{n!} = +\infty.$

2.2.3 其他未定式

1. $0\cdot\infty$ 型未定式可化为 $\dfrac{0}{0}$ 型或 $\dfrac{\infty}{\infty}$ 型未定式

例 7 求 $\lim\limits_{x\to0}x\cot x$.

解 $\lim\limits_{x\to0}x\cot x=\lim\limits_{x\to0}\dfrac{x}{\tan x}=\lim\limits_{x\to0}\dfrac{1}{\sec^2 x}=1.$

例 8 求 $\lim\limits_{x\to0^+}x\ln x$.

解 $\lim\limits_{x\to0^+}x\ln x=\lim\limits_{x\to0^+}\dfrac{\ln x}{\dfrac{1}{x}}=\lim\limits_{x\to0^+}\dfrac{\dfrac{1}{x}}{-\dfrac{1}{x^2}}=-\lim\limits_{x\to0^+}x=0.$

例 9 求 $\lim\limits_{x\to1^-}\ln x\ln(1-x)$.

解

$$\begin{aligned}\lim_{x\to1^-}\ln x\ln(1-x)&=\lim_{x\to1^-}\frac{\ln(1-x)}{\dfrac{1}{\ln x}}\\&=\lim_{x\to1^-}\frac{\dfrac{1}{x-1}}{-\dfrac{1}{x\ln^2 x}}=\lim_{x\to1^-}\frac{x\ln^2 x}{1-x}\\&=\lim_{x\to1^-}\frac{\ln^2 x+2\ln x}{-1}=0.\end{aligned}$$

2. $\infty-\infty$ 型未定式经过通分可化为 $\dfrac{0}{0}$ 型未定式

例 10 求 $\lim\limits_{x\to0}\left(\dfrac{1}{x^2}-\cot^2 x\right)$.

解

$$\begin{aligned}\lim_{x\to0}\left(\frac{1}{x^2}-\cot^2 x\right)&=\lim_{x\to0}\frac{\sin^2 x-x^2\cos^2 x}{x^2\sin^2 x}\\&=\lim_{x\to0}\frac{(\sin x+x\cos x)(\sin x-x\cos x)}{x^4}\\&=\lim_{x\to0}\frac{\sin x+x\cos x}{x}\cdot\frac{\sin x-x\cos x}{x^3}\\&=2\lim_{x\to0}\frac{\cos x-\cos x+x\sin x}{3x^2}\\&=\frac{2}{3}.\end{aligned}$$

例 11 求 $\lim\limits_{x\to\infty}\left(x-x^2\ln\left(1+\dfrac{1}{x}\right)\right)$.

解　令 $x=\dfrac{1}{t}$, 则当 $x\to\infty$ 时, $t\to 0$. 因此,

$$\begin{aligned}\lim_{x\to\infty}\left(x-x^2\ln\left(1+\frac{1}{x}\right)\right)&=\lim_{t\to 0}\left(\frac{1}{t}-\frac{1}{t^2}\ln(1+t)\right)\\&=\lim_{t\to 0}\frac{t-\ln(1+t)}{t^2}\\&=\lim_{t\to 0}\frac{1-\dfrac{1}{1+t}}{2t}\\&=\lim_{t\to 0}\frac{1}{2(1+t)}=\frac{1}{2}.\end{aligned}$$

3. $1^\infty, 0^0, \infty^0$ 型未定式

由于它们都来源于幂指函数 $[u(x)]^{v(x)}$ 的极限, 可用取对数或利用 $[u(x)]^{v(x)}=\mathrm{e}^{v(x)\ln u(x)}$ 化为 $0\cdot\infty$ 型未定式.

例 12　求 $\lim\limits_{x\to 0^+}x^{\sin x}$.

解　这是 0^0 型未定式, 令 $y=x^{\sin x}$, 两边取对数得

$$\ln y=\sin x\ln x,$$

则

$$\begin{aligned}\lim_{x\to 0^+}\ln y=\lim_{x\to 0^+}\sin x\ln x=\lim_{x\to 0^+}\frac{\ln x}{\csc x}\\=\lim_{x\to 0^+}\frac{\dfrac{1}{x}}{-\csc x\cdot\cot x}=\lim_{x\to 0^+}\frac{-\sin x\tan x}{x}=0.\end{aligned}$$

因为 $y=\mathrm{e}^{\ln y}$, 则

$$\lim_{x\to 0^+}y=\mathrm{e}^{\lim\limits_{x\to 0^+}\ln y}=\mathrm{e}^0=1,$$

即 $\lim\limits_{x\to 0^+}x^{\sin x}=1$.

例 13　求 $\lim\limits_{x\to\infty}\left(\sin\dfrac{2}{x}+\cos\dfrac{1}{x}\right)^x$.

解　这是 1^∞ 型未定式, 令 $\dfrac{1}{x}=t$, 则当 $x\to\infty$ 时, $t\to 0$. 因此

$$\begin{aligned}\lim_{x\to\infty}\left(\sin\frac{2}{x}+\cos\frac{1}{x}\right)^x&=\lim_{t\to 0}(\sin 2t+\cos t)^{\frac{1}{t}}\\&=\lim_{t\to 0}\mathrm{e}^{\frac{1}{t}\ln(\sin 2t+\cos t)}\\&=\mathrm{e}^{\lim\limits_{t\to 0}\frac{\ln(\sin 2t+\cos t)}{t}}\end{aligned}$$

$$= e^{\lim\limits_{t \to 0} \frac{2\cos 2t - \sin t}{\sin 2t + \cos t}} = e^2.$$

例 14 求 $\lim\limits_{x \to \infty}(1+x)^{\frac{1}{x}}$.

解 这是 ∞^0 型未定式.

$$\begin{aligned}\lim_{x \to \infty}(1+x)^{\frac{1}{x}} &= \lim_{x \to \infty} e^{\frac{1}{x}\ln(1+x)} \\ &= e^{\lim\limits_{x \to \infty} \frac{\ln(1+x)}{x}} \\ &= e^{\lim\limits_{x \to \infty} \frac{1}{1+x}} \\ &= e^0 = 1.\end{aligned}$$

最后强调, 洛必达法则是求未定式的一种方法, 当 $\lim\limits_{x \to a} \dfrac{f'(x)}{g'(x)}$ 不存在时 (不为无穷大), 不能断定 $\lim\limits_{x \to a} \dfrac{f(x)}{g(x)}$ 是否存在, 如下面的例子.

例 15 求 $\lim\limits_{x \to 0} \dfrac{x^2 \sin \frac{1}{x}}{\sin x}$.

解 这是 $\dfrac{0}{0}$ 型未定式, 若用洛必达法则,

$$\lim_{x \to 0} \frac{x^2 \sin \frac{1}{x}}{\sin x} = \lim_{x \to 0} \frac{\left(x^2 \sin \frac{1}{x}\right)'}{(\sin x)'} = \lim_{x \to 0} \frac{2x \sin \frac{1}{x} - \cos \frac{1}{x}}{\cos x},$$

由于 $\lim\limits_{x \to 0} 2x \sin \dfrac{1}{x} = 0$, $\lim\limits_{x \to 0} \cos x = 1$, 而 $\lim\limits_{x \to 0} \cos \dfrac{1}{x}$ 不存在, 因此, $\lim\limits_{x \to 0} \dfrac{\left(x^2 \sin \frac{1}{x}\right)'}{(\sin x)'}$ 不存在. 但是 $\lim\limits_{x \to 0} \dfrac{x^2 \sin \frac{1}{x}}{\sin x}$ 存在, 事实上,

$$\lim_{x \to 0} \frac{x^2 \sin \frac{1}{x}}{\sin x} = \lim_{x \to 0} \frac{x}{\sin x} x \sin \frac{1}{x} = 0.$$

习 题 2.2

A 组

1. 用洛必达法则求下列极限:

(1) $\lim\limits_{x \to 0} \dfrac{\sin 3x}{\sin 2x}$;

(2) $\lim\limits_{x \to 2} \dfrac{x^4 - 16}{x^3 + 5x^2 - 6x - 16}$;

(3) $\lim\limits_{x\to 0}\dfrac{\tan x - x}{x-\sin x}$;

(4) $\lim\limits_{x\to 0}\dfrac{\mathrm{e}^x-\mathrm{e}^{-x}-2x}{x-\sin x}$;

(5) $\lim\limits_{x\to 0}\dfrac{\mathrm{e}^x-\cos x}{x\sin x}$;

(6) $\lim\limits_{x\to a}\dfrac{x^m-a^m}{x^n-a^n}$;

(7) $\lim\limits_{x\to +\infty}\dfrac{\dfrac{\pi}{2}-\arctan x}{\dfrac{1}{x}}$;

(8) $\lim\limits_{x\to +\infty}\dfrac{\ln x}{x^n}(n>0)$;

(9) $\lim\limits_{x\to 0^+} x^2\ln x$;

(10) $\lim\limits_{x\to 0} x^2\mathrm{e}^{\frac{1}{x^2}}$;

(11) $\lim\limits_{x\to 1}\left(\dfrac{x}{x-1}-\dfrac{1}{\ln x}\right)$;

(12) $\lim\limits_{x\to \frac{\pi}{2}}(\sec x-\tan x)$;

(13) $\lim\limits_{x\to 0^+} x^x$;

(14) $\lim\limits_{x\to 0^+}\left(\dfrac{1}{x}\right)^{\tan x}$;

(15) $\lim\limits_{x\to 0}(1-x)^{\frac{1}{x}}$;

(16) $\lim\limits_{x\to 0^+}(\cot x)^x$.

2. 验证极限 $\lim\limits_{x\to\infty}\dfrac{x+\sin x}{x}$ 存在,但不能用洛必达法则得出.

3. 讨论函数

$$f(x)=\begin{cases} x^{\tan x}, & x>0,\\ 1, & x=0,\\ \dfrac{\sin x}{x}, & x<0 \end{cases}$$

在点 $x=0$ 处的连续性.

B 组

1. 求下列极限:

(1) $\lim\limits_{x\to 0^+}\dfrac{x^x-1}{x\ln x}$;

(2) $\lim\limits_{x\to 0}\left(\dfrac{1+x}{1-\mathrm{e}^{-x}}-\dfrac{1}{x}\right)$;

(3) $\lim\limits_{x\to 0}\dfrac{\mathrm{e}^x-\sin x-1}{1-\sqrt{1-x^2}}$;

(4) $\lim\limits_{n\to\infty}\left(n\tan\dfrac{1}{n}\right)^{n^2}$.

2. 讨论函数

$$f(x)=\begin{cases} \left(\dfrac{(1+x)^{\frac{1}{x}}}{\mathrm{e}}\right)^{\frac{1}{x}}, & x>0,\\ \mathrm{e}^{-\frac{1}{2}}, & x\leqslant 0 \end{cases}$$

在点 $x=0$ 处的连续性.

2.3 泰勒公式

1. 了解泰勒 (Taylor) 中值定理;
2. 掌握泰勒中值定理的简单应用.

用一个简单的函数去近似表达一个复杂的函数, 在理论分析和近似计算中都十分重要. 由于多项式函数只是对自变量进行有限次加、减、乘三种运算, 因此, 经常用多项式函数来近似表达函数.

在讲述微分时, 已经知道, 当 $|x-x_0|$ 很小时有 $f(x)$ 的近似公式

$$f(x) \approx f(x_0) + f'(x_0)(x-x_0).$$

这是用一次多项式来近似表达函数, 所选的多项式函数 $f(x_0)+f'(x_0)(x-x_0)$ 与函数 $f(x)$ 在 $x=x_0$ 处有相同的函数值及相同的一阶导数值.

这种近似表达式有明显的不足. 其一是近似程度不高, 它所产生的误差仅是 $x-x_0$ 的高阶无穷小; 其二它只是给出了误差的定性估计, 而无定量说明. 因此, 用它作近似计算时, 不能具体估算出误差的大小.

几何直观表明, 用曲线近似表达曲线要比用直线近似表达曲线的近似程度好. 由于多项式函数具有结构简单、易于计算且分析性质极佳的特点, 因此, 常用高次多项式函数来近似表达函数. 由于 n 次多项式函数 $P_n(x)$ 中含有 $(n+1)$ 个系数, 要确定这 $(n+1)$ 个系数需要 $(n+1)$ 个条件. 为此, 假定函数 $f(x)$ 在含有 x_0 的某个开区间 (a,b) 内具有直到 $(n+1)$ 阶的导数, 在 $x=x_0$ 处, 函数 $P_n(x)$ 与 $f(x)$ 的函数值及直到 n 阶导数值都对应相等, 即满足

$$\begin{aligned}&P_n(x_0)=f(x_0), \quad P_n'(x_0)=f'(x_0),\\&P_n''(x_0)=f''(x_0), \quad \cdots, \quad P_n^{(n)}(x_0)=f^{(n)}(x_0).\end{aligned}$$

设

$$P_n(x)=a_0+a_1(x-x_0)+a_2(x-x_0)^2+\cdots+a_n(x-x_0)^n,$$

即得

$$\begin{gathered}a_0=f(x_0), \quad a_1=f'(x_0),\\2!a_2=f''(x_0), \quad \cdots, \quad n!a_n=f^{(n)}(x_0).\end{gathered}$$

于是

$$P_n(x)=f(x_0)+f'(x_0)(x-x_0)+\frac{f''(x_0)}{2!}(x-x_0)^2+\cdots+\frac{f^{(n)}(x_0)}{n!}(x-x_0)^n.$$

称 $P_n(x)$ 为 $f(x)$ 在点 $x=x_0$ 处的 **n次泰勒多项式**, 并且有如下定理:

泰勒中值定理 若函数 $f(x)$ 在含 x_0 的某个开区间 (a,b) 内具有直到 $(n+1)$ 阶的导数, 则对 $\forall x\in(a,b)$, 有

$$f(x)=f(x_0)+f'(x_0)(x-x_0)+\frac{f''(x_0)}{2!}(x-x_0)^2+\cdots$$

$$+\frac{f^{(n)}(x_0)}{n!}(x-x_0)^n+R_n(x), \tag{2.3.1}$$

其中

$$R_n(x)=\frac{f^{(n+1)}(\xi)}{(n+1)!}(x-x_0)^{n+1}, \tag{2.3.2}$$

ξ 为 x_0 与 x 之间的某个值.

证　$R_n(x)=f(x)-P_n(x)$. 由假设可知, $R_n(x)$ 在 (a,b) 内具有直到 $(n+1)$ 阶的导数, 并且

$$R_n(x_0)=R_n'(x_0)=R_n''(x_0)=\cdots=R_n^{(n)}(x_0)=0.$$

对函数 $R_n(x)$ 与 $(x-x_0)^{n+1}$ 在以 x 和 x_0 为端点的区间上应用柯西中值定理, 得

$$\frac{R_n(x)}{(x-x_0)^{n+1}}=\frac{R_n(x)-R_n(x_0)}{(x-x_0)^{n+1}-0}=\frac{R_n'(\xi_1)}{(n+1)(\xi_1-x_0)^n},\quad \xi_1\text{在}x_0\text{与}x\text{之间}.$$

类似地, 对函数 $R_n'(x)$ 与 $(n+1)(x-x_0)^n$ 在以 ξ_1 和 x_0 为端点的区间上应用柯西中值定理, 得

$$\frac{R_n'(\xi_1)}{(n+1)(\xi_1-x_0)^n}=\frac{R_n'(\xi_1)-R_n'(x_0)}{(n+1)(\xi_1-x_0)^n-0}=\frac{R_n''(\xi_2)}{n(n+1)(\xi_2-x_0)^{n-1}},\quad \xi_2\text{在}x_0\text{与}\xi_1\text{之间}.$$

如此继续, 经 $n+1$ 次后, 得

$$\frac{R_n(x)}{(x-x_0)^{n+1}}=\frac{R_n^{(n+1)}(\xi)}{(n+1)!},\quad \xi\text{在}x_0\text{与}\xi_n\text{之间}.$$

因 $P_n^{(n+1)}(x)=0$, 则 $R_n^{(n+1)}(x)=f^{(n+1)}(x)$, 所以

$$R_n(x)=\frac{f^{(n+1)}(\xi)}{(n+1)!}(x-x_0)^{n+1},\quad \xi\text{在}x_0\text{与}x\text{之间}.$$

式 (2.3.1) 称为函数 $f(x)$ 在点 x_0 处 (按 $x-x_0$ 的幂展开) 的 **n阶泰勒公式**或**n阶泰勒展开式**, $R_n(x)$ 的表达式 (2.3.2) 称为**拉格朗日型余项**.

当 $n=0$ 时, 泰勒公式变成

$$f(x)=f(x_0)+f'(\xi)(x-x_0),\quad \xi\text{在}x_0\text{与}x\text{之间},$$

即为拉格朗日中值公式. 可见泰勒公式是拉格朗日中值公式的推广.

由式 (2.3.1) 可知, 若 $f^{(n+1)}(x)$ 在区间 (a,b) 内有界, 即 $\left|f^{(n+1)}(x)\right|\leqslant M$, 则有误差估计式

$$|R_n(x)|=\left|\frac{f^{(n+1)}(\xi)}{(n+1)!}(x-x_0)^{n+1}\right|\leqslant\frac{M}{(n+1)!}\left|x-x_0\right|^{n+1} \tag{2.3.3}$$

及

$$\lim_{x\to x_0}\frac{R_n(x)}{(x-x_0)^n}=0. \tag{2.3.4}$$

由式 (2.3.4) 可知, 当 $x\to x_0$ 时, 用 $P_n(x)$ 近似表达 $f(x)$, 其误差 $|R_n(x)|$ 是比 $(x-x_0)^n$ 高阶的无穷小, 即

$$R_n(x)=o[(x-x_0)^n]. \tag{2.3.5}$$

$R_n(x)$ 的表达式 (2.3.5) 称为**佩亚诺 (Peano) 型余项**.

在式 (2.3.1) 中, 若取 $x_0=0$, 则 ξ 在 0 与 x 之间, 可令 $\xi=\theta x(0<\theta<1)$, 式 (2.3.1) 变成

$$f(x)=f(0)+f'(0)x+\frac{f''(0)}{2!}x^2+\cdots+\frac{f^{(n)}(0)}{n!}x^n+\frac{f^{(n+1)}(\theta x)}{(n+1)!}x^{n+1}, \tag{2.3.6}$$

其中 $0<\theta<1$.

称式 (2.3.6) 为**麦克劳林 (Maclaurin) 公式**, 其佩亚诺型余项为 $R_n(x)=o(x^n)$, 误差估计式为

$$|R_n(x)|\leqslant\frac{M}{(n+1)!}|x|^{n+1}. \tag{2.3.7}$$

例 1 求函数 $f(x)=\mathrm{e}^x$ 的 n 阶麦克劳林公式.

解 由 $f^{(n)}(x)=\mathrm{e}^x(n\in\mathbf{N}^*)$, 则

$$f(0)=f'(0)=f''(0)=\cdots=f^{(n)}(0)=1.$$

注意到 $f^{(n+1)}(\theta x)=\mathrm{e}^{\theta x}$, 便得

$$\mathrm{e}^x=1+x+\frac{x^2}{2!}+\cdots+\frac{x^n}{n!}+\frac{\mathrm{e}^{\theta x}}{(n+1)!}x^{n+1},\quad 0<\theta<1.$$

特别地, 如果取 $x=1$, 则可得 e 的近似式为

$$\mathrm{e}\approx1+1+\frac{1}{2!}+\cdots+\frac{1}{n!},$$

并且误差为

$$|R_n|<\frac{\mathrm{e}}{(n+1)!}<\frac{3}{(n+1)!}.$$

例 2 求函数 $f(x)=\sin x$ 的 n 阶麦克劳林公式.

解 由 $f^{(n)}(x)=\sin\left(x+\frac{n\pi}{2}\right)(n\in\mathbf{N}^*)$, 可得

$$f^{(2k)}(0)=0,\quad f^{(2k-1)}(0)=(-1)^{k+1},\quad k\in\mathbf{N}^*.$$

又 $f(0)=0$, 则

$$\sin x = x - \frac{x^3}{3!} + \frac{x^5}{5!} - \cdots + \frac{(-1)^{k+1}}{(2k-1)!}x^{2k-1} + R_{2k}(x),$$

其中

$$R_{2k}(x) = \frac{\sin\left(\theta x + \frac{2k+1}{2}\pi\right)}{(2k+1)!}x^{2k+1}, \quad 0<\theta<1.$$

类似地, 还可以得到

$$\cos x = 1 - \frac{1}{2!}x^2 + \frac{1}{4!}x^4 - \cdots + (-1)^k\frac{1}{(2k)!}x^{2k} + R_{2k+1}(x),$$

其中

$$R_{2k+1}(x) = (-1)^{k+1}\frac{\cos(\theta x)}{(2k+2)!}x^{2k+2}, \quad 0<\theta<1.$$

$$\ln(1+x) = x - \frac{1}{2}x^2 + \frac{1}{3}x^3 - \cdots + (-1)^{n-1}\frac{1}{n}x^n + R_n(x),$$

其中

$$R_n(x) = \frac{(-1)^n}{(n+1)(1+\theta x)^{n+1}}x^{n+1}, \quad 0<\theta<1.$$

$$(1+x)^\alpha = 1 + \alpha x + \frac{\alpha(\alpha-1)}{2!}x^2 + \cdots + \frac{\alpha(\alpha-1)\cdots(\alpha-n+1)}{n!}x^n + R_n(x),$$

其中

$$R_n(x) = \frac{\alpha(\alpha-1)\cdots(\alpha-n+1)(\alpha-n)}{(n+1)!}(1+\theta x)^{\alpha-n-1}x^{n+1}, \quad 0<\theta<1.$$

利用这些公式, 通过函数运算可以直接得出相应函数在点 x_0 处的泰勒公式.

例 3　将函数 $f(x)=\ln(1+x)$ 按 $x-1$ 的幂展开成 n 阶泰勒公式.

解　$f(x) = \ln(1+x) = \ln[2+(x-1)] = \ln 2 + \ln\left(1+\frac{x-1}{2}\right)$.

因为

$$\ln(1+x) = x - \frac{1}{2}x^2 + \frac{1}{3}x^3 - \cdots + (-1)^{n-1}\frac{1}{n}x^n + R_n(x),$$

其中

$$R_n(x) = \frac{(-1)^n}{(n+1)(1+\theta x)^{n+1}}x^{n+1}, \quad 0<\theta<1,$$

所以

$$\ln(1+x) = \ln 2 + \frac{x-1}{2} - \frac{1}{2}\left(\frac{x-1}{2}\right)^2 + \frac{1}{3}\left(\frac{x-1}{2}\right)^3 - \cdots$$

$$+(-1)^{n-1}\frac{1}{n}\left(\frac{x-1}{2}\right)^n+R_n\left(\frac{x-1}{2}\right),$$

其中

$$R_n\left(\frac{x-1}{2}\right)=\frac{(-1)^n}{(n+1)\left(1+\theta\frac{x-1}{2}\right)^{n+1}}\left(\frac{x-1}{2}\right)^{n+1},\quad 0<\theta<1.$$

利用带有佩亚诺型余项的麦克劳林公式, 有时可比较方便地计算未定式的值.

例 4 求极限 $\lim\limits_{x\to 0}\dfrac{e^{x^2}+2\cos x-3}{x^4}$.

解 因为

$$e^{x^2}=1+x^2+\frac{1}{2!}x^4+o(x^4),$$
$$\cos x=1-\frac{1}{2!}x^2+\frac{1}{4!}x^4+o(x^4),$$

所以

$$\begin{aligned}&\lim_{x\to 0}\frac{e^{x^2}+2\cos x-3}{x^4}\\=&\lim_{x\to 0}\frac{1+x^2+\frac{1}{2!}x^4+2\left(1-\frac{1}{2!}x^2+\frac{1}{4!}x^4\right)-3+o(x^4)}{x^4}\\=&\lim_{x\to 0}\frac{\frac{7}{12}x^4+o(x^4)}{x^4}=\frac{7}{12}.\end{aligned}$$

习 题 2.3

A 组

1. 求函数 $f(x)=\ln x$ 按 $x-1$ 的幂展开的 n 阶泰勒公式.

2. 求函数 $f(x)=\dfrac{1}{x}$ 按 $x-2$ 的幂展开的 n 阶泰勒公式.

3. 求函数 $f(x)=\arctan x$ 带佩亚诺型余项的 5 阶麦克劳林公式.

4. 求函数 $f(x)=x\sin 2x$ 带佩亚诺型余项的麦克劳林公式.

B 组

1. 利用泰勒公式求下列各数的近似值:

(1) $\sin 31^\circ$(精确到 10^{-6}); (2) $\sqrt[3]{30}$(精确到 10^{-5}).

2. 利用泰勒公式求下列极限：

(1) $\lim\limits_{x\to 0}\dfrac{\sin x - x\cos x}{x^3}$；

(2) $\lim\limits_{x\to 0}\dfrac{\cos x - \mathrm{e}^{-\frac{x^2}{2}}}{x^2(x+\ln(1-x))}$.

2.4 函数的单调性

1. 掌握函数单调性的判别方法；
2. 会用函数的单调性证明不等式.

若函数 $f(x)$ 在 (a,b) 内可导, 则当 $f'(x)>0$ 时, 函数 $f(x)$ 在 (a,b) 内单调增加; 当 $f'(x)<0$ 时, 函数 $f(x)$ 在 (a,b) 内单调减少.

应用拉格朗日中值定理, 很容易证明上面的结论.

在 (a,b) 内任取两点 x_1, $x_2(x_1<x_2)$, 则函数 $f(x)$ 在区间 $[x_1,x_2]$ 上满足拉格朗日中值定理的条件, 因此

$$f(x_2)-f(x_1)=f'(\xi)(x_2-x_1),\quad x_1<\xi<x_2.$$

若 $f'(x)>0$, 则 $f'(\xi)>0$, 于是

$$f(x_2)-f(x_1)>0,$$

则 $f(x)$ 在 (a,b) 内单调增加.

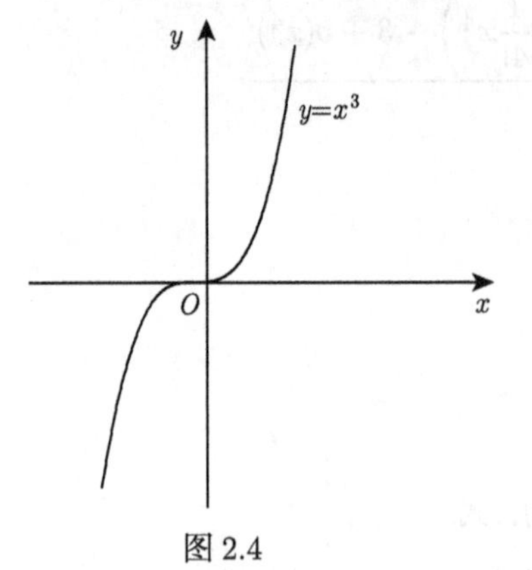

图 2.4

若 $f'(x)<0$, 则 $f'(\xi)<0$, 于是

$$f(x_2)-f(x_1)<0,$$

则 $f(x)$ 在 (a,b) 内单调减少.

例 1 讨论函数 $f(x)=\mathrm{e}^x-x-1$ 的单调性.

解 $f(x)=\mathrm{e}^x-x-1$ 的定义域为 $(-\infty,+\infty)$. 又

$$f'(x)=\mathrm{e}^x-1,$$

则当 $x<0$ 时, $f'(x)<0$; 当 $x>0$ 时, $f'(x)>0$.

因此, 函数 $f(x)$ 在 $(-\infty,0)$ 内单调减少, 在 $(0,+\infty)$ 内单调增加.

导函数在某个区间内大于零 (小于零), 则函数在此区间内单调增加 (单调减少). 反之是否成立?

观察函数 $f(x)=x^3$ 的图像 (图 2.4), 可以知道 $f(x)=x^3$ 在 $(-\infty,+\infty)$ 内单调增加, 但是

$$f'(x)=3x^2\geqslant 0$$

在 $x=0$ 时, $f'(0)=0$.

由此可见, 单调可导的函数其导函数不一定恒大于零 (或小于零).

一般地, 如果 $f'(x)$ 在某个区间内只有有限多个点处为零, 在其余点处均大于零 (或小于零), 则 $f(x)$ 在该区间上仍然是单调增加 (或单调减少) 的.

通常, 函数 $f(x)$ 在它的整个定义区间上不是单调的, 而是在某些区间内单调增, 在某些区间内单调减. 若用方程 $f'(x)=0$ 的根及 $f'(x)$ 不存在的点来划分函数 $f(x)$ 的定义区间, 则只要函数 $f(x)$ 在定义区间上连续, 并且除有限个 $f'(x)$ 不存在的点外, 导函数存在且连续, 就能保证 $f'(x)$ 在各个部分区间内的符号不变, 从而确定出函数 $f(x)$ 的单调增减区间.

例 2 确定函数 $f(x)=(x-1)^2(x+1)^3$ 的单调区间.

解 $f'(x)=(x-1)(x+1)^2(5x-1)$.

解方程 $f'(x)=0$, 得它在函数的定义域 $(-\infty,+\infty)$ 内有根 $x_1=-1$, $x_2=\dfrac{1}{5}$, $x_3=1$. 列表如下:

x	$(-\infty,-1)$	$\left(-1,\dfrac{1}{5}\right)$	$\left(\dfrac{1}{5},1\right)$	$(1,+\infty)$
$f'(x)$	+	+	—	+
$f(x)$	↗	↗	↘	↗

因此, 函数 $f(x)$ 的单调递增区间为 $\left(-\infty,\dfrac{1}{5}\right)$, $(1,+\infty)$; 单调递减区间为 $\left(\dfrac{1}{5},1\right)$.

函数的单调性的一个应用是证明不等式. 其一般方法如下.

欲证当 $x>a$ 时, $f(x)>g(x)$. 构造辅助函数 $F(x)=f(x)-g(x)$, 求 $F'(x)$, 确定 $F(x)$ 在 $x>a$ 时的单调性. 若 $x>a$ 时 $F'(x)>0$, 则 $F'(x)$ 单调增, 则当 $x>a$ 时, 有 $F(x)>F(a)$; 若 $F(a)$ 的值非负, 则有 $F(x)>0$, 从而 $f(x)>g(x)$.

例 3 证明当 $x>0$ 时, $1+x\ln(x+\sqrt{1+x^2})>\sqrt{1+x^2}$.

证 令 $f(x)=1+x\ln(x+\sqrt{1+x^2})-\sqrt{1+x^2}$, 则

$$\begin{aligned}f'(x)&=\ln(x+\sqrt{1+x^2})+x\frac{1}{x+\sqrt{1+x^2}}\left(1+\frac{2x}{2\sqrt{1+x^2}}\right)-\frac{2x}{2\sqrt{1+x^2}}\\&=\ln(x+\sqrt{1+x^2}).\end{aligned}$$

当 $x>0$ 时, $x+\sqrt{1+x^2}>1$, 从而 $\ln(x+\sqrt{1+x^2})>0$, 因此, $f(x)$ 在 $(0,+\infty)$ 内单调增加, 则当 $x>0$ 时, $f(x)>f(0)$.

又由于 $f(0)=0$, 故 $f(x)>f(0)=0$, 即

$$1+x\ln(x+\sqrt{1+x^2})-\sqrt{1+x^2}>0,$$

也即

$$1+x\ln(x+\sqrt{1+x^2})>\sqrt{1+x^2}.$$

习　题　2.4

A 组

1. 判定函数 $f(x)=x-\sin x$ 的单调性.

2. 求下列函数的单调区间:

(1) $y=\mathrm{e}^x-x$;　　(2) $y=x^3-3x$;

(3) $y=\ln(x+\sqrt{1+x^2})$;　　(4) $y=\dfrac{x^2}{1+x}$;

(5) $y=(x^2+2x)\mathrm{e}^{-x}$;　　(6) $y=\dfrac{1}{4x^3-9x^2+6x}$.

3. 证明下列不等式:

(1) 当 $0<x<\dfrac{\pi}{2}$ 时, $\sin x>\dfrac{2}{\pi}x$;

(2) 当 $x>1$ 时, $\mathrm{e}^x>\mathrm{e}x$;

(3) 当 $x>0$ 时, $\sin x>x-\dfrac{x^3}{3!}$;

(4) 当 $x>4$ 时, $2^x>x^2$.

B 组

1. 证明当 $b>a>\mathrm{e}$ 时, $a^b>b^a$.

2. 证明方程 $x+p+q\cos x=0$ 有且只有一个实根, 其中 p,q 为常数且 $0<q<1$.

3. 设 $f(x)$ 在 $[a,+\infty)$ 上连续, 在 $(a,+\infty)$ 内二阶可导且 $f''(x)>0$, 证明函数

$$F(x)=\frac{f(x)-f(a)}{x-a}$$

在 $[a,+\infty)$ 内单调增加.

4. 当 $0<x<1$ 时, 证明 $(1+x)\ln^2(1+x)<x^2$.

5. 设函数 $f(x)$ 在区间 $[0,+\infty)$ 上连续, 在区间 $(0,+\infty)$ 内可导, $f(0)=0$ 且 $f'(x)$ 单调递增, 证明函数 $F(x)=\dfrac{f(x)}{x}$ 在区间 $(0,+\infty)$ 内单调递增.

2.5　函数的极值与最大值、最小值

1. 了解一元函数极值的概念;
2. 掌握一元函数极值、最大值与最小值的求法;
3. 掌握一元函数极值、最大值与最小值的应用;
4. 了解多元函数极值与条件极值的概念, 掌握多元函数极值存在的必要条件, 了解二元函数极值存在的充分条件, 会求二元函数的极值与条件极值, 会求多元函数的最大值与最小值, 会解决一些应用问题.

2.5.1 一元函数的极值及其求法

中学已经学过函数的极值及判别法, 简述如下:

定义 2.5.1 设函数 $f(x)$ 在点 x_0 的某邻域 $U(x_0)$ 内有定义, 如果对于去心邻域 $\overset{\circ}{U}(x_0)$ 内的任意 x, 有

$$f(x) < f(x_0) \quad (\text{或} f(x) > f(x_0)),$$

就称 $f(x_0)$ 是函数 $f(x)$ 的一个**极大值**(或**极小值**).

函数的极大值与极小值统称为函数的**极值**, 使函数取得极值的点称为**极值点**.

函数的极值概念是局部性概念. 若 $f(x_0)$ 是函数 $f(x)$ 的一个极值, 则在点 x_0 附近的一个局部范围内, $f(x_0)$ 也是函数 $f(x)$ 相应的一个最值, 但在 $f(x)$ 的整个定义域内, 就不一定成立了.

如图 2.5 所示, 函数 $f(x)$ 在区间 $[a,b]$ 上有三个极大值: $f(x_1)$, $f(x_4)$, $f(x_6)$; 有两个极小值: $f(x_2)$, $f(x_5)$, 其中极大值 $f(x_1)$ 比极小值 $f(x_5)$ 还小.

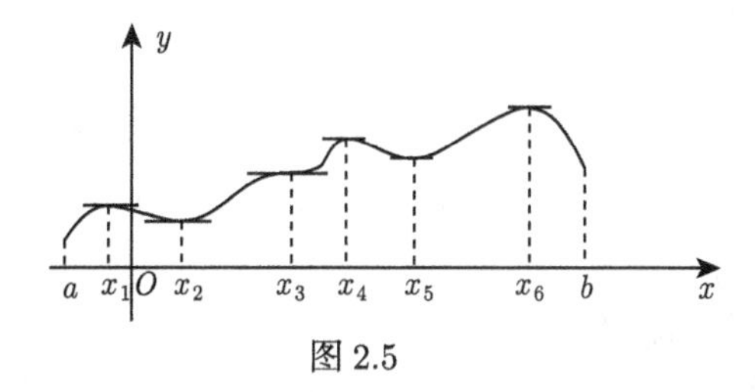

图 2.5

从图 2.5 中还可以观察到, 若曲线上处处存在切线, 则在函数取得极值的点处, 曲线的切线是平行于 x 轴的, 但反之不成立, 即曲线上有水平切线的点处, 函数不一定取得极值, 如点 $x=x_3$.

对于函数 $f(x)=|x|$, 易知在点 $x=0$ 处, $f(x)$ 取得极小值, 但 $f(x)$ 在 $x=0$ 处不可导.

综上所述, 有如下的定理:

定理 2.5.1 (必要条件) 设函数 $f(x)$ 在点 x_0 处连续, 并且在 x_0 处取得极值, 那么 $f'(x_0)=0$ 或 $f'(x_0)$ 不存在.

使导数为零的点 (即方程 $f'(x)=0$ 的根) 称为函数的**驻点**. 函数的驻点与不可导点称为函数的**临界点**.

极值的必要条件确定了连续函数极值点的范围, 即连续函数的极值点必包含在函数的临界点之中. 如何判定临界点是否为极值点? 若是极值点, 又如何判定是极大值点还是极小值点? 极值的充分条件回答了这个问题.

定理 2.5.2 (第一充分条件) 设函数 $f(x)$ 在点 x_0 处连续, 并且在点 x_0 的某个去心邻域 $\overset{\circ}{U}(x_0)$ 内可导.

(1) 若当 $x \in \mathring{U}_-(x_0)$ 时, $f'(x) > 0$; 当 $x \in \mathring{U}_+(x_0)$ 时, $f'(x) < 0$, 则 $f(x)$ 在点 x_0 处取得极大值;

(2) 若当 $x \in \mathring{U}_-(x_0)$ 时, $f'(x) < 0$; 当 $x \in \mathring{U}_+(x_0)$ 时, $f'(x) > 0$, 则 $f(x)$ 在点 x_0 处取得极小值;

(3) 若当 $x \in \mathring{U}(x_0)$ 时, $f'(x)$ 的符号保持不变, 则 $f(x)$ 在点 x_0 处不取极值.

利用函数的单调性与极值的定义, 不难证明上述结论.

例如, 2.4 节的例 1 中, 点 $x = 0$ 是函数 $f(x) = \mathrm{e}^x - x - 1$ 的极小值; 例 2 中, 点 $x = \frac{1}{5}$ 是函数$f(x) = (x-1)^2(x+1)^3$ 的极大值, 点 $x = 1$ 是其极小值, 而在点 $x = -1$ 处函数不取极值.

定理 2.5.2 可简单表述如下:

当 x 由 x_0 的左邻域经过 x_0 到 x_0 的右邻域时, 若 $f'(x)$ 改变符号, 则 $f(x)$ 在 x_0 处必取得极值, 并且当 $f'(x)$ 的符号由正变负时, $f(x)$ 在 x_0 处取得极大值; 当 $f'(x)$ 的符号由负变正时, $f(x)$ 在 x_0 取得极小值. 如果 $f'(x)$ 的符号不改变, 则 $f(x)$ 在 x_0 处不取极值.

根据定理 2.5.1 和定理 2.5.2, 如果函数 $f(x)$ 在所讨论的区间内连续, 并且除有限个点外处处可导, 则求函数 $f(x)$ 在此区间内的极值点及极值的步骤可归结如下:

(1) 求出导数 $f'(x)$;

(2) 求出 $f(x)$ 的全部临界点;

(3) 考察 $f'(x)$ 在每个临界点的左、右两侧的符号, 以确定该点是否为极值点; 进一步确定是极大值点还是极小值点;

(4) 求出每个极值点的函数值.

例 1 求函数 $f(x) = \frac{3}{8}x^{\frac{8}{3}} + \frac{9}{5}x^{\frac{5}{3}} + 3x^{\frac{2}{3}}$ 的极值.

解 $f(x)$ 在 $(-\infty, +\infty)$ 内连续,

$$f'(x) = x^{\frac{5}{3}} + 3x^{\frac{2}{3}} + 2x^{-\frac{1}{3}} = \frac{x^2 + 3x + 2}{\sqrt[3]{x}}.$$

当 $x = 0$ 时, $f'(x)$ 不存在. 令 $f'(x) = 0$ 得 $x_1 = -1$, $x_2 = -2$, 则 $f(x)$ 的临界点为 $-2, -1, 0$.

在 $(-\infty, -2)$ 内, $f'(x) < 0$; 在 $(-2, -1)$ 内, $f'(x) > 0$;

在 $(-1, 0)$ 内, $f'(x) < 0$; 在 $(0, +\infty)$ 内, $f'(x) > 0$.

故 $x = -2, x = 0$ 是 $f(x)$ 的极小值点, $x = -1$ 是 $f(x)$ 的极大值点, 并且极大值为 $f(-1) = \frac{33}{40}$; 极小值为 $f(-2) = \frac{9}{10}\sqrt[3]{4}$, $f(0) = 0$.

当函数 $f(x)$ 的二阶导数存在时, 还可得如下的极值的充分条件.

定理 2.5.3(第二充分条件) 设函数 $f(x)$ 在点 x_0 处具有二阶导数且 $f'(x_0)=0$, $f''(x_0)\neq 0$, 则

(1) 当 $f''(x_0)<0$ 时, 函数 $f(x)$ 在点 x_0 处取得极大值;

(2) 当 $f''(x_0)>0$ 时, 函数 $f(x)$ 在点 x_0 处取得极小值.

证 (1) 由二阶导数的定义及 $f''(x_0)<0$ 知

$$\lim_{x\to x_0}\frac{f'(x)-f'(x_0)}{x-x_0}<0.$$

根据极限的保号性定理及 $f'(x_0)=0$, 则在 x_0 的某个去心邻域内有

$$\frac{f'(x)}{x-x_0}<0,$$

从而在此去心邻域内, $f'(x)$ 与 $x-x_0$ 的符号相反, 则当 $x-x_0<0$ 时, $f'(x)>0$; 当 $x-x_0>0$ 时, $f'(x)<0$. 由定理 2.5.2 知, $f(x)$ 在 x_0 处取得极大值.

类似地, 可证明 (2).

注 定理 2.5.3 表明, 只要函数 $f(x)$ 在驻点处的二阶导数不等于 0, 则驻点必定是极值点, 并且可按二阶导数值的符号来确定是极大值还是极小值. 但如果在驻点处的二阶导数为 0, 则无法确定是否是极值点. 也就是说, 对一阶导数与二阶导数同时为 0 的点, 可能是极值点, 也可能不是极值点. 例如, $f(x)=x^3$ 与 $g(x)=x^4$, 在 $x=0$ 处有 $f'(0)=f''(0)=0$, $g'(0)=g''(0)=0$, 但 $x=0$ 不是 $f(x)$ 的极值点, 却是 $g(x)$ 的极值点.

例 2 求函数 $f(x)=x^3-9x^2+15x+3$ 的极值.

解 $$f'(x)=3x^2-18x+15=3(x-1)(x-5),$$

故驻点为 $x=1$, $x=5$. 而 $f''(x)=6x-18$, 故 $f''(1)=-12<0$, $f''(5)=12>0$, 所以 $f(1)=10$ 是极大值, $f(5)=-22$ 是极小值.

2.5.2 一元函数的最大值与最小值问题

在日常生活及经济管理等大量实际问题中, 常常要解决在一定条件下, 怎样使投入最小而产出最多、成本最低和利润最大等问题, 这些问题在数学上就是求函数的最大值与最小值问题.

1. 函数的最大值与最小值

函数的极值概念是局部性的, 而函数的最大值与最小值概念是整体性的. 函数的最大值与最小值通常需要指明自变量的范围.

假定函数 $f(x)$ 在闭区间 $[a,b]$ 上连续, 根据闭区间上连续函数的性质, $f(x)$ 在 $[a,b]$ 上必取得最大值与最小值, 其最大值、最小值可能在区间内部取得, 也可能在区间端点取得. 若函数 $f(x)$ 在区间 (a,b) 内除有限个点外处处可导且至多有有限

个驻点, 则在区间内部取得的最大值必也是极大值, 并且是极大值中的最大者; 最小值必也是极小值, 并且是极小值中的最小者. 从而可知, $f(x)$ 的最大值与最小值必在临界点与端点处取得, 并且这些点对应的函数值中的最大者即为最大值, 最小者即为最小值. 因此, 求函数 $f(x)$ 在区间 $[a,b]$ 上的最大值和最小值可按如下步骤进行:

(1) 求出函数 $f(x)$ 在区间 (a,b) 内的临界点;

(2) 计算临界点及端点的函数值;

(3) 比较 (2) 中各值的大小, 最大者即为 $f(x)$ 在区间 $[a,b]$ 上的最大值, 最小者即为 $f(x)$ 在区间 $[a,b]$ 上的最小值.

例 3 求函数 $f(x)=x^{\frac{2}{3}}-(x^2-1)^{\frac{1}{3}}$ 在区间 $[0,2]$ 上的最大值与最小值.

解 $f(x)$ 在 $[0,2]$ 上连续,

$$f'(x)=\frac{2}{3}x^{-\frac{1}{3}}-\frac{1}{3}(x^2-1)^{-\frac{2}{3}}\cdot 2x=\frac{2}{3}\frac{(x^2-1)^{\frac{2}{3}}-x^{\frac{4}{3}}}{x^{\frac{1}{3}}(x^2-1)^{\frac{2}{3}}}.$$

当 $x=0,1$ 时, $f'(x)$ 不存在. 令 $f'(x)=0$, 即 $(x^2-1)^{\frac{2}{3}}-x^{\frac{4}{3}}=0$, 得 $x^2=\frac{1}{2}$, 在 $(0,2)$ 内, $f(x)$ 的驻点为 $x=\frac{\sqrt{2}}{2}$.

由于 $f\left(\frac{\sqrt{2}}{2}\right)=\sqrt[3]{4}$, $f(0)=1$, $f(1)=1$, $f(2)=\sqrt[3]{4}-\sqrt[3]{3}$, 比较可得 $f(x)$ 在 $[0,2]$ 上的最大值为 $\sqrt[3]{4}$, 最小值为 $\sqrt[3]{4}-\sqrt[3]{3}$.

在开区间 (a,b) 上的连续函数 $f(x)$ 不一定有最大值与最小值. 例如, 函数 $f(x)=x$ 在开区间 $(0,1)$ 内既没有最大值也没有最小值. 但若在开区间 (a,b) 内连续的函数 $f(x)$, 在开区间 (a,b) 内有且只有一个极值点, 则此极值也必是相应的最值.

2. 最大值与最小值在经济问题中的应用

在一些实际问题中, 如果根据实际问题的条件, 所求目标函数的最大值或最小值存在, 而满足条件的函数的驻点唯一, 则此唯一的驻点必定是所求函数的最大值或最小值点. 下面介绍最大值与最小值在几个经济问题中的应用.

1) 最大利润问题

已知总收益和总成本都可以表示为产量 x 的函数, 分别记为 $R(x)$ 和 $C(x)$(假设 $R(x)$ 和 $C(x)$ 的二阶导数存在), 总利润 $L(x)$ 为

$$L(x)=R(x)-C(x).$$

为使总利润最大, 则 $L'(x)=0$, 即

$$R'(x)=C'(x). \tag{2.5.1}$$

即欲使总利润最大, 必须边际收益等于边际成本, 这是经济学中关于厂商行为的一个重要命题.

根据极值的第二充分条件, 为使利润最大, 还要求在满足 (2.5.1) 的点处

$$L''(x)=R''(x)-C''(x)<0. \tag{2.5.2}$$

式 (2.5.1), (2.5.2) 称为**最大利润原则**, 所求出的产量 x 称为**最优产量**.

在上面的讨论中, 根据商品的需求关系, 由产量决定价格, 利润是产量的函数. 在某些市场条件下, 也可能是价格决定产量, 即利润是价格的函数.

设产量 x 与价格 p 的函数关系式为 $x=f(p)$, 则总收益函数为 $R(x)=px=pf(p)$, 总成本函数 $C(x)=C(f(p))$(假设 $f(p)$ 和 $C(x)$ 的二阶导数存在). 此时, 总利润为

$$L(p)=pf(p)-C(f(p)).$$

为使利润最大, $L'(p)=0$, 即

$$f(p)+pf'(p)-C'(f(p))f'(p)=0,$$

也即

$$f(p)+(p-C'(f(p)))f'(p)=0. \tag{2.5.3}$$

而

$$L''(p)=f'(p)+f'(p)+pf''(p)-C''(f(p))(f'(p))^2-C'(f(p))f''(p),$$

为使利润最大, $L''(p)<0$, 即

$$(2-f'(p)C''(f(p)))f'(p)+(p-C'(f(p)))f''(p)<0. \tag{2.5.4}$$

式 (2.5.3), (2.5.4) 也称**最大利润原则**, 所求出的价格称为**最优价格**.

不难推出, 在最优价格 p 处, 有

$$R'(x)=C'(x),$$

即边际收益等于边际成本. 有兴趣的同学可以自己推导.

由此可见, 无论是以产量 x 还是价格 p 作为自变量, 两种分析得出的结论是一样的.

例 4　某厂每天生产 x 单位某商品的总成本为 $C(x)$ 元, 其中固定成本为 200 元, 生产一单位该商品的可变成本为 10 元, 每单位商品售价为 p 元, 而需求函数为 $x = 150 - 2p$, 问每日生产量为多少单位时才能使总利润最大?

解　由需求函数 $x = 150 - 2p$, 得 $p = 75 - \frac{x}{2}$, 故总收益函数为

$$R(x) = xp = 75x - \frac{x^2}{2},$$

而成本函数

$$C(x) = 200 + 10x,$$

故总利润函数为

$$\begin{aligned} L(x) = R(x) - C(x) &= \left(75x - \frac{x^2}{2}\right) - (200 + 10x) \\ &= -\frac{x^2}{2} + 65x - 200, \end{aligned}$$

而

$$L'(x) = -x + 65.$$

令 $L'(x) = 0$, 得 $x = 65$ 为唯一驻点, 并且 $L''(x) = -1 < 0$. 故 $x = 65$ 为 $L(x)$ 的极大值点, 也为最大值点. 因此, 每天生产量为 65 单位时, 可使总利润最大.

2) 成本最低的生产量问题

成本 C 作为产量 x 的函数 $C = C(x)$. 在生产实际中, 常常需要讨论如何生产能使产品的成本最低.

由 $C = C(x)$ 得生产 x 单位产品时, 每一单位产品的平均成本

$$\overline{C}(x) = \frac{C(x)}{x}, \tag{2.5.5}$$

求导得

$$\overline{C}'(x) = \frac{xC'(x) - C(x)}{x^2}.$$

令 $\overline{C}'(x) = 0$, 得

$$xC'(x) = C(x),$$

即

$$C'(x) = \frac{C(x)}{x} = \overline{C}(x). \tag{2.5.6}$$

式 (2.5.6) 说明, 在平均成本 $\overline{C}(x)$ 最低的产量 x 处, 满足边际成本等于平均成本. 此为经济学中的一个重要结论.

例 5 某企业每月生产 x 吨产品的成本为

$$C(x)=\frac{1}{100}x^2+30x+900(\text{元}),$$

求使平均成本最低的产量水平.

解 平均成本

$$\overline{C}(x)=\frac{1}{100}x+30+\frac{900}{x},$$

边际成本

$$C'(x)=\frac{1}{50}x+30.$$

令 $\overline{C}(x)=C'(x)$, 即

$$\frac{1}{100}x+30+\frac{900}{x}=\frac{1}{50}x+30,$$

得 $\frac{1}{100}x=\frac{900}{x}$. 因为 $x>0$, 所以得 $x=300$.

由问题的实际意义可知, 所求最值存在, 则生产量为每月 300 吨时, 可使平均成本最低.

2.5.3 多元函数的极值及其求法

在生产实际、经济活动分析等领域, 经常会遇到多元函数的最大值、最小值问题. 这些问题通常与多元函数的极大值、极小值有密切联系.

1. 多元函数的极值与最大值、最小值

以二元函数为例, 先讨论多元函数的极值问题.

定义 2.5.2 若函数 $z=f(x,y)$ 在点 $P_0(x_0,y_0)$ 的某个邻域内有定义, 对于该邻域内任何异于 $P_0(x_0,y_0)$ 的点 $P(x,y)$, 都有

$$f(x,y)<f(x_0,y_0),$$

则称**函数 $z=f(x,y)$ 在点 $P_0(x_0,y_0)$ 取得极大值 $f(x_0,y_0)$**.

反之, 若都有

$$f(x,y)>f(x_0,y_0),$$

则称**函数 $z=f(x,y)$ 在点 $P_0(x_0,y_0)$ 取得极小值 $f(x_0,y_0)$**.

极大值、极小值统称为**极值**, 使函数取得极值的点称为**极值点**.

与一元函数类似, 多元函数的极值概念也是一个局部性的.

由定义 2.5.2 容易看出, 函数 $z=x^2+y^2$ 在点 $(0,0)$ 取极小值, $z=\sqrt{1-x^2-y^2}$ 在点 $(0,0)$ 取极大值, 而 $z=xy$ 在点 $(0,0)$ 不取极值.

二元函数极值的定义 2.5.2 可以推广到 n 元函数.

对一元函数的极值问题, 通常可以用导数来解决. 类似地, 多元函数的极值问题, 通常也可以用偏导数来解决.

设函数 $z=f(x,y)$ 在点 (x_0,y_0) 处的偏导数存在, 并且在点 (x_0,y_0) 处取极值, 则由极值的定义, 对固定的 $y=y_0$, 一元函数 $z=f(x,y_0)$ 在点 $x=x_0$ 处也取极值. 而函数 $z=f(x,y)$ 在点 (x_0,y_0) 处的偏导数存在, 则一元函数 $z=f(x,y_0)$ 在点 x_0 处的导数存在. 由一元函数极值的必要条件可知

$$\frac{\mathrm{d}}{\mathrm{d}x}f(x,y_0)\,|_{x=x_0}=0,$$

也即

$$f_x(x_0,y_0)=0.$$

类似地, 可得

$$f_y(x_0,y_0)=0.$$

因此, 有下面的定理.

定理 2.5.4 (二元函数极值的必要条件)　设函数 $z=f(x,y)$ 在点 (x_0,y_0) 处偏导数存在, 并且在点 (x_0,y_0) 处有极值, 则

$$f_x(x_0,y_0)=f_y(x_0,y_0)=0.$$

推广到 n 元函数, 类似地, 有如下定理.

定理 2.5.4′(n 元函数极值的必要条件)　设函数 $u=f(x_1,x_2,\cdots,x_n)$ 在点 $(x_1^0,x_2^0,\cdots,x_n^0)$ 处偏导数存在, 并且在点 $(x_1^0,x_2^0,\cdots,x_n^0)$ 处取得极值, 则必有

$$f_{x_1}(x_1^0,x_2^0,\cdots,x_n^0)=f_{x_2}(x_1^0,x_2^0,\cdots,x_n^0)=\cdots=f_{x_n}(x_1^0,x_2^0,\cdots,x_n^0)=0.$$

仿照一元函数, 称使得 n 元函数 $u=f(x_1,x_2,\cdots,x_n)$ 的 n 个一阶偏导数同时为零的点 $(x_1^0,x_2^0,\cdots,x_n^0)$ 为 n 元函数 $u=f(x_1,x_2,\cdots,x_n)$ 的**驻点**.

由定理 2.5.4′ 知, 偏导数存在的函数的极值点必定是函数的驻点, 但反之不一定成立. 例如, 函数 $z=xy$, 点 $(0,0)$ 是驻点而不是极值点.

怎样判定一个驻点是否为极值点? 下面的定理解决了这个问题.

定理 2.5.5 (二元函数极值的充分条件)　设函数 $z=f(x,y)$ 在点 (x_0,y_0) 的某个邻域内具有一阶及二阶连续偏导数, 点 (x_0,y_0) 为函数 $z=f(x,y)$ 的驻点. 令

$$f_{xx}(x_0,y_0)=A,\quad f_{xy}(x_0,y_0)=B,\quad f_{yy}(x_0,y_0)=C,$$

则

(1) 当 $AC-B^2>0$ 时, $f(x,y)$ 在点 (x_0,y_0) 处取得极值, 并且当 $A<0$ 时取极大值, 当 $A>0$ 时取极小值;

(2) 当 $AC-B^2<0$ 时, $f(x,y)$ 在点 (x_0,y_0) 处不取得极值;

(3) 当 $AC-B^2=0$ 时, $f(x,y)$ 在点 (x_0,y_0) 处可能取极值, 也可能不取极值.

由定理 2.5.4 及定理 2.5.5 可得, 具有二阶连续偏导数的函数 $z=f(x,y)$ 的极值的求法步骤如下:

(1) 求出 $z=f(x,y)$ 的所有驻点, 即解方程组

$$\begin{cases} f_x(x,y)=0, \\ f_y(x,y)=0; \end{cases}$$

(2) 对每一个驻点 (x_0,y_0), 求出对应的二阶偏导数值 A, B, C;

(3) 定出 $AC-B^2$ 的符号, 按定理 2.5.5 的结论判定 $f(x_0,y_0)$ 是否为极值, 是极大值还是极小值, 如 $AC-B^2=0$, 则要具体问题具体分析.

例 6 求函数 $f(x,y)=xy(3a-x-y)(a\neq 0)$ 的极值.

解 $f_x(x,y)=y(3a-x-y)-xy,\quad f_y(x,y)=x(3a-x-y)-xy.$

解方程组

$$\begin{cases} y(3a-x-y)-xy=0, \\ x(3a-x-y)-xy=0 \end{cases}$$

得驻点为 $(0,0)$, $(0,3a)$, $(3a,0)$, (a,a). 而

$$f_{xx}(x,y)=-2y,\quad f_{yy}(x,y)=-2x,\quad f_{xy}=3a-2x-2y.$$

在点 $(0,0)$ 处, $A=0$, $C=0$, $B=3a$, $AC-B^2=-9a^2<0$, 则 $f(0,0)$ 不是极值;

在点 $(0,3a)$ 处, $A=-6a$, $C=0$, $B=-3a$, $AC-B^2<0$, 则 $f(0,3a)$ 不是极值;

在点 $(3a,0)$ 处, $A=0$, $C=-6a$, $B=-3a$, $AC-B^2<0$, 则 $f(3a,0)$ 不是极值;

在点 (a,a) 处, $A=-2a$, $C=-2a$, $B=-a$, $AC-B^2=3a^2>0$, 则 $f(a,a)$ 是极值, 并且当 $a>0$ 时, $A<0$, $f(a,a)=a^3$ 是极大值; 当 $a<0$ 时, $A>0$, $f(a,a)=a^3$ 是极小值.

对于偏导数存在的函数, 极值点只可能在驻点处取得. 如果函数在个别点处的偏导数不存在, 则这些点也可能是极值点. 例如, 函数 $f(x,y)=\sqrt{x^2+y^2}$ 在点 $(0,0)$ 处偏导数不存在, 但 $f(0,0)$ 是极小值. 因此, 在讨论多元函数的极值问题时, 除了考虑函数的驻点外, 如果有偏导数不存在的点, 还需对这些点进行考虑.

类似于一元函数, 多元函数的最大值与最小值问题也常用极值加以解决.

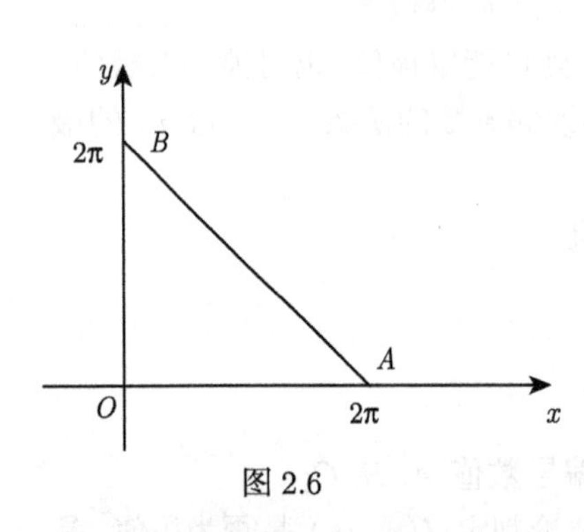

图 2.6

若函数 $z=f(x,y)$ 在有界闭区域 D 上连续, 则 $f(x,y)$ 在 D 上必能取得最大值与最小值. 假定函数 $f(x,y)$ 在 D 上连续, 在 D 内可微分且只有有限个驻点, 则函数 $f(x,y)$ 的最大值与最小值只能在驻点和边界点取得. 与一元函数不同的是, 平面区域的边界点有无穷多个, 因此, 常常需要求出 $f(x,y)$ 在 D 的边界上的最大值与最小值, 再与驻点处的函数值比较大小.

在实际问题中, 如果由问题的性质知函数 $f(x,y)$ 的最大值 (最小值) 一定是在 D 的内部取得, 而函数在 D 内只有唯一的驻点, 则在该点处的函数值就是函数 $f(x,y)$ 在 D 上的最大值 (最小值).

例 7　在由 x 轴, y 轴及直线 $x+y=2\pi$ 所围成的三角形区域 (图 2.6) 上求函数

$$z=\sin x+\sin y-\sin(x+y)$$

的最大值.

解　解方程组

$$\begin{cases} z_x=\cos x-\cos(x+y)=0, \\ z_y=\cos y-\cos(x+y)=0 \end{cases}$$

得在题设区域内部只有一个驻点 $\left(\dfrac{2\pi}{3},\dfrac{2\pi}{3}\right)$.

而区域的边界:

$OA:\ \ y=0,\quad 0\leqslant x\leqslant 2\pi;$

$OB:\ \ x=0,\quad 0\leqslant y\leqslant 2\pi;$

$AB:\ \ x+y=2\pi,\quad 0\leqslant x\leqslant 2\pi.$

由此可知在边界上函数值为 0, 而驻点处的函数值为 $\dfrac{3\sqrt{3}}{2}$, 因此, 所求最大值为 $\dfrac{3\sqrt{3}}{2}$.

例 8　某厂生产的产品在甲、乙两个市场的销售量分别为 Q_1 与 Q_2, 其售价分别为 P_1 与 P_2, 需求函数分别为 $Q_1=24-0.2P_1$, $Q_2=10-0.05P_2$, 总成本为

$$C=35+40(Q_1+Q_2),$$

问两个市场的售价定为多少时可使总利润 L 最大? 最大利润是多少?

解　由 $Q_1=24-0.2P_1$, $Q_2=10-0.05P_2$ 得

$$C=35+40(Q_1+Q_2)$$

$$
\begin{aligned}
&= 35 + 40(24 - 0.2P_1 + 10 - 0.05P_2) \\
&= 1395 - 8P_1 - 2P_2,
\end{aligned}
$$

而收益

$$
\begin{aligned}
R &= P_1(24 - 0.2P_1) + P_2(10 - 0.05P_2) \\
&= 24P_1 + 10P_2 - 0.2P_1^2 - 0.05P_2^2,
\end{aligned}
$$

因此, 总利润

$$
\begin{aligned}
L &= R - C \\
&= -0.2P_1^2 - 0.05P_2^2 + 32P_1 + 12P_2 - 1395.
\end{aligned}
$$

解方程组

$$
\begin{cases} L_{P_1} = -0.4P_1 + 32 = 0, \\ L_{P_2} = -0.1P_2 + 12 = 0 \end{cases}
$$

得唯一驻点 $(80, 120)$, 并且 $L(80, 120) = 605$.

由问题的实际意义, 所求最大值必存在, 可知当甲、乙两个市场的售价分别为 80 和 120 时, 可使总利润最大, 最大利润为 605.

例 9 若用钢板制作一个体积为 V 的无盖长方箱, 怎样设计才能使用料最省?

解 设此箱的长为 x, 宽为 y, 则高为 $\dfrac{V}{xy}$, 于是表面积

$$
S = xy + \frac{V}{xy}(2x + 2y) \quad (x > 0, y > 0).
$$

解方程组

$$
\begin{cases} S_x = y - \dfrac{2V}{x^2} = 0, \\ S_y = x - \dfrac{2V}{y^2} = 0 \end{cases}
$$

得唯一驻点 $(\sqrt[3]{2V}, \sqrt[3]{2V})$.

由问题的实际意义, 长方箱表面积的最小值存在, 可知当 $x = y = \sqrt[3]{2V}$ 时, S 有最小值, 此时高 $\dfrac{V}{xy} = \dfrac{\sqrt[3]{2V}}{2}$, 即设计成长和宽相等, 高为长的一半时用料最省.

2. 条件极值 拉格朗日乘数法

前面所讨论的极值问题, 除了限制函数的自变量在定义域内取值外, 并无其他约束条件, 通常称为**无条件极值**. 在一些实际问题中, 有时会遇到对函数的自变量

附加条件的极值问题. 例如, 例 9 中, 若将表面积 S 看成长 x, 宽 y, 高 z 的函数, 则 $S = xy + (2x + 2y)z$. 此时, 自变量 x, y 和 z 并不是相互独立的, 而是有附加条件 $xyz = V$. 像这种对自变量有附加条件的极值称为**条件极值**.

解决条件极值问题的方法通常有两种：一种方法是将条件极值化为无条件极值. 例如, 例 9 中, 将条件 $xyz = V$ 解出 $z = \dfrac{V}{xy}$, 将表面积表示成长 x, 宽 y 的二元函数. 但在一些实际问题中, 将条件极值化为无条件极值往往不简单, 甚至不可能. 另一种直接的方法不必把问题化为无条件极值问题, 这就是下面要介绍的**拉格朗日乘数法**.

先讨论函数

$$z = f(x, y) \tag{2.5.7}$$

在条件

$$\varphi(x, y) = 0 \tag{2.5.8}$$

下取得极值的必要条件.

若点 (x_0, y_0) 是极值点, 那么必有

$$\varphi(x_0, y_0) = 0, \tag{2.5.9}$$

即 (x_0, y_0) 满足附加条件.

假设函数 $f(x, y)$ 与 $\varphi(x, y)$ 在点 (x_0, y_0) 的某个邻域内有一阶连续偏导数, 并且 $\varphi_y(x_0, y_0) \neq 0$. 由隐函数存在定理可知, $\varphi(x, y) = 0$ 确定了一个具有连续导数的函数 $y = \psi(x)$, 将其代入 (2.5.7), 得

$$z = f(x, \psi(x)).$$

由点 (x_0, y_0) 是 $z = f(x, y)$ 的极值点, 则 $x = x_0$ 是 $z = f(x, \psi(x))$ 的极值点, 必有

$$\left.\frac{\mathrm{d}z}{\mathrm{d}x}\right|_{x=x_0} = 0,$$

即

$$f_x(x_0, y_0) + f_y(x_0, y_0)\left.\frac{\mathrm{d}y}{\mathrm{d}x}\right|_{x=x_0} = 0.$$

又由 (2.5.8), 用隐函数求导公式, 有

$$\left.\frac{\mathrm{d}y}{\mathrm{d}x}\right|_{x=x_0} = -\frac{\varphi_x(x_0, y_0)}{\varphi_y(x_0, y_0)}.$$

因此,

$$f_x(x_0,y_0)-f_y(x_0,y_0)\frac{\varphi_x(x_0,y_0)}{\varphi_y(x_0,y_0)}=0. \tag{2.5.10}$$

(2.5.9), (2.5.10) 就是函数 $z=f(x,y)$ 在条件 $\varphi(x,y)=0$ 下的极值点要满足的必要条件.

若记 $\dfrac{f_y(x_0,y_0)}{\varphi_y(x_0,y_0)}=-\lambda$, 则上述条件变为

$$\begin{cases} f_x(x_0,y_0)+\lambda\varphi_x(x_0,y_0)=0,\\ f_y(x_0,y_0)+\lambda\varphi_y(x_0,y_0)=0,\\ \varphi(x_0,y_0)=0. \end{cases}$$

容易看出, 前面两式恰好是函数

$$L(x,y)=f(x,y)+\lambda\varphi(x,y) \tag{2.5.11}$$

在点 (x_0,y_0) 的两个一阶偏导数同时为零.

称式 (2.5.11) 中函数 $L(x,y)$ 为**拉格朗日函数**, 参数 λ 称为**拉格朗日乘数**.

综上所述, 有如下结论:

拉格朗日乘数法 函数 $z=f(x,y)$ 在条件 $\varphi(x,y)=0$ 下的可能极值点为拉格朗日函数

$$L(x,y)=f(x,y)+\lambda\varphi(x,y)$$

的驻点中满足条件 $\varphi(x,y)=0$ 的点, 其中 λ 为参数, 即满足方程组

$$\begin{cases} f_x(x,y)+\lambda\varphi_x(x,y)=0,\\ f_y(x,y)+\lambda\varphi_y(x,y)=0,\\ \varphi(x,y)=0 \end{cases}$$

的解为所有可能的极值点.

这种方法可以推广到自变量多于两个、条件多于一个的情形.

一般地, 如果要求 n 元函数

$$u=f(x_1,x_2,\cdots,x_n)$$

在 $k(k<n)$ 个条件

$$\begin{cases} \varphi_1(x_1,x_2\cdots,x_n)=0,\\ \varphi_2(x_1,x_2\cdots,x_n)=0,\\ \qquad\cdots\cdots\\ \varphi_k(x_1,x_2\cdots,x_n)=0 \end{cases}$$

下的可能极值点, 可构造拉格朗日函数

$$L(x_1,x_2,\cdots,x_n)=f(x_1,x_2,\cdots,x_n)+\lambda_1\varphi_1(x_1,x_2,\cdots,x_n)$$
$$+\lambda_2\varphi_2(x_1,x_2,\cdots,x_n)+\cdots+\lambda_k\varphi_k(x_1,x_2,\cdots,x_n),$$

其中 $\lambda_1, \lambda_2, \cdots, \lambda_k$ 为参数, 求其对所有变量的一阶偏导数, 并令其等于零, 然后与所有条件联立起来, 联立方程组的解即为所求.

至于如何确定所求得的点是否为极值点, 在实际问题中, 通常可根据问题本身的性质来判定.

例 10 设生产某种产品必须投入两种要素, x_1 和 x_2 为两要素的投入量, Q 为产出量. 若生产函数为 $Q=2x_1^\alpha x_2^\beta$, 其中 α, β 为正常数且 $\alpha+\beta=1$. 假设两种要素的价格分别为 P_1 和 P_2, 试问当产出量为 12 时, 两要素各投入多少可使投入总费用最小?

解 所求问题为在产出量 $2x_1^\alpha x_2^\beta=12$ 的条件下, 总费用 $P_1x_1+P_2x_2$ 的最小值. 构造拉格朗日函数

$$L(x_1,x_2)=P_1x_1+P_2x_2+\lambda(12-2x_1^\alpha x_2^\beta),$$

解方程组

$$\begin{cases} L_{x_1}=P_1-2\lambda\alpha x_1^{\alpha-1}x_2^\beta=0, \\ L_{x_2}=P_2-2\lambda\beta x_1^\alpha x_2^{\beta-1}=0, \\ 2x_1^\alpha x_2^\beta=12, \end{cases}$$

得唯一可能极值点

$$x_1=6\left(\frac{P_2\alpha}{P_1\beta}\right)^\beta,\quad x_2=6\left(\frac{P_1\beta}{P_2\alpha}\right)^\alpha.$$

由问题的实际意义, 最小值存在, 可知当 $x_1=6\left(\frac{P_2\alpha}{P_1\beta}\right)^\beta$, $x_2=6\left(\frac{P_1\beta}{P_2\alpha}\right)^\alpha$ 时, 投入总费用最小.

例 11 设某厂生产的产品成本为 C 元 / 件, 售价为 P 元 / 件, 销售量为 x 件, 假设该厂的生产处于平衡状态, 即产品的生产量等于销售量. 根据市场预测, 销售量 x 与销售价格 P 之间的关系为

$$x=M\mathrm{e}^{-aP},\quad M>0,\quad a>0,$$

其中 M 为市场最大需求量, a 为价格系数. 每件产品的生产成本 C 与产量 x 的关系为

$$C=C_0-k\ln x,\quad k>0,\quad x>1,$$

其中 C_0 为只生产一件产品时的成本, k 为规模系数.

根据以上条件, 如何确定产品的售价 P, 才能使该厂获得最大利润?

解 设产量为 x 件时, 该厂所获利润为 R 元, 则

$$R=(P-C)x.$$

因此, 问题转化为求利润函数 $R=(P-C)x$ 在条件 $x=M\mathrm{e}^{-aP}$, $C=C_0-k\ln x$ 下的极值问题.

构造拉格朗日函数

$$L(x,P,C)=(P-C)x+\lambda_1(x-M\mathrm{e}^{-aP})+\lambda_2(C-C_0+k\ln x),$$

解方程组

$$\begin{cases} L_x=(P-C)+\lambda_1+k\dfrac{\lambda_2}{x}=0, & ① \\ L_P=x+\lambda_1 aM\mathrm{e}^{-aP}=0, & ② \\ L_C=-x+\lambda_2=0, & ③ \\ x=M\mathrm{e}^{-aP}, & ④ \\ C=C_0-k\ln x. & ⑤ \end{cases}$$

由②, ④可得 $\lambda_1 a=-1$, 即 $\lambda_1=-\dfrac{1}{a}$. 由③知 $x=\lambda_2$, 即 $\dfrac{x}{\lambda_2}=1$. 将④代入⑤知 $C=C_0-k(\ln M-aP)$. 将上面所得代入①, 有

$$P-C_0+k(\ln M-aP)-\frac{1}{a}+k=0.$$

因此,

$$P=\frac{C_0-k\ln M+\dfrac{1}{a}-k}{1-ak}$$

为唯一可能极值点, 由问题的实际意义可知, 最优价格必存在, 因此, 当售价为 $P=\dfrac{C_0-k\ln M+\dfrac{1}{a}-k}{1-ak}$ 元/件时, 可使该厂获得最大利润.

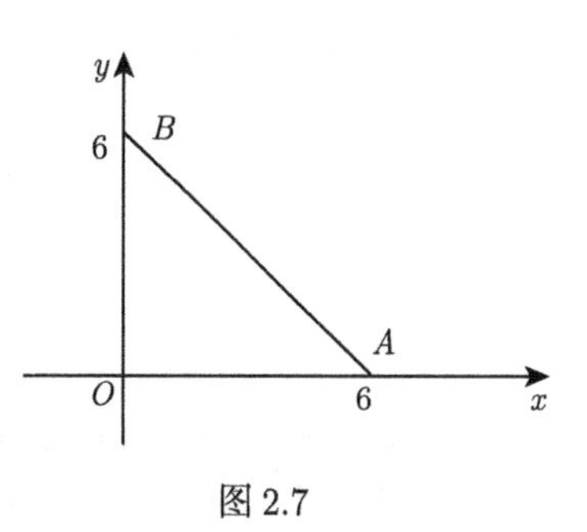

图 2.7

例 12 求函数 $z=x^2y(4-x-y)$ 在由直线 $x+y=6$, x 轴及 y 轴所围闭区域 (图 2.7) 上的最大值与最小值.

解 解方程组

$$\begin{cases} z_x=2xy(4-x-y)-x^2y=0, \\ z_y=x^2(4-x-y)-x^2y=0 \end{cases}$$

得区域内部的驻点为 $(2,1)$.

在边界 OA 和 OB 上, 函数值为 0.

在边界 AB 上, $x+y=6(0\leqslant x\leqslant 6)$, 可求出函数 $z=x^2y(4-x-y)$ 在条件 $x+y=6(0\leqslant x\leqslant 6)$ 下的可能极值点. 为此, 构造拉格朗日函数

$$L(x,y)=x^2y(4-x-y)+\lambda(x+y-6),$$

解方程组

$$\begin{cases} L_x=2xy(4-x-y)-x^2y+\lambda, \\ L_y=x^2(4-x-y)-x^2y+\lambda, \\ x+y=6 \end{cases}$$

得 $0<x<6$ 的解为 $x=4, y=2$. 而 $z|_{\substack{x=2\\y=1}}=4$, $z|_{\substack{x=4\\y=2}}=-64$, 则函数在点 $(2,1)$ 取最大值 4, 在点 $(4,2)$ 取最小值 -64.

习　题　2.5

A 组

1. 求下列函数的极值:

(1) $y=2x^3-3x^2$;　　(2) $y=x-\ln(1+x)$;

(3) $y=\dfrac{6x}{1+x^2}$;　　(4) $y=2\arctan x-\ln(1+x^2)$;

(5) $y=x+\sqrt{1-x}$;　　(6) $y=\dfrac{1+3x}{\sqrt{4+5x^2}}$;

(7) $y=\mathrm{e}^x\cos x$;　　(8) $y=2\mathrm{e}^x+\mathrm{e}^{-x}$;

(9) $y=\dfrac{3x^2+4x+4}{x^2+x+1}$;　　(10) $y=x+\tan x$.

2. 求下列函数在所给区间上的最大值、最小值:

(1) $y=2x^3+3x^2-12x+14, x\in[-3,4]$;

(2) $y=\ln(1+x^2), x\in[-1,2]$;

(3) $y=\dfrac{x^2}{1+x}, x\in\left[-\dfrac{1}{2},1\right]$.

3. 已知函数 $y=3x^3-a^2x-4$ 在 $x=-1$ 处取极大值, 求 a 及函数的极值.

4. 某产品的总成本 C(万元) 与年产量 x(吨) 的函数关系为 $C(x)=400+\dfrac{1}{100}x^2$, 问年产量为多少时, 可使产品的单位平均成本最低?

5. 某商品的需求量 Q 与价格 P 的函数关系为 $Q=50-5P$, 问需求量为多少时, 可使总收益 R 最大?

6. 某厂生产 x(吨) 某产品的总成本为

$$C(x)=x^2+4x+10(\text{万元}),$$

每吨产品的售价为 P(万元). 又需求函数为

$$x = \frac{1}{5}(28 - P),$$

问产量为多少时, 总利润 L 最大?

7. 某厂生产一产品, 需要的固定成本是 2(万元), 每生产 1(百台) 产品, 成本增加 1(万元), 市场每年的需求量是 4(百台), 并且销售收入 (万元) 与产量 x(百台) 的函数关系为

$$R(x) = \begin{cases} 4x - \dfrac{1}{2}x^2, & 0 \leqslant x \leqslant 4, \\ 8, & x > 4, \end{cases}$$

问年产量多少时, 可使平均利润最大?

8. 求下列二元函数的极值:

(1) $f(x,y) = 4(x-y) - x^2 - y^2$;

(2) $f(x,y) = (6x - x^2)(4y - y^2)$;

(3) $f(x,y) = \mathrm{e}^{2x}(x + y^2 + 2y)$;

(4) $f(x,y) = \mathrm{e}^{x-y}(x^2 - 2y^2)$.

9. 将一个正数拆成三个正数之和, 当乘积最大时, 求此三个正数.

10. 某厂生产的产品在甲、乙两个市场的销售量分别为 Q_1, Q_2(件), 售价分别为 P_1, P_2(元/件). 需求函数分别为

$$Q_1 = 9 - 0.5P_1, \quad Q_2 = 12 - P_2,$$

总成本为

$$C = 5 + 2(Q_1 + Q_2).$$

问两个市场的售价定为多少时, 可使总利润最大? 最大利润是多少?

11. 某养殖场养两种鱼, 若放养 x(万尾) 甲种鱼, y(万尾) 乙种鱼, 收获时, 甲、乙两种鱼的收获量 (kg) 依次为

$$(3 - \alpha x - \beta y)x, \quad (4 - \beta x - 2\alpha y)y \quad (\alpha > 0, \beta > 0).$$

求放养数 x 和 y, 使产鱼总量最大.

12. 设某产品的生产函数是

$$16z = 65 - 2(x-5)^2 - 4(y-4)^2,$$

其中 z 为产品的产量 (kg), x, y 分别为两种要素的投入量 (kg). 若两种要素的价格分别为 8 和 4(万元/kg), 而产品的售价为 32(万元/kg), 求最大利润.

13. 生产成本 C(元) 与两种型号的机器产量 x_1, x_2(台) 的函数关系为

$$C = 6x_1^2 + 3x_2^2,$$

若限制产量 18 台, 求两种机器各生产多少台时, 可使成本最低?

14. 某产品的销售额 N(万元) 与投入的广告费相关, 若用两种广告方式推销产品, 投入的广告费分别为 S_1(万元) 与 S_2(万元) 时, 有关系式

$$N = \frac{240S_1}{25+3S_1} + \frac{150S_2}{10+S_2},$$

所获利润是销售额的一半扣除广告费用. 当投入广告费 15(万元) 时, 如何分配广告费用, 可使利润最大? 并求最大利润.

15. 抛物面 $z = x^2 + y^2$ 被平面 $x + y + z = 1$ 截成一椭圆, 求原点到这个椭圆的最长与最短距离.

B 组

1. 设商品的销售量 Q(件) 与单价 P(元/件) 的函数关系为 $Q = \dfrac{a}{P+b} - C$(a, b, c 均为正数且 $a > bC$), 问

(1) 单价为多少时, 销售额最大? 是多少?

(2) 单价在何范围变化, 销售额随之增或减?

2. 设某商品的销售量 x 与价格 P 的函数关系为 $P = 7 - 0.2x$(万元 / 吨), 成本函数为 $C = 3x + 1$(万元), 求

(1) 若每销售 1 吨商品, 需交税 t(万元), 求销售量为多少时, 可使商家获利最多?

(2) 当 t 为何值时, 税收总额最大?

3. 求函数 $f(x, y) = x^3 - 4x^2 + 2xy - y^2$ 在区域

$$D = \{(x, y) | -1 \leqslant x \leqslant 4, -1 \leqslant y \leqslant 1\}$$

上的最大值.

4. 求由方程 $x^2 + y^2 + z^2 - 2x + 2y - 4z - 10 = 0$ 确定的函数 $z = f(x, y)$ 的极值.

5. 求由方程 $2x^2 + 2y^2 + z^2 + 8xz - z + 8 = 0$ 确定的函数 $z = f(x, y)$ 的极值.

6. 证明函数 $f(x, y) = (1 + \mathrm{e}^y)\cos x - y\mathrm{e}^y$ 有无穷多个极大值, 无极小值.

2.6　一元函数图形的描绘

1. 会用导数判断函数图形的凹凸性;
2. 会求函数图形的拐点与渐近线;
3. 会描绘简单函数的图形.

函数的单调性与极值点、最大值与最小值对函数图形的描绘有着重要的作用, 但单调性还不能准确地反映出函数图形的变化, 如图 2.8 所示, 三条曲线弧均是单调上升的, 但图形却有显著的不同, 在其上升的过程中, 还有一个弯曲方向的问题. 此外, 当曲线向无穷远处延伸时, 一般不易准确描绘其图形, 但如果曲线在延伸过程中, 能渐渐靠近一条直线, 就能比较准确地描绘这条曲线在趋于无穷远处的变化趋势. 为此, 先介绍曲线的凹凸性、拐点及渐近线.

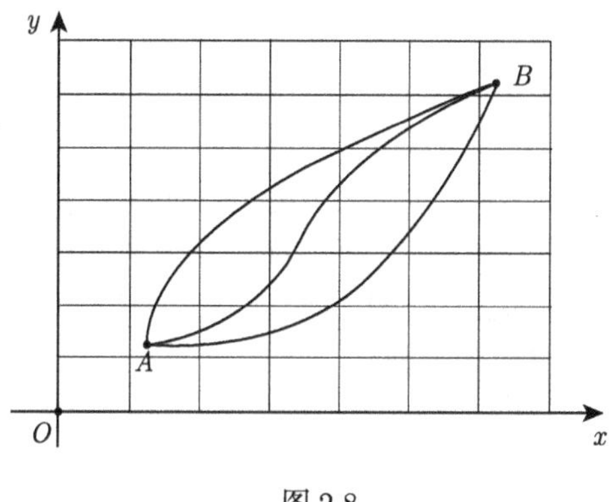

图 2.8

2.6.1 曲线的凹凸性与拐点

观察图 2.9(a), 在曲线弧上, 任取两点 $A(x_1, f(x_1)), B(x_3, f(x_3))$, 连接 A, B 两点的弦总位于这两点的弧的上方, 即对于同一横坐标, 弦上点的纵坐标大于曲线弧上点的纵坐标; 图 2.9(b) 则相反, 即弦上点的纵坐标小于曲线弧上点的纵坐标.

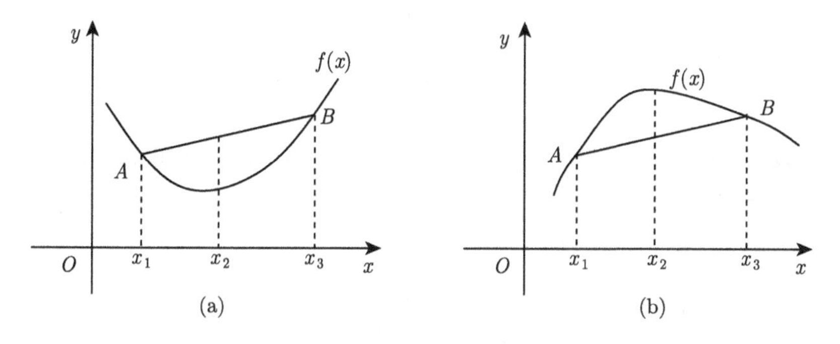

图 2.9

曲线的这种性质用凹凸性来描述. 由于点 A,B 的任意性, 不失一般性, 用弦的中点与曲线弧上对应点的位置关系来描述, 给出如下定义:

定义 2.6.1 设函数 $f(x)$ 在区间 I 上连续, 如果对 I 上任意两点 x_1,x_2, 恒有

$$f\left(\frac{x_1+x_2}{2}\right) < \frac{f(x_1)+f(x_2)}{2},$$

则称函数 $f(x)$ 在 I 上的**图形是 (向上) 凹的 (或凹弧)**;

若恒有

$$f\left(\frac{x_1+x_2}{2}\right) > \frac{f(x_1)+f(x_2)}{2},$$

则称函数 $f(x)$ 在 I 上的**图形是 (向上) 凸的 (或凸弧)**.

注　凹凸反映了曲线的弯曲方向, 因此, 凹凸的定义中也是带有方向的, 向上凹的曲线也即向下凸的. 类似地, 向上凸的曲线也即向下凹的. 本书中对凹凸的定义以向上为方向.

如果函数 $f(x)$ 在区间 I 上具有二阶导数, 则曲线 $f(x)$ 上每点都有切线, 并且切点连续变化时, 切线也连续变化. 观察凹凸曲线的切线随切点变化时切线的斜率变化情况, 可以看出, 凸曲线的切线斜率 $f'(x)$ 单调减小, 而凹曲线的切线斜率 $f'(x)$ 单调增加. 事实上, 有如下定理:

定理 2.6.1　设函数 $f(x)$ 在闭区间 $[a,b]$ 上连续, 在开区间 (a,b) 内具有二阶导数, 那么

(1) 若在 (a,b) 内 $f''(x)>0$, 则 $f(x)$ 在 $[a,b]$ 上的图形是凹的;

(2) 若在 (a,b) 内 $f''(x)<0$, 则 $f(x)$ 在 $[a,b]$ 上的图形是凸的.

例 1　判定曲线 $f(x)=x-\ln x$ 的凹凸性.

解　由于

$$f'(x)=1-\frac{1}{x},\quad f''(x)=\frac{1}{x^2}>0,$$

所以在函数的定义域 $(0,+\infty)$ 内, 曲线 $f(x)$ 是凹的.

例 2　证明不等式

$$\mathrm{e}^{\frac{x+y}{2}}<\frac{\mathrm{e}^x+\mathrm{e}^y}{2},\quad x\neq y.$$

证　设 $f(x)=\mathrm{e}^x$, 则有 $f'(x)=f''(x)=\mathrm{e}^x>0$, 所以曲线 $f(x)=\mathrm{e}^x$ 在 $(-\infty,+\infty)$ 内是凹的.

由凹曲线的定义, $\forall x,y\in\mathbf{R},x\neq y$ 有

$$f\left(\frac{x+y}{2}\right)=\mathrm{e}^{\frac{x+y}{2}}<\frac{f(x)+f(y)}{2}=\frac{\mathrm{e}^x+\mathrm{e}^y}{2}.$$

若函数 $f(x)$ 在区间 I 上连续, 曲线 $f(x)$ 在区间 I 上有凸也有凹, 称曲线上凹凸性发生改变的点为曲线的**拐点**.

若函数 $f(x)$ 具有二阶导数, 由定理 2.6.1 知, $f''(x)$ 在点 x_0 的左、右两侧邻近异号, 那么点 $(x_0,f(x_0))$ 就是曲线的一个拐点.

定理 2.6.2(拐点的必要条件)　若函数 $f(x)$ 具有二阶导数, 点 $(x_0,f(x_0))$ 为曲线 $y=f(x)$ 的拐点, 则必有 $f''(x)=0$.

由上面的讨论得出, 求具有二阶导数的函数曲线拐点的步骤如下:

(1) 求 $f''(x)$;

(2) 求方程 $f''(x)=0$ 的根;

(3) 对于 (2) 求出的每一个根 x_0, 检查 $f''(x)$ 在点 x_0 左、右两侧邻近的符号, 若符号相反, 点 $(x_0,f(x_0))$ 是拐点; 若两侧符号相同, 点 $(x_0,f(x_0))$ 不是拐点.

例 3 求曲线 $y=3x^4-4x^3+1$ 的拐点.

解 函数定义域为 $(-\infty,+\infty)$, 并且

$$y'=12x^3-12x^2,$$
$$y''=36x^2-24x=12x(3x-2).$$

令 $y''=0$, 得 $x=0$, $x=\frac{2}{3}$. 当 $0<x<\frac{2}{3}$ 时, $y''<0$; 当 $x<0$ 或 $x>\frac{2}{3}$ 时, $y''>0$, 并且 $y|_{x=0}=1$, $y|_{x=\frac{2}{3}}=\frac{11}{27}$. 因此, 点 $(0,1)$, $\left(\frac{2}{3},\frac{11}{27}\right)$ 是曲线的拐点.

注 若 $y=f(x)$ 连续, 在 $x=x_0$ 处的二阶导数不存在, 则 $(x_0,f(x_0))$ 也可能是曲线的拐点. 例如, $y=\sqrt[3]{x}$, 在 $x=0$ 处, y', y'' 不存在, 但点 $(0,0)$ 是其拐点.

2.6.2 曲线的渐近线

当函数的图形远离原点而向无穷远处延伸时, 若在其延伸过程中, 与某一条直线无限地靠近, 则这条直线称为曲线的渐近线.

定义 2.6.2 当曲线 $y=f(x)$ 上一点 M 沿曲线趋于无穷远时, 点 M 与某一直线的距离趋于零, 称此直线为曲线的**渐近线**.

渐近线有水平渐近线、铅直渐近线和斜渐近线.

1. 水平渐近线

若函数 $y=f(x)$ 的定义域为无限区间, 并且

$$\lim_{x\to+\infty}f(x)=C \quad (\text{或} \lim_{x\to-\infty}f(x)=C),$$

则称直线 $y=C$ 为曲线 $y=f(x)$ 的**水平渐近线**.

例如, $y=1$ 是曲线 $f(x)=\frac{x^2+x}{x^2+1}$ 的水平渐近线, $y=\frac{\pi}{2}$ 与 $y=-\frac{\pi}{2}$ 是曲线 $f(x)=\arctan x$ 的水平渐近线.

2. 铅直渐近线

若函数 $y=f(x)$ 在点 $x=x_0$ 处间断, 并且

$$\lim_{x\to x_0^+}f(x)=\infty \quad (\text{或} \lim_{x\to x_0^-}f(x)=\infty),$$

则称直线 $x=x_0$ 为曲线 $y=f(x)$ 的**铅直 (垂直) 渐近线**.

例 4 求曲线 $y=\frac{x-1}{x^2-3x+2}$ 的渐近线.

解 因为 $\lim\limits_{x\to\infty}\frac{x-1}{x^2-3x+2}=0$, 所以 $y=0$ 是曲线的水平渐近线. 而函数 $y=$

$\dfrac{x-1}{x^2-3x+2}$的间断点为 $x=1, x=2$, 且 $\lim\limits_{x\to1}\dfrac{x-1}{x^2-3x+2}=-1$, $\lim\limits_{x\to2}\dfrac{x-1}{x^2-3x+2}=\infty$, 所以 $x=2$ 是曲线的铅直渐近线.

3. 斜渐近线

对函数 $y=f(x)$, 若存在直线 $y=ax+b(a\neq0)$, 使得

$$\lim_{x\to\infty}(f(x)-ax-b)=0 \tag{2.6.1}$$

成立, 则称直线 $y=ax+b$ 为曲线 $y=f(x)$ 的**斜渐近线**.

由于 $\lim\limits_{x\to\infty}(f(x)-ax-b)=0$, 则

$$\lim_{x\to\infty}x\left(\frac{f(x)}{x}-a-\frac{b}{x}\right)=0,$$

从而

$$\lim_{x\to\infty}\left(\frac{f(x)}{x}-a-\frac{b}{x}\right)=0,$$

即

$$a=\lim_{x\to\infty}\frac{f(x)}{x}.$$

代入式 (2.6.1) 中, 便有

$$b=\lim_{x\to\infty}(f(x)-ax).$$

注 式 (2.6.1) 中, $x\to\infty$ 可改为 $x\to+\infty$ 或 $x\to-\infty$.

例 5 求曲线 $f(x)=\dfrac{x^2}{1+x}$ 的渐近线.

解 由于 $\lim\limits_{x\to-1}\dfrac{x^2}{1+x}=\infty$, 所以 $x=-1$ 是曲线的铅直渐近线. 又由于

$$\lim_{x\to\infty}\frac{f(x)}{x}=\lim_{x\to\infty}\frac{x}{1+x}=1,$$

$$\lim_{x\to\infty}(f(x)-x)=\lim_{x\to\infty}\frac{-x}{1+x}=-1,$$

所以直线 $y=x-1$ 是曲线的斜渐近线.

2.6.3 函数图形的描绘

由前面的内容可知, 借助一阶导数, 可以确定函数图形的单调上升和下降区间, 在什么地方取得极值; 借助二阶导数, 可以确定函数图形在哪些区间是凸的, 哪些区间是凹的, 在什么地方取得拐点; 借助渐近线, 可以确定函数图形在向无穷远处

延伸时的走向. 再结合函数的一些初等性质 (如定义域、值域、周期性、奇偶性、零点), 就可描绘出函数的图形.

函数作图的一般步骤如下:

(1) 确定函数 $f(x)$ 的定义域, 并讨论其是否具有某些特性 (如周期性、奇偶性、有界性);

(2) 求 $f'(x)$, $f''(x)$;

(3) 求 $f'(x)=0$ 的根与 $f'(x)$ 不存在的点及 $f''(x)=0$ 的根与 $f''(x)$ 不存在的点;

(4) 由 (3) 所得的所有点将函数的定义域划分成相应的部分区间, 确定每个部分区间内 $f'(x)$ 与 $f''(x)$ 的符号, 进而确定函数图形的升降、凹凸, 极值点与拐点 (通常用列表的方法);

(5) 确定函数图形的渐近线;

(6) 在坐标系中描出 (3) 所得点对应的点 (如果存在), 根据需要, 可再补充一些点;

(7) 结合 (4), (5), 连接这些点画出函数的图形.

例 6 画出函数 $y=\dfrac{x^2}{1+x}$ 的图形.

解 函数定义域为 $(-\infty,-1)\cup(-1,+\infty)$,

$$y'=\frac{x^2+2x}{(1+x)^2},\quad y''=\frac{2}{(1+x)^3},$$

令 $y'=0$ 得 $x=0$, $x=-2$. 列表如下:

x	$(-\infty,-2)$	-2	$(-2,-1)$	$(-1,0)$	0	$(0,+\infty)$
y'	$+$	0	$-$	$-$	0	$+$
y''	$-$		$-$	$+$		$+$
y	↗	极大值	↘	↘	极小值	↗

又由例 5 可知 $x=-1$ 是铅直渐近线, $y=x-1$ 是斜渐近线.

当 $x=0$ 时, 函数有极小值 0; 当 $x=-2$ 时, 函数有极大值 -4, 可得函数图形 (图 2.10).

例 7 画出函数 $y=\dfrac{4(x+1)}{x^2}$ 的图形.

解 函数的定义域为 $(-\infty,0)\cup(0,+\infty)$,

$$y'=\frac{-4(x+2)}{x^3},\quad y''=\frac{8(x+3)}{x^4}.$$

令 $y'=0$ 得 $x=-2$; 令 $y''=0$ 得 $x=-3$. 列表如下:

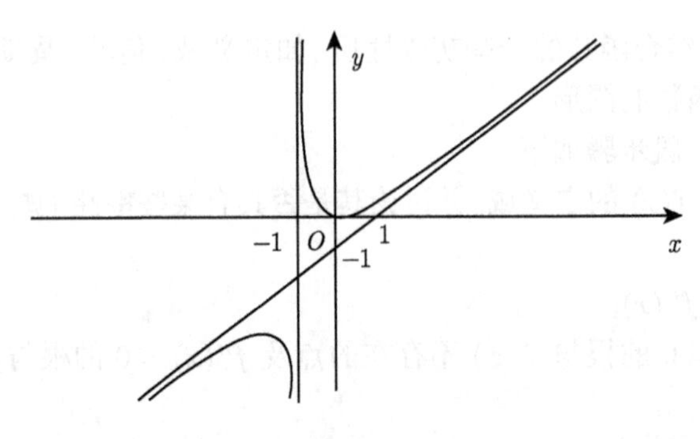

图 2.10

x	$(-\infty,-3)$	-3	$(-3,-2)$	-2	$(-2,0)$	$(0,+\infty)$
y'	−		−	0	+	−
y''	−	0	+		+	+
y	↘	拐点	↘	极小值	↗	↘

$\lim\limits_{x\to 0}\dfrac{4(x+1)}{x^2}=\infty$, 则 $x=0$是曲线的铅直渐近线; 又 $\lim\limits_{x\to 0}\dfrac{4(x+1)}{x^2}=0$, 则 $y=0$ 是曲线的水平渐近线.

描点 $(-1,0)$, $\left(-3,-\dfrac{8}{9}\right)$, $(-2,-1)$, $(2,3)$ 画出函数图形 (图 2.11).

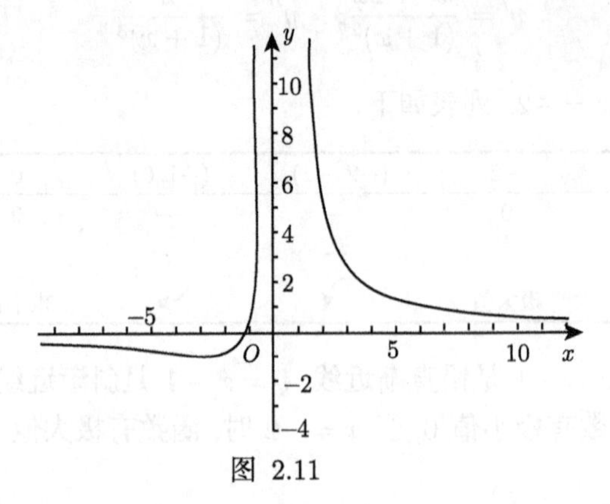

图 2.11

习　题　2.6

A 组

1. 求下列曲线的凹凸区间与拐点:

(1) $y=3x^5-5x^3+2x$;　　　　(2) $y=\ln(1+x^2)$;

(3) $y = x\mathrm{e}^x$;

(4) $y = \mathrm{e}^{\arctan x}$;

(5) $y = \mathrm{e}^x + (x+1)^4$;

(6) $y = x^4(12\ln x - 7)$.

2. 当 a, b 为何值时, 点 $(1,3)$ 为曲线 $y = ax^3 + bx^2$ 的拐点.

3. 利用曲线的凹凸性, 证明下列不等式:

(1) $x\ln x + y\ln y > (x+y)\ln\dfrac{x+y}{2} \quad (x>0, y>0, x\neq y)$;

(2) $\dfrac{1}{2}(x^n + y^n) > \left(\dfrac{x+y}{2}\right)^n \quad (x>0, y>0, x\neq y, n\geqslant 2, n\in\mathbf{N}^*)$.

4. 求下列曲线的渐近线:

(1) $y = \dfrac{x^4}{(1+x)^3}$;

(2) $y = \dfrac{x^4+8}{x^3+1}$.

5. 作出下列函数的图形:

(1) $y = x^3 - x^2 - x + 1$;

(2) $y = \dfrac{1}{\sqrt{2\pi}}\mathrm{e}^{-\frac{x^2}{2}}$;

(3) $y = 1 + \dfrac{36x}{(x+3)^2}$.

B 组

1. 若曲线 $y = k(x^2-3)^2$ 在拐点处的法线通过坐标原点, 求 k 值.

2. 求曲线

$$\begin{cases} x = t^2, \\ y = 3t + t^3 \end{cases}$$

的拐点.

3. 证明曲线 $y = \dfrac{x+1}{x^2+1}$ 上有位于同一直线上的三个拐点.

4. 求曲线 $y = x + \sqrt{x^2 - x + 1}$ 的渐近线.

5. 作出函数 $y = (x-1)\mathrm{e}^{\frac{\pi}{2}+\arctan x}$ 的图形.

2.7 函数的弹性

1. 了解函数的相对改变量与相对变化率;
2. 会求函数在两点间的弹性, 理解弹性函数, 并会求弹性函数;
3. 掌握弹性在经济分析中的应用.

在边际分析中, 涉及的函数改变量属于绝对改变量、函数的变化率属于绝对变化率. 然而, 实际问题中仅仅用绝对变化往往不足以说明问题. 例如, 甲种商品的单价为 1 元 / 件, 乙种商品的单价为 100 元 / 件, 两种商品均涨价 1 元 / 件, 则价格的绝对改变量都是 1 元, 但涨价的幅度差别很大, 甲种商品价格上涨了 100%, 而乙种商品价格只上涨了 1%. 因此, 有必要研究函数的相对改变量与相对变化率.

2.7.1 函数弹性的定义

设函数 $y=f(x)$ 可导, 当自变量 x 在 x_0 处给以增量 Δx 时, 相应地, 函数 y 有增量

$$\Delta y=f(x_0+\Delta x)-f(x_0).$$

称 $\Delta x, \Delta y$ 为函数自变量与因变量的**绝对改变量**, 而称 $\dfrac{\Delta x}{x_0}, \dfrac{\Delta y}{y_0}$ 为自变量与因变量的**相对改变量**.

例如, $y=x^2$, 当 x 由 10 变到 12 时, y 由 100 变到 144. 此时, 绝对改变量 $\Delta x=2, \Delta y=44$, 而

$$\frac{\Delta x}{x}=20\%, \quad \frac{\Delta y}{y}=44\%,$$

表示当 x 从 10 变到 12 时, x 产生了 20%的改变, 而 y 产生了 44%的改变, 并且

$$\frac{\dfrac{\Delta y}{y}}{\dfrac{\Delta x}{x}}=\frac{44\%}{20\%}=2.2\left(=\frac{2.2\%}{1\%}\right),$$

这表示在 $(10,12)$ 内, 从 $x=10$, 每改变 1% 时, y 平均改变了 2.2%, 称它为从 $x=10$ 到 $x=12$ 时, 函数 $y=x^2$ 的相对变化率.

定义 2.7.1 设函数 $y=f(x)$ 在点 $x=x_0$ 处可导, 函数的相对改变量

$$\frac{\Delta y}{y_0}=\frac{f(x_0+\Delta x)-f(x_0)}{f(x_0)}$$

与自变量的相对改变量 $\dfrac{\Delta x}{x_0}$ 之比

$$\frac{\Delta y/y_0}{\Delta x/x_0}=\frac{f(x_0+\Delta x)-f(x_0)}{\Delta x}\frac{x_0}{f(x_0)} \tag{2.7.1}$$

称为 $f(x)$ 从 $x=x_0$ 到 $x=x_0+\Delta x$**两点间的相对变化率**, 或称为从 $x=x_0$ 到 $x=x_0+\Delta x$**两点间的弹性**. 而当 $\Delta x\to 0$ 时, 式 (2.7.1) 的极限称为 $f(x)$ 在点 $x=x_0$ 的**相对变化率**, 也称为 $f(x)$ 在点 x_0 的**弹性**. 记作

$$\left.\frac{\mathrm{E}y}{\mathrm{E}x}\right|_{x=x_0} \quad 或 \quad \frac{\mathrm{E}}{\mathrm{E}x}f(x_0),$$

即

$$\left.\frac{\mathrm{E}y}{\mathrm{E}x}\right|_{x=x_0}=\lim_{\Delta x\to 0}\frac{\Delta y/y_0}{\Delta x/x_0}$$

$$= \lim_{\Delta x \to 0} \frac{\Delta y}{\Delta x} \frac{x_0}{y_0} = f'(x_0) \frac{x_0}{f(x_0)}.$$

一般地, 如果 $f(x)$ 可导, 称

$$\frac{Ey}{Ex} = \lim_{\Delta x \to 0} \frac{\Delta y / y}{\Delta x / x} = f'(x) \frac{x}{f(x)} \tag{2.7.2}$$

为 $f(x)$ 的**弹性函数**.

函数 $f(x)$ 在点 x 的弹性 $\dfrac{Ey}{Ex}$ 反映了函数 $f(x)$ 随自变量 x 的变化而变化的幅度大小, 也就是 $f(x)$ 对 x 的变化反应的强烈程度或灵敏度. 当 x 变化 1%时, 函数 y 变化 $\dfrac{Ey}{Ex}$%.

由

$$\frac{Ey}{Ex} = \frac{dy}{dx} \frac{x}{y} = \frac{dy}{dx} \bigg/ \frac{y}{x} = \frac{\text{边际函数}}{\text{平均函数}},$$

即在经济分析中, 弹性可理解为边际函数与平均函数之商.

从弹性的定义易得, 常值函数 $y = C$ 的弹性为 0, 而一次函数 $y = ax + b$ 的弹性为 $\dfrac{ax}{ax + b}$. 特别地, 当 $b = 0$ 时, $y = ax$ 的弹性为 1.

例 1 求函数 $y = ax^b (ab \neq 0)$ 的弹性函数.

解

$$\frac{Ey}{Ex} = y' \frac{x}{y} = abx^{b-1} \frac{x}{ax^b} = b,$$

即幂函数的弹性为其幂指数 b.

例 2 求函数 $y = ae^{\lambda x} (a\lambda \neq 0)$ 的弹性函数.

解

$$\frac{Ey}{Ex} = y' \frac{x}{y} = a\lambda e^{\lambda x} \frac{x}{ae^{\lambda x}} = \lambda x,$$

即指数函数的弹性为线性函数.

2.7.2 弹性在经济分析中的应用

1. 需求弹性与供给弹性

已知在不考虑其他因素时, 商品的需求量与供给量均可看成是价格 P 的函数. 设某商品的需求函数为 $Q = f(P)$, 在通常情况下, 需求函数是价格 P 的单调减函数, 因而有 $f'(P) \leqslant 0$. 按函数弹性的定义, 则需求对价格的弹性为负. 为了用正数来表示需求弹性, 常在前面加上一个负号.

定义 2.7.2 设某商品的需求函数为 $Q = f(P)$, 在 $P = P_0$ 处可导, 称

$$-\frac{\Delta Q / Q_0}{\Delta P / P_0} = -\frac{f(P_0 + \Delta P) - f(P_0)}{\Delta P} \cdot \frac{P_0}{f(P_0)} \tag{2.7.3}$$

为需求函数 $Q=f(P)$ 在 $P=P_0$ 与 $P=P_0+\Delta P$**两点间的需求 (价格) 弹性**, 记作 $\overline{\eta}(P_0,P_0+\Delta P)$.

称

$$\lim_{\Delta P\to 0}\left(-\frac{\Delta Q/Q_0}{\Delta P/P_0}\right)=-f'(P_0)\cdot\frac{P_0}{f(P_0)} \tag{2.7.4}$$

为需求函数 $Q=f(P)$ 在 $P=P_0$ 处的**需求 (价格) 弹性**, 记作 $\eta(P_0)$.

式 (2.7.3) 表示在价格范围 P_0 与 $P_0+\Delta P$ 内, 价格从 $P=P_0$ 每增加 (减少)1% 时, 需求量 Q 平均减少 (增加)$\dfrac{\Delta Q/Q_0}{\Delta P/P_0}$%; 式 (2.7.4) 表示, 当商品价格为 P_0 时, 若价格上涨 (下降)1%, 则商品的需求量将下降 (上涨)$\eta(P_0)$%.

当把定义 2.7.2 中的 P_0 换成 P 时, 所得结果分别称为需求函数在 $(P,P+\Delta P)$**两点间的需求 (价格) 弹性及需求的 (价格) 弹性函数**$\eta(P)$.

例 3　某商品的需求函数为 $Q=\dfrac{1200}{P}$, 求

(1) $P=30$ 到 $P=20$ 两点间的需求弹性;

(2) $P=30$ 的需求弹性.

解　(1)
$$\Delta P=-10,\ \Delta Q=Q(20)-Q(30)=20,$$

$$\overline{\eta}(30,20)=-\frac{\Delta Q/Q_0}{\Delta P/P_0}=\frac{20/40}{10/30}=1.5,$$

说明价格从 30 降至 20, 在此区间内, 价格每降 1%, 需求量从 40 平均增加 1.5%.

(2)
$$Q'=-\frac{1200}{P^2},$$

$$\eta(P)=-Q'\frac{P}{Q}=\frac{1200}{P^2}\frac{P}{1200/P}=1,$$

则 $\eta(30)=1$.

这个需求的弹性函数为常数, 说明在任何价格 P 处, 弹性都不变, 称为**不变弹性函数**, 表示在任意价格处, 只要价格上涨 (下降)1%, 需求量就会下降 (上涨)1%.

例 4　某商品的需求函数为 $Q=\mathrm{e}^{-\frac{P}{5}}$, 求

(1) 需求弹性函数;

(2) $P=3,5,6$ 时的需求弹性.

解　(1)
$$Q'=-\frac{1}{5}\mathrm{e}^{-\frac{P}{5}},$$

$$\eta(P)=\frac{1}{5}\mathrm{e}^{-\frac{P}{5}}\frac{P}{\mathrm{e}^{-\frac{P}{5}}}=\frac{P}{5}.$$

(2) $\eta(3)=0.6,\quad \eta(5)=1,\quad \eta(6)=1.2.$

$\eta(3) = 0.6 < 1$, 说明需求变动的幅度小于价格变动的幅度, 即当 $P = 3$ 时, 价格上涨 (下降)1%, 需求量下降 (上涨)0.6%. 一般地, 当 $\eta < 1$ 时, 也称商品需求在此处**缺乏弹性**.

$\eta(5) = 1$, 说明当 $P = 5$ 时, 需求与价格的变动幅度相同, 也称商品需求在此处具有**单位弹性**.

$\eta(6) = 1.2 > 1$, 说明当 $P = 6$ 时, 需求变动幅度大于价格变动幅度, 即当 $P = 6$ 时, 价格上涨 (下降)1%, 需求量下降 (上涨)1.2%. 一般地, 若 $\eta > 1$, 称商品需求在此处**富有弹性**.

由于供给函数是价格的单调增函数, 因此, 供给弹性定义如下:

定义 2.7.3 设某商品的供给函数为 $Q = g(P)$, 在 $P = P_0$ 处可导, 称

$$\frac{\Delta Q/Q_0}{\Delta P/P_0} = \frac{g(P_0 + \Delta P) - g(P_0)}{\Delta P}\frac{P_0}{g(P_0)} \tag{2.7.5}$$

为供给函数 $Q = g(P)$ 在 $P = P_0$ 与 $P = P+\Delta P$ **两点间的供给弹性**, 记作 $\overline{\varepsilon}(P_0, P_0 + \Delta P)$.

称

$$\lim_{\Delta P \to 0} \frac{\Delta Q/Q_0}{\Delta P/P_0} = g'(P_0)\frac{P_0}{g(P_0)} \tag{2.7.6}$$

为供给函数 $Q = g(P)$ 在 $P = P_0$ 处的**供给弹性**, 记作 $\varepsilon(P_0)$.

式 (2.7.5) 与式 (2.7.6) 的经济意义类似于式 (2.7.3) 与式 (2.7.4), 但要注意其区别, 这里就不重述了.

2. 需求弹性与总收益

从前面的讨论可知, 当商品价格下降 (上涨) 时, 商品的需求量会上涨 (下降), 那么, 它又会引起总收益如何变化呢?

由于总收益 R 等于商品的价格 P 与需求量 Q 的乘积, 即

$$R = PQ = Pf(P),$$

其中 $Q = f(P)$ 为该商品的需求函数, 则

$$\begin{aligned} R' &= f(P) + Pf'(P) \\ &= f(P)\left(1 + f'(P)\frac{P}{f(P)}\right), \end{aligned}$$

因此

$$R' = f(P)(1 - \eta(P)). \tag{2.7.7}$$

从式 (2.7.7) 可以看出

(1) 若 $\eta(P) < 1$, 即该商品为缺乏弹性商品, 则 $R' > 0$, 总收益函数 R 为单调增函数. 此时, R 随着价格 P 的增大而增加, 即价格上涨, 总收益增加; 价格下降, 总收益减少.

(2) 若 $\eta(P) = 1$, 即该商品为单位弹性商品, 则 $R' = 0$. 此时, 需求量的变动幅度与价格的变动幅度相等, 价格的变动不会引起总收益变化.

(3) 若 $\eta(P) > 1$, 即该商品为富有弹性商品, 则 $R' < 0$, 总收益函数 R 为单调减函数. 此时, R 随着价格 P 的增大而减少, 即价格上涨, 总收益减少; 价格下降, 总收益增加.

由上面的讨论可知商品的需求弹性对总收益的影响情况. 为获得最大收益, 缺乏弹性商品适宜提高价格, 而富有弹性商品则适宜降低价格. 那么, 总收益对价格的相对变化率又如何计算呢?

由 $R = PQ = Pf(P)$, 则

$$\frac{\mathrm{E}R}{\mathrm{E}P} = R'\frac{P}{R} = f(P)(1-\eta(P))\frac{P}{Pf(P)} = 1-\eta(P), \tag{2.7.8}$$

即总收益的价格弹性函数与需求价格弹性函数之和恒等于 1.

例 5　某商品的需求函数为

$$Q = 10 - \frac{P}{2}.$$

(1) 求需求弹性函数;

(2) 求当 $P = 3$ 时的需求弹性, 说明其经济意义;

(3) 当 $P = 3$ 时, 若价格上涨 1%, 总收益如何变化?

解　(1)

$$\eta(P) = -Q'\frac{P}{Q} = \frac{1}{2}\frac{P}{10-\dfrac{P}{2}} = \frac{P}{20-P}.$$

(2)

$$\eta(3) = \frac{3}{20-3} = \frac{3}{17} \approx 0.176.$$

经济意义如下: 当价格 $P = 3$ 时, 若价格上涨 (下降)1%, 则商品的需求量将下降 (上涨)0.176%.

(3) 当 $P = 3$ 时, 若价格上涨 1%, 由于 $\eta(3) < 1$, 则总收益增加, 并且增加的幅度为 $(1 - 0.176)\%$, 即增加 0.824%.

3. 需求弹性与边际收益

若将商品的价格 P 看成需求量 Q 的函数, 则需求函数 $Q = f(P)$ 变成 $P = f^{-1}(Q)$. 而总收益

$$R = PQ = Qf^{-1}(Q),$$

边际收益为

$$\frac{\mathrm{d}R}{\mathrm{d}Q}=f^{-1}(Q)+Q\frac{\mathrm{d}f^{-1}(Q)}{\mathrm{d}Q}.$$

注意到 $f^{-1}(Q)=P$, $\dfrac{\mathrm{d}f^{-1}(Q)}{\mathrm{d}Q}=\dfrac{1}{\dfrac{\mathrm{d}Q}{\mathrm{d}P}}$, 则

$$\frac{\mathrm{d}R}{\mathrm{d}Q}=P+Q\frac{1}{\dfrac{\mathrm{d}Q}{\mathrm{d}P}}=P\left(1+\frac{1}{\dfrac{\mathrm{d}Q}{\mathrm{d}P}\dfrac{P}{Q}}\right),$$

因此

$$\frac{\mathrm{d}R}{\mathrm{d}Q}=P\left(1-\frac{1}{\eta(P)}\right). \tag{2.7.9}$$

从式 (2.7.9) 可以看出, 对富有弹性的商品, 增加产品的销售量可使总收益增加, 而对缺乏弹性的商品, 减少产品的销售量可使总收益增加.

例 6 某商品的价格 P与销售量 Q 的函数关系为 $P=a-bQ(a>0,0<b<4)$, 而成本函数为 $C=\dfrac{1}{3}Q^3-7Q^2+100Q+50$. 当边际收益 $R'(Q)=67$, 需求弹性 $\eta=\dfrac{89}{22}$ 时, 利润最大.

(1) 求利润最大时的产量;

(2) 求 a,b 的值.

解 (1) 由最大利润原则

$$R'(Q)=C'(Q)$$

有

$$67=Q^2-14Q+100,$$

解得 $Q_1=3,Q_2=11$. 因为 $R''(Q)<C''(Q)$, 而

$$R(Q)=PQ=aQ-bQ^2,$$

则 $R''(Q)=-2b$. 又 $0<b<4$, 因此, $-8<R''(Q)<0$.

又因为 $C''(Q)=2Q-14$, 从而 $C''(3)=-8$, $C''(11)=8$, 则只有 $Q=11$ 满足 $R''(Q)<C''(Q)$. 所以, 产量为 11 时, 利润最大.

(2) 由需求弹性与边际收益的关系

$$R'(Q)=P\left(1-\frac{1}{\eta(P)}\right)$$

且 $R(Q)=aQ-bQ^2$, 由已知, 当 $R'(Q)=67, \eta=\dfrac{89}{22}$ 时, 利润最大, 又由 (1) 知, 此时产量为 $Q=11$, 代入上述条件, 有

$$\begin{cases} a-2b\times 11=67, \\ (a-11b)\left(1-\dfrac{22}{89}\right)=67, \end{cases}$$

解方程组得 $a=111, b=2$.

习　题　2.7

A 组

1. 求函数 $y=3+2x$ 在 $x=3$ 到 $x=5$ 两点间的弹性.

2. 求函数 $y=x^2\mathrm{e}^{-x}$ 的弹性函数及在 $x=1$ 的弹性.

3. 设某商品的需求函数为 $Q=a\mathrm{e}^{-bP}(a>0, b>0)$, 其中 Q 为需求量, P 为价格, 求

(1) 总收益函数、平均收益函数与边际收益函数;

(2) 需求弹性函数.

4. 某商品的需求量 Q 与 P 的函数关系为

$$Q=\mathrm{e}^{-\frac{P}{4}},$$

求当 $P=3, P=4, P=5$ 时的需求弹性, 说明其经济意义.

5. 某商品的需求量 Q 与 P 的函数关系为

$$Q=75-P^2,$$

求

(1) 当 $P=2$ 时的边际需求, 说明其经济意义;

(2) 当 $P=2$ 时的需求弹性, 说明其经济意义;

(3) 当 $P=2$ 时, 若价格上涨 1%, 总收益将如何变化?

6. 某商品的供给量 Q 与价格 P 的函数关系为 $Q=2+3P$, 求供给弹性函数及当 $P=3$ 时的供给弹性, 并说明其经济意义.

B 组

1. 某商品的需求函数为 $Q=100-4P$, Q 为需求量, P 为价格, 求

(1) 需求弹性函数;

(2) 当价格 P 取何值时, 需求是缺乏弹性、单位弹性、富有弹性的?

2. 某产品准备以降价扩大销路, 如果该产品的需求弹性为 $1.5\sim 2$, 试问当降价 10%时, 销售量能增加多少?

3. 某产品的总成本 C 与产量 Q 的函数关系为

$$C(Q) = aQ^2 + bQ + c,$$

需求量 Q 与价格 P 的函数关系为

$$Q(P) = \frac{1}{m}(d - P),$$

其中 a, b, c, d, m 均为正数且 $d > b$, 求

(1) 当产量为多少时, 利润最大, 最大利润是多少?

(2) 需求弹性函数;

(3) 单位弹性时的产量.

4. 设某产品的需求函数为 $Q = Q(P)$ 是单调减小的, 收益函数为 $R = PQ$, Q 为需求量, P 为价格. 当价格为 P_0, 对应的需求量为 Q_0 时, 边际收益 $R'(Q_0) = a > 0$, 而 $R'(P_0) = C < 0$, 需求对价格的弹性 $\eta(P) = b > 1$, 求 P_0, Q_0.

本章内容小结

本章的主要内容如下.

(1) 微分中值定理: 4 个定理存在的条件与结论及其相互之间的联系;

(2) 洛必达法则: 各种类型未定式的一种重要求法;

(3) 一元函数的单调性与极值、凹凸性与拐点的定义及其求法; 多元函数的极值与条件极值的定义及其求法; 函数的最大值与最小值的求法及应用;

(4) 函数图形的描绘;

(5) 函数弹性的定义及意义, 需求弹性与供给弹性的定义及经济意义;

(6) 弹性在经济分析中的应用.

学习中要注意如下几点:

(1) 微分中值定理建立了函数与导函数之间的联系, 其中罗尔定理是基础. 要特别注意定理的条件.

(2) 应用洛必达法则求极限时, 要先看极限的类型, 只有未定式才能用洛必达法则. 要结合各种求极限的方法, 特别是等价无穷小代换及非未定因子分离等来简化计算. 要知道洛必达法则并非是求未定式的万能方法.

(3) 在讨论一元函数的单调性与极值、凹凸性与拐点时, 要注意函数的定义域与函数的不可导点; 在讨论多元函数的极值时, 要注意区分条件极值与无条件极值.

(4) 在描绘函数图形时, 要把图形上所有的关键点 (极值点、拐点) 描出.

(5) 记住弹性公式, 掌握需求弹性在经济分析中的应用.

第3章　多元函数积分学与无穷级数

二重积分是从实践中抽象出来的数学概念, 它是定积分的推广, 其数学思想与定积分一样, 也是一种“和式的极限”. 所不同的是: 定积分的被积函数是一元函数, 积分范围是一个区间; 而二重积分的被积函数是二元函数, 积分范围是平面上的一个区域. 它们之间存着密切的联系, 二重积分可通过定积分来计算. 作为微积分中的一个重要组成部分, 无穷级数的思想早就存在于极限和定积分之中, 本章将作进一步的分析.

3.1　二重积分

理解二重积分的概念, 了解二重积分的性质.

3.1.1　二重积分的概念

已经知道, 平顶柱体的体积等于底面积乘以高. 然而一些常见的柱体的顶部不是平顶而是曲面, 即所谓的**曲顶柱体**, 这时, 该如何计算它的体积呢?

引例 3.1.1　设一柱体 V, 它的底面是 xOy 平面上的一个有界闭区域 D, 它的顶面是曲面 $z=f(x,y)$, 其中 $f(x,y)\geqslant 0$ 且在 D 上连续, 它的侧面是垂直于 xOy 平面的柱面, 求它的体积 V.

很显然, 这里不能直接利用底面积乘高来计算. 类似于求曲边梯形面积的方法, 仍然采用分割、近似代替、求和、取极限这四个步骤来求曲顶柱体的体积.

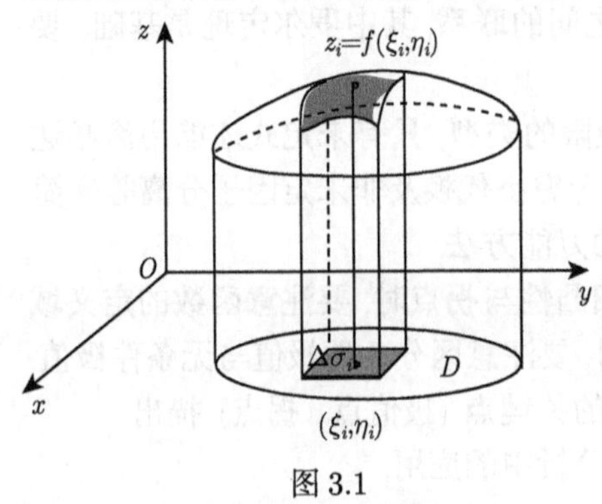

图 3.1

(1) 分割　用若干条分段光滑曲线将区域 D 分成 n 个小区域 $\Delta\sigma_1,\Delta\sigma_2,\cdots,\Delta\sigma_n$, 并且以 $\Delta\sigma_i$ 表示第 i 个小区域的面积. 这样, 以这些小区域为底面、侧面为垂直于 xOy 平面的柱面, 把原来的曲顶柱体分成了 n 个小的曲顶柱体 (图 3.1). 令 ΔV_i 表示以 $\Delta\sigma_i$ 为底的第 i 个小曲顶柱体的体积, 则

$$V=\sum_{i=1}^{n}\Delta V_i.$$

(2) 近似代替 由于 $f(x,y)$ 连续, 那么对于同一个小区域来说, 函数值的变化不大. 因此, 可以将这些小曲顶柱体近似地看作小平顶柱体, 于是, 在每个小区域 $\Delta\sigma_i$ $(i=1,\ 2,\ \cdots,\ n)$ 上任取一点 $(\xi_i,\ \eta_i)$, 有

$$\Delta V_i \approx f(\xi_i,\eta_i)\Delta\sigma_i,\quad i=1,\ 2,\ \cdots,\ n.$$

(3) 求和 将所有小曲顶柱体的近似值相加, 得到整个曲顶柱体的体积近似值为

$$\sum_{i=1}^{n} V_i \approx \sum_{i=1}^{n} f(\xi_i,\ \eta_i)\Delta\sigma_i.$$

(4) 取极限 随着分割越来越细, 小区域 $\Delta\sigma_i$ 越来越小时, $\sum\limits_{i=1}^{n} V_i$ 也就越接近 V. 事实上, 随着区域中的任意两点间的距离越来越小, $\Delta\sigma_i$ 越来越小.

记 $\Delta\sigma_i$ 的直径为 $\lambda_i(i=1,\ 2,\ \cdots,\ n)$. 一个**区域的直径**是指闭区域上任意两点距离中的最大值. 令 $\lambda=\max\{\lambda_1,\ \lambda_2,\ \cdots,\ \lambda_n\}$, 则

$$V=\lim_{\lambda\to 0}\sum_{i=1}^{n} f(\xi_i,\eta_i)\Delta\sigma_i.$$

上述问题是一个几何问题, 将所求的量最终归结为一种和式的极限. 另外, 还有许多物理、几何、经济学上的量也都可以归结为这种和式的极限, 因此有必要在普遍意义下研究这种形式的极限, 并抽象出二重积分的定义.

定义 3.1.1 设 $f(x,y)$ 是有界闭区域 D 上的有界函数, 将闭区域 D 任意划分成 n 个小闭区域 $\Delta D_1,\Delta D_2,\cdots,\Delta D_n$, 记小闭区域 ΔD_i 的面积为 $\Delta\sigma_i(i=1,2,\cdots,n)$. 在每个 ΔD_i 上任取一点 (ξ_i,η_i), 作乘积 $f(\xi_i,\eta_i)\Delta\sigma_i(i=1,2,\cdots,n)$, 再作和 $\sum\limits_{i=1}^{n} f(\xi_i,\eta_i)\Delta\sigma_i$. 如果无论对区域 D 怎样划分, 也无论在 ΔD_i 上怎样选取 (ξ_i,η_i), 当所有小区域的直径的最大值 $\lambda\to 0$ 时, 和 $\sum\limits_{i=1}^{n} f(\xi_i,\eta_i)\Delta\sigma_i$ 的极限存在, 那么称此极限为函数 $f(x,y)$ 在闭区域 D 上的**二重积分**, 记作 $\iint\limits_D f(x,y)\mathrm{d}\sigma$, 即

$$\iint\limits_D f(x,y)\mathrm{d}\sigma=\lim_{\lambda\to 0}\sum_{i=1}^{n} f(\xi_i,\eta_i)\Delta\sigma_i,$$

其中 $f(x,y)$ 称为**被积函数**, $f(x,y)\mathrm{d}\sigma$ 称为**被积表达式**, $\mathrm{d}\sigma$ 称为**面积元素**, x、y 称为**积分变量**, D 称为**积分区域**.

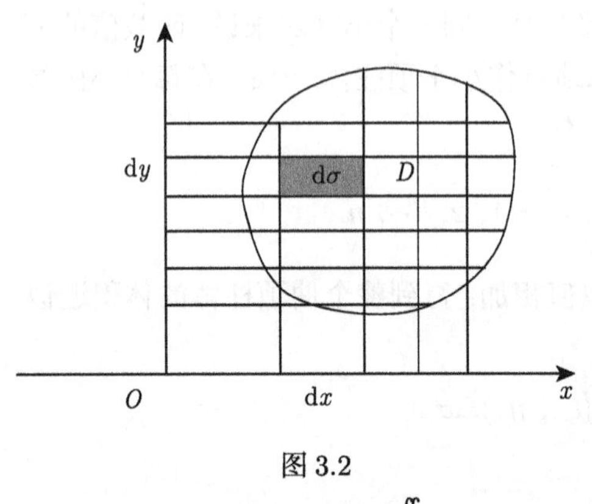

图 3.2

如果二重积分存在, 则二重积分与区域的分法无关. 因此, 在直角坐标系中常用若干条平行 x 轴、y 轴的直线网将 D 分成 n 个小区域 (图 3.2), 其中有规则的小区域都是矩形, 其余是靠在 D 边界上的不完整的矩形. 设矩形区域 $\Delta\sigma_i$ 的边长为 Δx_j 和 Δy_k, 则 $\Delta\sigma_i = \Delta x_j \cdot \Delta y_k$, 因此在直角坐标系中, 有时也把面积元素 $\mathrm{d}\sigma$ 记作 $\mathrm{d}x\mathrm{d}y$, 而二重积分记为

$$\iint\limits_D f(x,y)\mathrm{d}\sigma = \iint\limits_D f(x,y)\mathrm{d}x\mathrm{d}y,$$

其中 $\mathrm{d}x\mathrm{d}y$ 称为直角坐标系中的**面积元素**.

若函数 $f(x,y)$ 在区域 D 上的二重积分存在, 则称 $f(x,y)$ 在**区域D上可积**.

定理 3.1.1　若 $f(x,y)$ 在有界闭区域 D 上连续, 则 $f(x,y)$ 在 D 上的二重积分存在.

思考　与定积分类似, 该定理的条件是否可以改写成 "$f(x,y)$ 在有界闭区域 D 上连续 (或者只有有限个第一类间断点 (线))"?

二重积分的几何意义　若 $f(x,y)$ 在有界闭区域 D 上可积, 且 $f(x,y) \geqslant 0$, 则 $\iint\limits_D f(x,y)\mathrm{d}\sigma$ 表示一个以区域 D 为底, 以曲面 $z = f(x,y)$ 为顶, 侧面是一个垂直于 xOy 平面的曲顶柱体的体积. 当 $f(x,y) \leqslant 0$ 时, 二重积分 $\iint\limits_D f(x,y)\mathrm{d}\sigma$ 表示的是在 xOy 平面下方的柱体的体积的负值; 如果 $f(x,y)$ 在 D 的若干部分区域上是正的, 而在其他部分是负的, 则 $\iint\limits_D f(x,y)\mathrm{d}\sigma$ 等于 xOy 平面上方的柱体体积减去 xOy 平面下方的柱体体积所得之差.

例 1　一球冠所在的球的半径为 R, 球冠的高为 h, 底圆半径为 a. 试用二重积分将球冠的体积表示出来.

解　如图 3.3 所示, 设球心在 z 轴上, 球面方程为

$$x^2 + y^2 + [z - (h - R)]^2 = R^2,$$

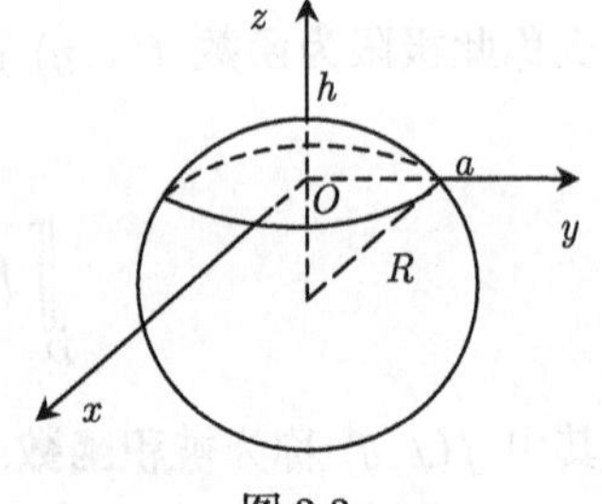

图 3.3

球冠看作是球体被 xOy 平面所截的上部分立体, 其顶部就是二元函数 $z = h - R + \sqrt{R^2 - x^2 - y^2}$ 所表示的

上半球面的一部分, 其底部 D 是圆域 $x^2+y^2\leqslant a^2$, 由二重积分的几何意义, 得

$$V=\iint\limits_{D}(h-R+\sqrt{R^2-x^2-y^2})\mathrm{d}\sigma.$$

3.1.2 二重积分的性质

由于二重积分定义与定积分定义都是同一类型和式的极限, 因此它们有类似的性质. 在没有特别说明的情况下, 下面总假定在 D 上函数可积, 其中 D 是 xOy 平面上的有界闭区域, σ 为 D 的面积.

性质 3.1.1 设 k 为常数, 则

$$\iint\limits_{D}kf(x,y)\mathrm{d}\sigma=k\iint\limits_{D}f(x,y)\mathrm{d}\sigma.$$

性质 3.1.2 若 $f(x,y)$, $g(x,y)$ 在 D 上可积, 则

$$\iint\limits_{D}[f(x,y)\pm g(x,y)]\,\mathrm{d}\sigma=\iint\limits_{D}f(x,y)\mathrm{d}\sigma\pm\iint\limits_{D}g(x,y)\mathrm{d}\sigma.$$

性质 3.1.3 如果积分区域 D 分割成 D_1 与 D_2 两部分, 且 D_1 与 D_2 无公共的内点, 则

$$\iint\limits_{D}f(x,y)\mathrm{d}\sigma=\iint\limits_{D_I}f(x,y)\mathrm{d}\sigma+\iint\limits_{D_2}f(x,y)\mathrm{d}\sigma.$$

性质 3.1.3 表示二重积分对于积分区域具有可加性.

性质 3.1.4 如果在 D 上, $f(x,y)=1$, 则

$$\sigma=\iint\limits_{D}1\cdot\mathrm{d}\sigma=\iint\limits_{D}\mathrm{d}\sigma.$$

性质 3.1.5 如果在 D 上, $f(x,y)\leqslant g(x,y)$, 则有

$$\iint\limits_{D}f(x,y)\mathrm{d}\sigma\leqslant\iint\limits_{D}g(x,y)\mathrm{d}\sigma.$$

特别地, 由于

$$-|f(x,y)|\leqslant f(x,y)\leqslant|f(x,y)|,$$

从而

$$\left|\iint\limits_{D}f(x,y)\mathrm{d}\sigma\right|\leqslant\iint\limits_{D}|f(x,y)|\,\mathrm{d}\sigma.$$

例 2 比较积分 $\iint\limits_{D}\ln(x+y)\mathrm{d}\sigma$ 与 $\iint\limits_{D}[\ln(x+y)]^2\mathrm{d}\sigma$ 的大小, 其中 D 是顶点为 (1 , 0), (1 , 1) 和 (2 , 0) 的三角形.

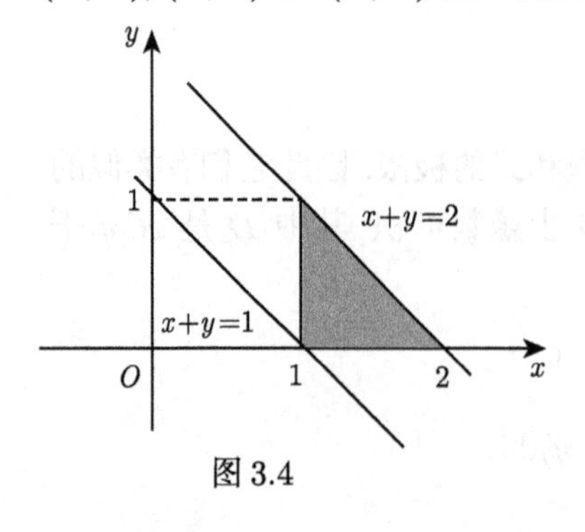

图 3.4

解 三角形区域 D 上, $x+y$ 有最大值 2 和最小值 1(图 3.4), 故

$$0\leqslant\ln(x+y)\leqslant\ln 2<1,$$

即

$$[\ln(x+y)]^2\leqslant\ln(x+y),$$

由性质 3.1.5, 可知

$$\iint\limits_{D}[\ln(x+y)]^2\,\mathrm{d}\sigma\leqslant\iint\limits_{D}\ln(x+y)\mathrm{d}\sigma.$$

性质 3.1.6 设 M, m 分别是 $f(x,\ y)$ 在 D 上的最大值和最小值, 则

$$m\sigma=\iint\limits_{D}m\mathrm{d}\sigma\leqslant\iint\limits_{D}f(x,y)\mathrm{d}\sigma\leqslant\iint\limits_{D}M\mathrm{d}\sigma=M\sigma.$$

例 3 估计二重积分 $\iint\limits_{D}\left(x^2+4y^2+9\right)\,\mathrm{d}\sigma$ 的值, 其中 D 是圆域 $x^2+y^2\leqslant 4$.

解 求被积函数 $f\,(x,y)=x^2+4y^2+9$ 在区域 D 上可能的最值, 由

$$\begin{cases}\dfrac{\partial f}{\partial x}=2x=0,\\[2mm]\dfrac{\partial f}{\partial y}=8y=0\end{cases}$$

可知, (0, 0) 是驻点且 $f(0,0)=9$. 在边界上, 由

$$f(x,y)=x^2+4(4-x^2)+9=25-3x^2,\quad -2\leqslant x\leqslant 2,$$

则

$$13\leqslant f(x,y)\leqslant 25,$$

可知

$$f_{\max}=25,\quad f_{\min}=9,$$

而区域 D 的面积为 4π, 于是由性质 3.1.6, 有

$$36\pi\leqslant\iint\limits_{D}\left(x^2+4y^2+9\right)\,\mathrm{d}\sigma\leqslant 100\pi.$$

性质 3.1.7 (二重积分的中值定理) 如果函数 $f(x,y)$ 在 D 上连续, 则在 D 上至少存在一点 (ξ,η), 使得

$$\iint_D f(x,\ y)\mathrm{d}\sigma = f(\xi,\ \eta)\sigma.$$

证 由性质 3.1.6,

$$\sigma m \leqslant \iint_D f(x,y)\mathrm{d}\sigma \leqslant \sigma M,$$

两边除以 σ, 得

$$m \leqslant \frac{1}{\sigma}\iint_D f(x,y)\mathrm{d}\sigma \leqslant M,$$

则 $\frac{1}{\sigma}\iint_D f(x,y)\mathrm{d}\sigma$ 是介于连续函数 $f(x,\ y)$ 在 D 上的最小值 m 与最大值 M 之间的一个数, 由有界闭区域上连续函数的介值定理可知, 至少存在一点 $(\xi,\ \eta)\in D$, 使得

$$\frac{1}{\sigma}\iint_D f(x,\ y)\mathrm{d}\sigma = f(\xi,\ \eta),$$

即

$$\iint_D f(x,\ y)\mathrm{d}\sigma = f(\xi,\ \eta)\sigma.$$

若 $f(x,\ y)\geqslant 0$, 二重积分 $\iint_D f(x,\ y)\mathrm{d}\sigma$ 表示的是以 D 为底, $f(x,y)$ 为高的曲顶柱体的体积. 由中值定理可知, 此曲顶柱体体积等于以 D 为底, $f(\xi,\ \eta)$ 为高的平顶柱体的体积. 把函数值

$$f(\xi,\ \eta) = \frac{1}{\sigma}\iint_D f(x,\ y)\mathrm{d}\sigma$$

称为函数 $f(x,\ y)$ 在区域 D 上的**平均值或中值**.

例 4 求 $\lim\limits_{r\to 0}\dfrac{\iint\limits_{x^2+y^2\leqslant r^2}\cos(xy)\mathrm{d}x\mathrm{d}y}{\pi r^2}$.

解 由中值定理可知, 至少存在一点 $(\xi,\ \eta)\in D$, $D=\{(x,y)|x^2+y^2\leqslant r^2\}$, 使得

$$\iint_{x^2+y^2\leqslant r^2}\cos(xy)\mathrm{d}x\mathrm{d}y = \pi r^2\cos(\xi\eta),$$

从而

$$\lim_{r\to 0}\frac{\iint\limits_{x^2+y^2\leqslant r^2}\cos(xy)\mathrm{d}x\mathrm{d}y}{\pi r^2}=\lim_{\substack{\xi\to 0\\ \eta\to 0}}\cos(\xi\eta)=\cos 0=1.$$

习　题　3.1

A 组

1. 根据二重积分的几何意义, 确定

$$\iint\limits_D\sqrt{a^2-x^2-y^2}\mathrm{d}\sigma$$

的值, 其中 $D=\{(x,y)|x^2+y^2\leqslant a^2\}$.

2. 利用二重积分的定义证明:

(1) $\iint\limits_D \mathrm{d}\sigma=\sigma$(其中 σ 为 D 的面积);

(2) $\iint\limits_D kf(x,y)\mathrm{d}\sigma=k\iint\limits_D f(x,y)\mathrm{d}\sigma$(其中 k 为常数);

(3) $\iint\limits_D f(x,y)\mathrm{d}\sigma=\iint\limits_{D_1} f(x,y)\mathrm{d}\sigma+\iint\limits_{D_2} f(x,y)\mathrm{d}\sigma$, 其中 $D=D_1\cup D_2$, D_1, D_2 为两个无公共内点的闭区间.

3. 根据二重积分性质, 比较下列积分大小:

(1) $\iint\limits_D (x+y)^2\mathrm{d}\sigma$ 与 $\iint\limits_D (x+y)^3\mathrm{d}\sigma$, 其中积分区域 D 是由 x 轴、y 轴与直线 $x+y=1$ 围成的;

(2) $\iint\limits_D \ln(x+y)\mathrm{d}\sigma$ 与 $\iint\limits_D [\ln(x+y)]^2\mathrm{d}\sigma$, 其中 $D=\{(x,\ y)|3\leqslant x\leqslant 5,\ 0\leqslant y\leqslant 1\}$.

4. 设 $f(u)$ 为可微函数, 且 $f(0)=0$, 求

$$\lim_{t\to 0}\frac{\iint\limits_{x^2+y^2\leqslant t^2} f(\sqrt{x^2+y^2})\mathrm{d}x\mathrm{d}y}{\pi t^2}.$$

B 组

1. 估计下列二重积分之值:

(1) $\iint\limits_D (x+xy-x^2+y^2)\mathrm{d}\sigma$, 其中 $D=\{(x,y)|0\leqslant x\leqslant 1,\ 0\leqslant y\leqslant 2\}$;

(2) $\iint\limits_{D} \dfrac{\mathrm{d}\sigma}{100+\cos^2 x+\cos^2 y}$, 其中 $D=\{(x,y)|\,|x|+|y|\leqslant 10\}$.

2. 确定二重积分 $\iint\limits_{x^2+y^2\leqslant 4} \sqrt[3]{1-x^2-y^2}\mathrm{d}\sigma$ 的符号.

3. 比较下列积分值的大小:

(1) $I_1=\iint\limits_{D}\dfrac{x+y}{4}\mathrm{d}\sigma$, $I_2=\iint\limits_{D}\sqrt{\dfrac{x+y}{4}}\mathrm{d}\sigma$, $I_3=\iint\limits_{D}\sqrt[3]{\dfrac{x+y}{4}}\mathrm{d}\sigma$, 其中 $D=\{(x,y)|(x-1)^2+(y-1)^2\leqslant 2\}$;

(2) $I_i=\iint\limits_{D_i}\mathrm{e}^{-(x^2+y^2)}\mathrm{d}\sigma(i=1,\ 2,\ 3)$, 其中 $D_1=\{(x,y)|x^2+y^2\leqslant R^2\}$, $D_2=\{(x,y)|x^2+y^2\leqslant 2R^2\}$, $D_3=\{(x,y)|\,|x|\leqslant R,|y|\leqslant R\}$.

4. 证明: $\lim\limits_{n\to\infty}\iint\limits_{D}\sin^n(x^2+y^2)\mathrm{d}\sigma=0$, 其中 $D=\left\{(x,y)\middle|0\leqslant x^2+y^2\leqslant\dfrac{\pi}{2}\right\}$.

3.2 二重积分的计算

1. 熟练掌握直角坐标系下二重积分的计算方法;
2. 会利用极坐标计算二重积分.

利用二重积分的定义来计算一般情形下的二重积分显然是不实际的, 本节介绍一种计算二重积分的方法, 这种方法就是将二重积分化成两个定积分的计算 (即二次积分) 来实现的.

3.2.1 利用直角坐标系计算二重积分

在下面的讨论中, 假定 $z=f(x,y)$ 在区域 D 上连续, 且当 $(x,y)\in D$ 时, 根据二重积分的几何意义可知, $\iint\limits_{D}f(x,y)\mathrm{d}\sigma$ 的值等于以 D 为底, 以曲面 $z=f(x,y)$ 为顶的曲顶柱体的体积.

现在, 考虑积分区域的两种基本图形.

1. X 型区域

设积分区域 D 可用不等式

$$y_1(x)\leqslant y\leqslant y_2(x),\quad a\leqslant x\leqslant b$$

来表示, 其中 $y_1(x)$, $y_2(x)$ 在 $[a,b]$ 上连续 (图 3.5).

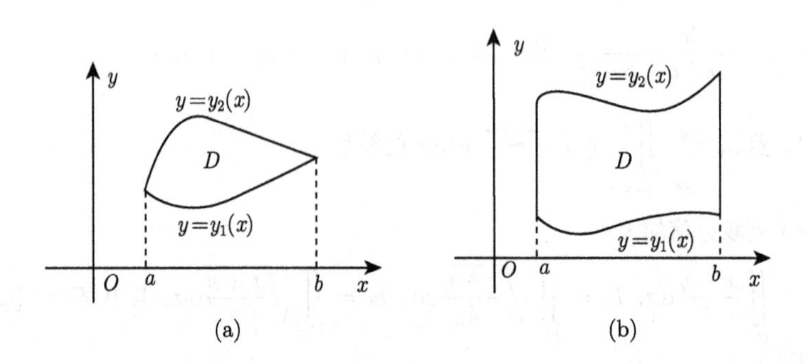

图 3.5

在区间 $[a,b]$ 上任意取定一个点 x_0, 作平行于 yOz 面的平面 $x=x_0$, 这个平面截曲顶柱体所得的截面是一个以区间 $[y_1(x_0)\,,\,y_2(x_0)]$ 为底, 曲线 $z=f(x_0,y)$ 为曲边的曲边梯形 (图 3.6), 其面积为

$$A(x_0)=\int_{y_1(x_0)}^{y_2(x_0)} f(x_0,y)\,\mathrm{d}y.$$

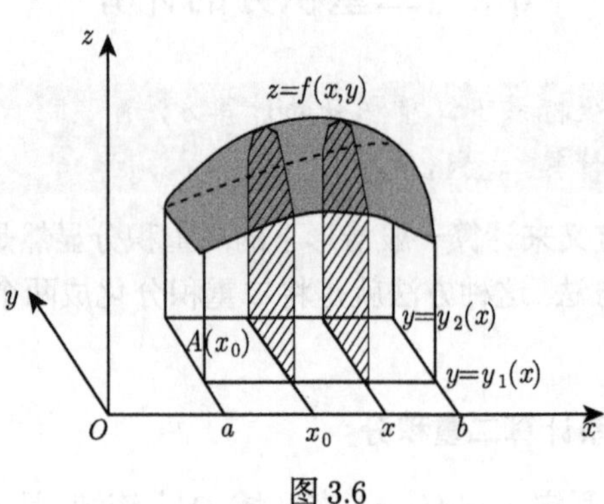

图 3.6

一般地, 过区间 $[a,\ b]$ 上任意一点 x 且平行于 yOz 面的平面截曲顶柱体所得截面的面积为

$$A(x)=\int_{y_1(x)}^{y_2(x)} f(x,y)\,\mathrm{d}y.$$

于是, 由定积分 "平行截面面积为已知的立体的体积" 的求法, 得到曲顶柱体的体积为

$$V=\int_a^b A(x)\,\mathrm{d}x=\int_a^b\left[\int_{y_1(x)}^{y_2(x)} f(x,y)\,\mathrm{d}y\right]\mathrm{d}x,$$

从而有

$$\iint_D f(x,y)\mathrm{d}\sigma=\int_a^b\left[\int_{y_1(x)}^{y_2(x)} f(x,y)\,\mathrm{d}y\right]\mathrm{d}x,$$

这就是把二重积分化为先对 y, 后对 x 的**二次积分**. 也就是说, 先把 x 看作常数, 把 $f(x,y)$ 只看成是 y 的函数, 并对 y 计算从 $y_1(x)$ 到 $y_2(x)$ 的定积分. 然后把算得的结果 (是 x 的函数) 再对 x 计算在区间 $[a\,,\,b]$ 上的定积分. 这个先对 y、后对 x 的二次积分也通常记作

$$\iint\limits_D f(x,y)\mathrm{d}\sigma = \int_a^b \mathrm{d}x \int_{y_1(x)}^{y_2(x)} f(x,y)\,\mathrm{d}y. \tag{3.2.1}$$

2. Y 型区域

类似地, 如果积分区域可以用不等式

$$x_1(y) \leqslant x \leqslant x_2(y), \quad c \leqslant y \leqslant d$$

来表示 (图 3.7), 其中 $x_1(y)$, $x_2(y)$ 在 $[c,d]$ 上连续, 则二重积分 $\iint\limits_D f(x,y)\mathrm{d}\sigma$ 可以化成二次积分

$$\iint\limits_D f(x,y)\mathrm{d}\sigma = \int_c^d \mathrm{d}y \int_{x_1(y)}^{x_2(y)} f(x,y)\mathrm{d}x. \tag{3.2.2}$$

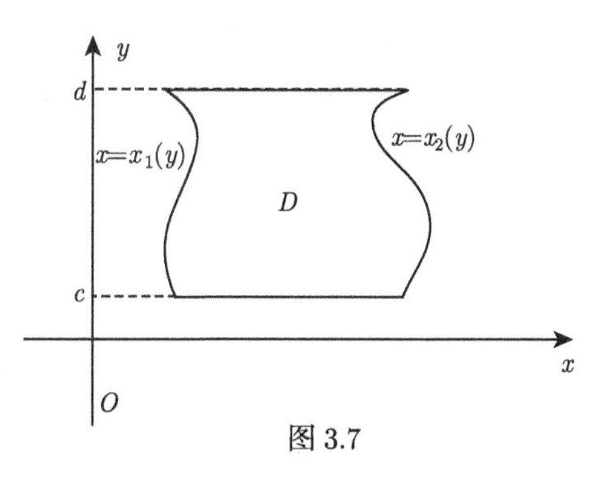

图 3.7

在上述讨论中, 假定 $f(x,y) \geqslant 0$, 但实际上公式 (3.2.1)、(3.2.2) 的成立并不受此条件的限制.

注 (1) 在用公式 (3.2.1) 或 (3.2.2) 计算二重积分时, 关键是确定定积分的上、下限, 这往往需要画出区域 D, 借助直观图思考.

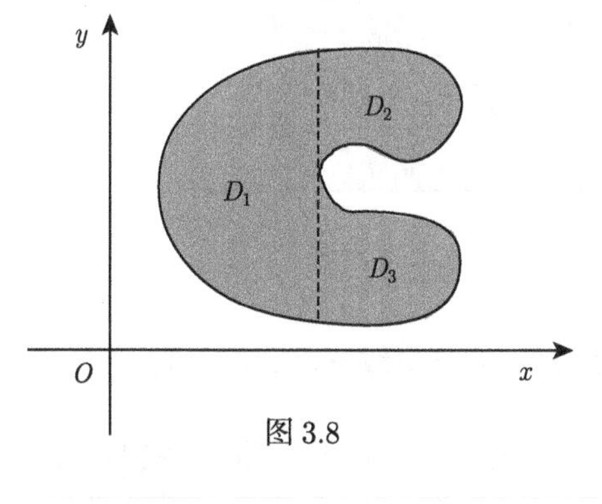

图 3.8

(2) 以上两种积分区域 D 都满足条件: 过 D 的内部, 且平行于 x 轴或 y 轴的直线与 D 的边界曲线相交不多于两点. 如果 D 不满足此条件, 可将 D 分成若干部分, 使其每一部分都符合这个条件, 再利用二重积分性质 3.1.3 解决二重积分的计算问题 (图 3.8).

例 1 计算 $I = \iint\limits_D (1-x^2)\,\mathrm{d}\sigma$, 其中 $D = \{\,(x,y)|0 \leqslant x \leqslant 1\,,\,0 \leqslant y \leqslant x\,\}$.

解 **方法一** 首先画出积分区域 D, 如图 3.9 所示. D 是 X 型区域, D 上点的横坐标变动范围为 [0, 1], 在区间 [0, 1] 任意取定一点 x, 则 D 上以这个 x 值为

横坐标的点在一段直线上, 这段直线平行于 y 轴, 该线段上点的纵坐标从 $y=0$ 变换到 $y=x$. 利用式 (3.2.1) 得

$$\begin{aligned}I&=\iint_D(1-x^2)\mathrm{d}\sigma=\int_0^1\mathrm{d}x\int_0^x(1-x^2)\mathrm{d}y\\&=\int_0^1\left[(1-x^2)y\right]_0^x\mathrm{d}x=\int_0^1(1-x^2)x\mathrm{d}x\\&=\left[\frac{x^2}{2}-\frac{x^4}{4}\right]_0^1=\frac{1}{4}.\end{aligned}$$

方法二　如图 3.10 所示, 积分区域 D 是 Y 型的, D 上的点的纵坐标的变动范围是区间 [0, 1], 在区间 [0, 1] 上任取一点 y, 则 D 上以这个 y 值为纵坐标的点在一段直线上, 这段直线平行于 x 轴, 该线段上点的纵坐标从 $x=y$ 变换到 $x=1$. 利用式 (3.2.2) 得

$$\begin{aligned}I&=\iint_D(1-x^2)\,\mathrm{d}\sigma=\int_0^1\mathrm{d}y\int_y^1(1-x^2)\mathrm{d}x\\&=\int_0^1\left(\frac{2}{3}-y+\frac{1}{3}y^3\right)\mathrm{d}y=\frac{1}{4}.\end{aligned}$$

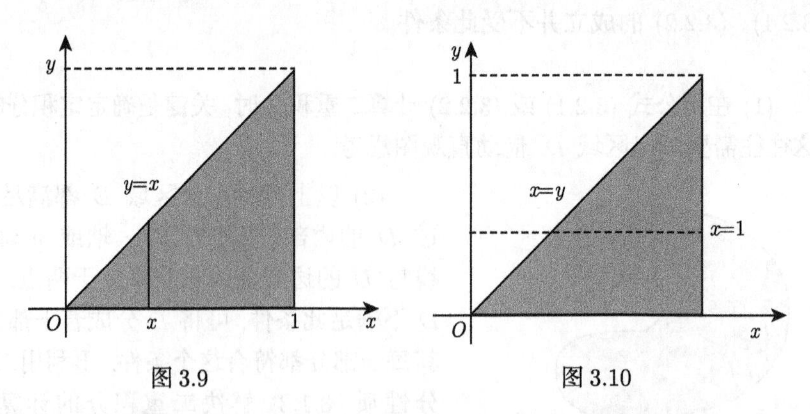

图 3.9　　图 3.10

例 2　计算 $\iint\limits_D 2xy^2\mathrm{d}\sigma$, 其中 D 由抛物线 $y^2=x$ 与直线 $y=x-2$ 围成.

解　画出积分区域 D, 如图 3.11 所示. D 既是 X 型, 又是 Y 型的, 我们先将它看成 Y-型的. 求得抛物线与直线的交点为 $(4,2)$ 和 $(1,-1)$, 于是 D 可表示为

$$y^2\leqslant x\leqslant y+2,\quad -1\leqslant y\leqslant 2.$$

由式 (3.2.2), 得

$$\iint\limits_D 2xy^2\mathrm{d}\sigma = \int_{-1}^{2}\mathrm{d}y\int_{y^2}^{y+2}2xy^2\mathrm{d}x = \int_{-1}^{2}y^2\left[x^2\right]_{y^2}^{y+2}\mathrm{d}y$$

$$= \int_{-1}^{2}(y^4+4y^3+4y^2-y^6)\mathrm{d}y = 15\frac{6}{35}.$$

如果将 D 看成 X 型的, 就必须用直线 $x=1$ 将区域 D 分成 D_1: $-\sqrt{x}\leqslant y\leqslant\sqrt{x}$, $0\leqslant x\leqslant 1$ 和 D_2: $x-2\leqslant y\leqslant\sqrt{x}$, $1\leqslant x\leqslant 4$ 两部分 (图 3.12). 由二重积分的性质 3.1.3, 得

$$\iint\limits_D 2xy^2\mathrm{d}\sigma = \iint\limits_{D_1}2xy^2\mathrm{d}\sigma + \iint\limits_{D_2}2xy^2\mathrm{d}\sigma$$

$$= \int_0^1\mathrm{d}x\int_{-\sqrt{x}}^{\sqrt{x}}2xy^2\mathrm{d}y + \int_1^4\mathrm{d}x\int_{x-2}^{\sqrt{x}}2xy^2\mathrm{d}y.$$

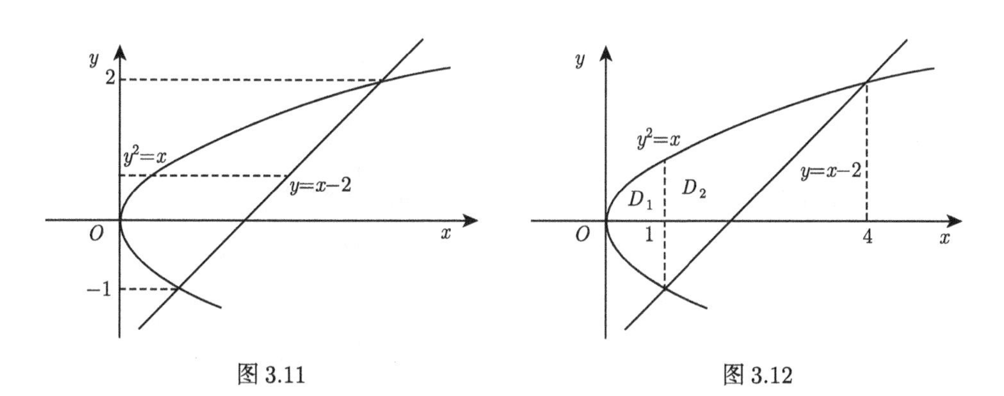

图 3.11　　　　图 3.12

显然, 这种做法比前一种方法麻烦.

例 3 交换下列二次积分的积分次序:

(1) $\displaystyle\int_1^2\mathrm{d}x\int_{2-x}^{\sqrt{2x-x^2}}f(x,y)\mathrm{d}y$;

(2) $\displaystyle\int_0^1\mathrm{d}x\int_0^{\sqrt{2x-x^2}}f(x,y)\mathrm{d}y+\int_1^2\mathrm{d}x\int_0^{2-x}f(x,y)\mathrm{d}y$.

分析 解答此类题目常用的方法如下: 根据积分限画出积分区域的草图, 然后用不等式组表示积分区域.

解 (1) 积分区域 D 如图 3.13 所示,

$$D=\{(x,y)|\,1\leqslant x\leqslant 2,\ 2-x\leqslant y\leqslant\sqrt{2x-x^2}\},$$

交换积分次序后, 将区域看成 Y 型区域, 即

$$D=\{(x,y)|\,0\leqslant y\leqslant 1,\ 2-y\leqslant x\leqslant 1+\sqrt{1-y^2}\},$$

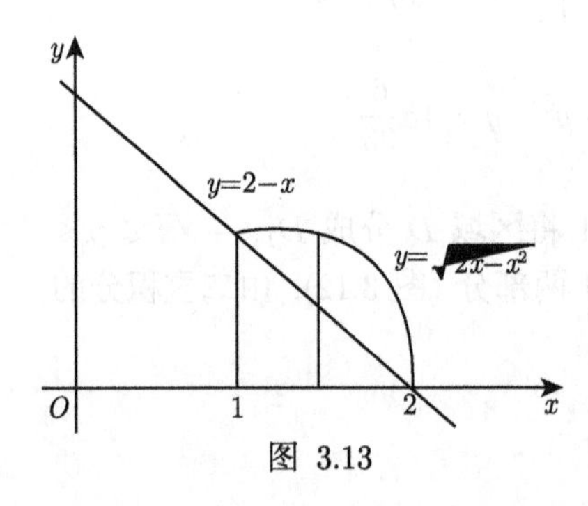

图 3.13

所以

$$\int_1^2 \mathrm{d}x\int_{2-x}^{\sqrt{2x-x^2}} f(x,y)\mathrm{d}y=\int_0^1 \mathrm{d}y\int_{2-y}^{1+\sqrt{1-y^2}} f(x,y)\mathrm{d}x.$$

(2) 如图 3.14(a) 所示, 区域 D 分成两部分: $D_1=\{(x,y)|0\leqslant x\leqslant 1,\ 0\leqslant y\leqslant\sqrt{2x-x^2}\}$ 和 $D_2=\{(x,y)|1\leqslant x\leqslant 2,\ 0\leqslant y\leqslant 2-x\}$. 交换积分次序后, 如图 3.14(b) 所示, 区域变成

$$D=\{(x,y)|0\leqslant y\leqslant 1,\ 1-\sqrt{1-y^2}\leqslant x\leqslant 2-y\}.$$

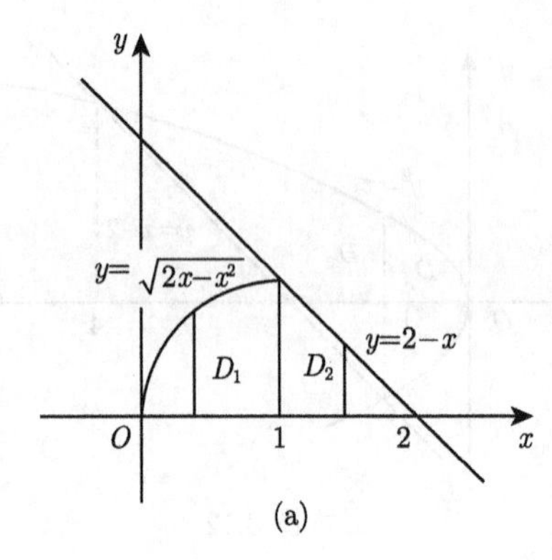

(a)

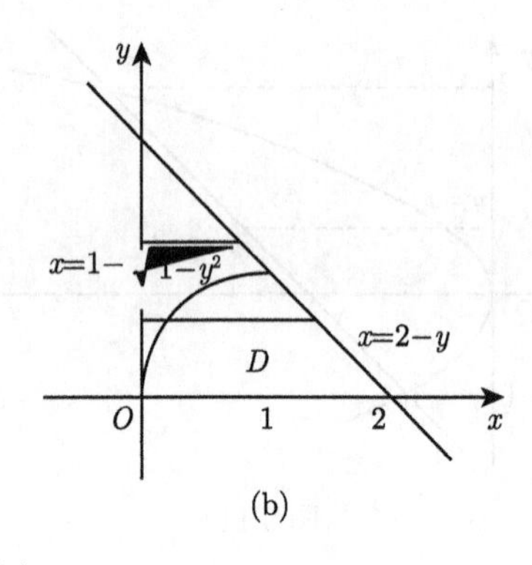

(b)

图 3.14

因此

$$\int_0^1 \mathrm{d}x\int_0^{\sqrt{2x-x^2}} f(x,y)\mathrm{d}y+\int_1^2 \mathrm{d}x\int_0^{2-x} f(x,y)\mathrm{d}y=\int_0^1 \mathrm{d}y\int_{1-\sqrt{1-y^2}}^{2-y} f(x,y)\mathrm{d}x.$$

例 4　计算 $\iint\limits_D |y-x^2|\mathrm{d}x\mathrm{d}y$, 其中 $D=\{(x,y)|-1\leqslant x\leqslant 1,\ 0\leqslant y\leqslant 1\}$.

解　被积函数中含有绝对值, 需去掉绝对值符号才能积分. 因为

$$|y-x^2|=\begin{cases} y-x^2, & y\geqslant x^2,\\ x^2-y, & y<x^2,\end{cases}$$

如图 3.15 所示, 曲线 $y=x^2$ 将 D 分成两部分, 即 $D=D_1+D_2$, 其中

$$D_1=\{(x,y)|-1\leqslant x\leqslant 1,\ x^2\leqslant y\leqslant 1\},$$
$$D_2=\{(x,y)|-1\leqslant x\leqslant 1,\ 0\leqslant y\leqslant x^2\},$$

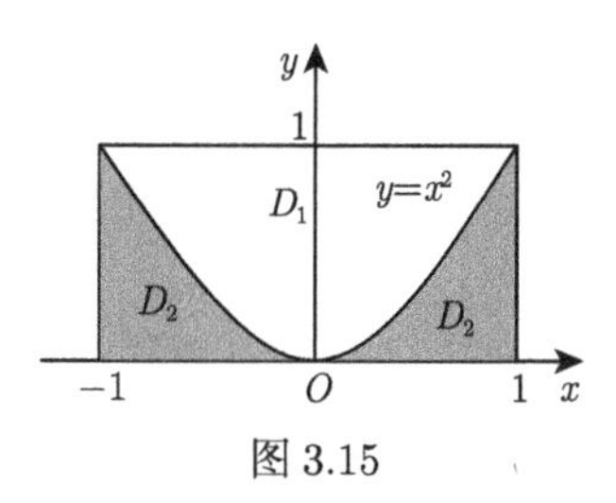

图 3.15

则

$$\begin{aligned}\iint\limits_D |y-x^2|\mathrm{d}x\mathrm{d}y&=\iint\limits_{D_1}|y-x^2|\mathrm{d}x\mathrm{d}y+\iint\limits_{D_2}|y-x^2|\mathrm{d}x\mathrm{d}y\\&=\int_{-1}^{1}\mathrm{d}x\int_{x^2}^{1}\left(y-x^2\right)\mathrm{d}y+\int_{-1}^{1}\mathrm{d}x\int_{0}^{x^2}\left(x^2-y\right)\mathrm{d}y\\&=\int_{-1}^{1}\left(\frac{y^2}{2}-x^2y\right)\bigg|_{x^2}^{1}\mathrm{d}x+\int_{-1}^{1}\left(x^2y-\frac{y^2}{2}\right)\bigg|_{0}^{x^2}\mathrm{d}x\\&=\int_{-1}^{1}\left(\frac{1}{2}-x^2+x^4\right)\mathrm{d}x=\frac{11}{15}.\end{aligned}$$

3.2.2 利用极坐标系计算二重积分

在一元函数定积分中可用代换来简化定积分的计算, 在二重积分中也有类似变量代换的方法, 称之为**坐标变换**.

由于圆 $x^2+y^2=R^2$ 在极坐标 $x=\rho\cos\theta$, $y=\rho\sin s\theta$ 变换下为 $\rho=R$, 因此, 可以利用极坐标变换来简化某些二重积分的计算.

按二重积分的定义

$$\iint\limits_D f(x,y)\mathrm{d}\sigma=\lim_{\lambda\to 0}\sum_{i=1}^{n}f(\xi_i,\eta_i)\Delta\sigma_i,$$

下面研究这个和的极限在极坐标系中的形式.

设通过极点 (坐标原点) 的射线与区域 D 的边界曲线的交点不多于两个. 用以极点为中心的一族同心圆: $\rho=$ 常数, 以及从极点出发的一族射线: $\theta=$ 常数, 把 D 分成 n 个小的闭区域 (图 3.16).

将极角分别为 θ_i 和 $\theta_i+\Delta\theta_i$ 的两条射线和半径分别为 ρ_i 与 $\rho_i+\Delta\rho_i$ 的两条圆弧所围的小闭区域记作 $\Delta\sigma_i$. 于是, 由扇形的面积公式, 有

$$\begin{aligned}\Delta\sigma_i&=\frac{1}{2}(\rho_i+\Delta\rho_i)^2\Delta\theta_i-\frac{1}{2}\rho_i^2\Delta\theta_i\\&=\rho_i\Delta\theta_i\Delta\rho_i+\frac{1}{2}\left(\Delta\rho_i\right)^2\Delta\theta_i\\&=\overline{\rho_i}\Delta\rho_i\Delta\theta_i,\end{aligned}$$

其中, $\overline{\rho_i}=\dfrac{\rho_i+(\rho_i+\Delta\rho_i)}{2}$ 表示相邻两圆弧半径的平均值. 在小区域 $\Delta\sigma_i$ 上取点 $(\overline{\rho}_i,\ \bar{\theta}_i)$, 设该点的直角坐标为 (ξ_i,η_i), 据直角坐标与极坐标的关系, 有

$$\xi_i=\overline{\rho_i}\cos\overline{\theta}_i,\quad \eta_i=\overline{\rho_i}\sin\overline{\theta_i},$$

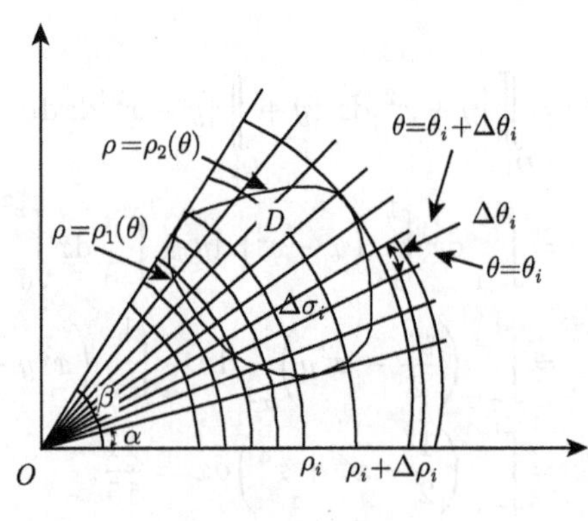

图 3.16

从而

$$\lim_{\lambda\to 0}\sum_{i=1}^{n}f(\xi_i,\eta_i)\Delta\sigma_i=\lim_{\lambda\to 0}\sum_{i=1}^{n}f(\overline{\rho}_i\cos\overline{\theta}_i,\overline{\rho}_i\sin\overline{\theta}_i)\overline{\rho}_i\Delta\rho_i\Delta\theta_i,$$

即

$$\iint_D f(x,y)\mathrm{d}\sigma=\iint_D f(\rho\cos\theta,\rho\sin\theta)\rho\mathrm{d}\rho\mathrm{d}\theta.$$

由于 $\iint\limits_D f(x,\ y)\,\mathrm{d}\sigma$ 也常记作 $\iint\limits_D f(x,\ y)\,\mathrm{d}x\mathrm{d}y$, 因此, 上述变换公式也可以写成如下形式

$$\iint_D f(x,y)\mathrm{d}x\mathrm{d}y=\iint_D f(\rho\cos\theta,\rho\sin\theta)\rho\mathrm{d}\rho\mathrm{d}\theta,\tag{3.2.3}$$

式 (3.2.3) 称为**二重积分由直角坐标变量变换成极坐标变量的变换公式**, 其中, $\rho\mathrm{d}\rho\mathrm{d}\theta$ 就是极坐标中的面积元素.

式 (3.2.3) 表明, 把二重积分中的变量从直角坐标变换成极坐标, 只要把被积函数中的 x,y 分别换成 $\rho\cos\theta$, $\rho\sin\theta$, 并把面积元素 $\mathrm{d}x\mathrm{d}y$ 换成 $\rho\mathrm{d}\rho\mathrm{d}\theta$ 即可. 利用前面讲过的二重积分化为累次积分的方法, 也可以将它化成关于 $\rho,\ \theta$ 的累次积分来计算. 下面将区域 D 也分成两类进行研究.

1. 极点在区域外的情形

设积分区域 D 可以用不等式 $\varphi_1(\theta) \leqslant \rho \leqslant \varphi_2(\theta)$, $\alpha \leqslant \theta \leqslant \beta$ 来表示, 如图 3.17 所示, 其中函数 $\varphi_1(\theta)$, $\varphi_2(\theta)$ 在区间 $[\alpha, \beta]$ 上连续, 则

$$\iint_D f(\rho\cos\theta, \rho\sin\theta)\rho\,\mathrm{d}\rho\,\mathrm{d}\theta = \int_\alpha^\beta \mathrm{d}\theta \int_{\varphi_1(\theta)}^{\varphi_2(\theta)} f(\rho\cos\theta, \rho\sin\theta)\rho\,\mathrm{d}\rho\,.$$

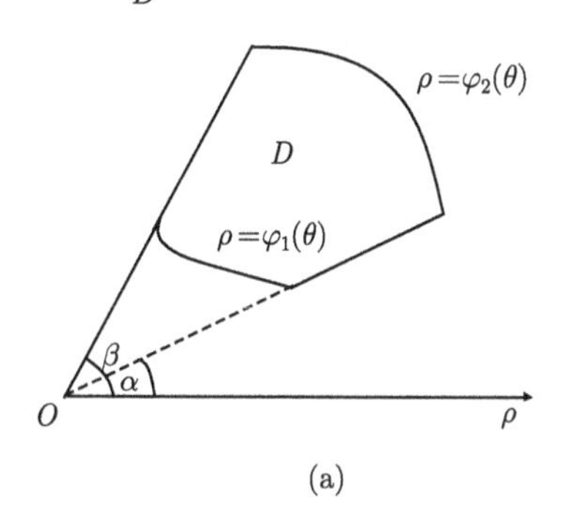

(a)

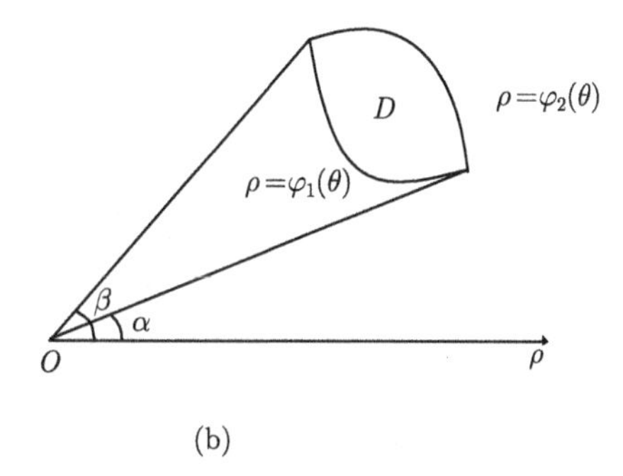

(b)

图 3.17

2. 极点经过区域的情形

如果积分区域 D 如图 3.18 所示, 极点在区域 D 的边界上, 这时 D 可以表示成

$$0 \leqslant \rho \leqslant \varphi(\theta), \quad \alpha \leqslant \theta \leqslant \beta,$$

则

$$\iint_D f(\rho\cos\theta, \rho\sin\theta)\rho\,\mathrm{d}\rho\,\mathrm{d}\theta = \int_\alpha^\beta \mathrm{d}\theta \int_0^{\varphi(\theta)} f(\rho\cos\theta, \rho\sin\theta)\rho\,\mathrm{d}\rho.$$

如果积分区域 D 如图 3.19 所示, 极点在区域 D 内部, 这时 D 可以表示成

$$0 \leqslant \rho \leqslant \varphi(\theta), \quad 0 \leqslant \theta \leqslant 2\pi,$$

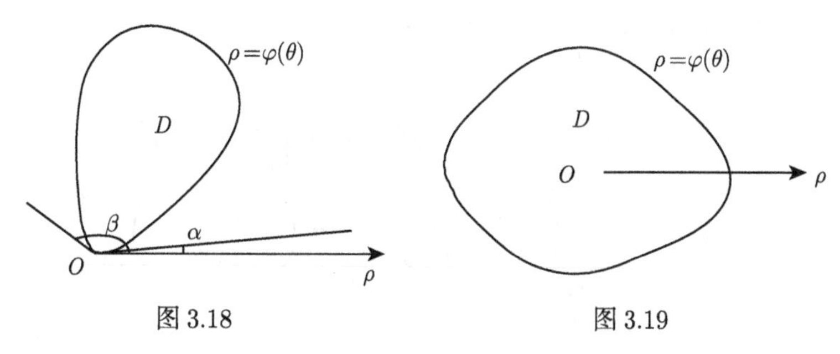

图 3.18　　图 3.19

则

$$\iint_D f(\rho\cos\theta,\rho\sin\theta)\rho\,\mathrm{d}\rho\,\mathrm{d}\theta=\int_0^{2\pi}\mathrm{d}\theta\int_0^{\varphi(\theta)}f(\rho\cos\theta,\rho\sin\theta)\rho\,\mathrm{d}\rho.$$

例 5　计算 $\iint\limits_D \mathrm{e}^{-x^2-y^2}\mathrm{d}x\mathrm{d}y$, 其中 D 是中心在原点, 半径为 a 的圆周所围成的区域.

解　在极坐标下, D 可表示为 $0\leqslant\rho\leqslant a$, $0\leqslant\theta\leqslant 2\pi$, 因此

$$\begin{aligned}\iint_D \mathrm{e}^{-x^2-y^2}\mathrm{d}x\mathrm{d}y&=\iint_D \mathrm{e}^{-\rho^2}\rho\,\mathrm{d}\rho\,\mathrm{d}\theta=\int_0^{2\pi}\left[\int_0^a\rho\,\mathrm{e}^{-\rho^2}\mathrm{d}\rho\right]\mathrm{d}\theta\\&=\int_0^{2\pi}\left(-\frac{1}{2}\mathrm{e}^{-\rho^2}\right)\Big|_0^a\mathrm{d}\theta\\&=\int_0^{2\pi}\frac{1}{2}(1-\mathrm{e}^{-a^2})\,\mathrm{d}\theta=\pi(1-\mathrm{e}^{-a^2}).\end{aligned}$$

例 6　计算 $\iint\limits_D\left|x^2+y^2-1\right|\mathrm{d}x\mathrm{d}y$, 其中 D 由 $x^2+y^2\leqslant 2$, $y\geqslant 0$ 所确定的区域.

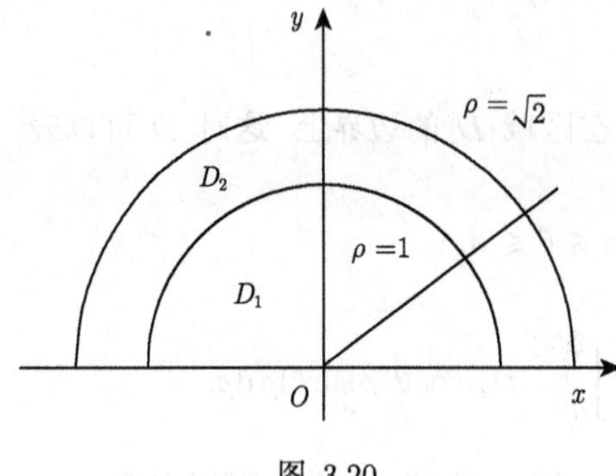

图 3.20

解　为去掉绝对值符号, 令被积函数等于 0, 则曲线 $x^2+y^2=1$ 将积分区域 D 分为两个部分 $D_1\cup D_2$, 并且 $f(x,y)$ 在 D_1 与 D_2 符号相反. 作辅助线 $x^2+y^2=1$, 则 D_1, D_2 分别为 $D_1=\{(x,y)|x^2+y^2\leqslant 1, y\geqslant 0\}$, $D_2=\{(x,y)\big|1\leqslant x^2+y^2\leqslant 2, y\geqslant 0\}$, 如图 3.20 所示.

在极坐标系下, D_1 可以表示成: $0\leqslant\rho\leqslant 1$, $0\leqslant\theta\leqslant\pi$, D_2 可以表示成: $1\leqslant\rho\leqslant\sqrt{2}$, $0\leqslant\theta\leqslant\pi$, 于是

$$\begin{aligned}\iint_D\left|x^2+y^2-1\right|\mathrm{d}x\mathrm{d}y&=\iint_{D_1}\left[1-(x^2+y^2)\right]\mathrm{d}x\mathrm{d}y+\iint_{D_2}\left[(x^2+y^2)-1\right]\mathrm{d}x\mathrm{d}y\\&=\int_0^{\pi}\mathrm{d}\theta\int_0^1(1-\rho^2)\,\rho\mathrm{d}\rho+\int_0^{\pi}\mathrm{d}\theta\int_1^{\sqrt{2}}(\rho^2-1)\,\rho\mathrm{d}\rho\\&=\pi\left(\frac{1}{2}\rho^2-\frac{1}{4}\rho^4\right)\Big|_0^1+\pi\left(\frac{1}{4}\rho^4-\frac{1}{2}\rho^2\right)\Big|_1^{\sqrt{2}}\\&=\frac{\pi}{2}.\end{aligned}$$

习 题 3.2

A 组

1. 计算下列二重积分:

(1) $\iint\limits_D (x^2+y^2)\mathrm{d}\sigma$, 其中 $D=\{(x,\ y)|\ |x|\leqslant 1,\ |y|\leqslant 1\}$;

(2) $\iint\limits_D (x^2+2xy+y)\mathrm{d}\sigma$, 其中 $D=\{(x,\ y)|\ 0\leqslant x\leqslant 1,\ 0\leqslant y\leqslant 1\}$;

(3) $\iint\limits_D xy\mathrm{d}\sigma$, 其中 D 是由直线 $y=1-x$ 与 x 轴、y 轴围成的区域;

(4) $\iint\limits_D \dfrac{x^2}{y^2}\mathrm{d}\sigma$, 其中 D 是由 $y=\dfrac{1}{x}$, $x=2$, $y=x$ 所围成的区域.

2. 画出积分区域, 并计算二重积分:

(1) $\iint\limits_D \mathrm{d}x\mathrm{d}y$, 其中 D 是由直线 $y=2x$, $x=2y$, $x+y=3$ 所围成的区域;

(2) $\iint\limits_D xy^2\mathrm{d}\sigma$, 其中 D 是由圆周 $x^2+y^2=4$ 及 y 轴所围成的右半区域;

(3) $\iint\limits_D x\sqrt{y}\mathrm{d}\sigma$, 其中 D 由抛物线 $y=\sqrt{x}$ 与 $y=x^2$ 围成的区域.

3. 证明

(1) 若 D 关于 y 轴 (或 x 轴) 对称, $f(x,\ y)$ 关于 x(或 y) 是奇函数, 则

$$\iint\limits_D f(x,y)\mathrm{d}x\mathrm{d}y=0;$$

(2) 若 $f(x,\ y)$ 关于 x(或 y) 是偶函数, 且 $D=D_1\cup D_2$, D_1 与 D_2 关于 y 轴或 x 轴对称, 则

$$\iint\limits_D f(x,y)\mathrm{d}x\mathrm{d}y=2\iint\limits_{D_1} f(x,y)\mathrm{d}x\mathrm{d}y.$$

4. 交换下列二重积分的积分次序:

(1) $\int_0^1 \mathrm{d}x\int_0^x f(x,\ y)\mathrm{d}y$;

(2) $\int_0^1 \mathrm{d}y\int_{y-1}^{1-y^2} f(x,\ y)\mathrm{d}x$;

(3) $\int_{-1}^0 \mathrm{d}x\int_0^{1+x} f(x,\ y)\mathrm{d}y+\int_0^1 \mathrm{d}x\int_0^{1-x} f(x,\ y)\mathrm{d}y$;

(4) $\int_0^1 \mathrm{d}x\int_{1-x}^{\sqrt{1-x^2}} f(x,\ y)\mathrm{d}y$.

5. 在极坐标系下计算下列二重积分:

(1) $\iint\limits_D e^{-3(x^2+y^2)}dxdy$, 其中 D 是由 $x^2+y^2=a^2$ 所围成的区域;

(2) $\iint\limits_D \sin(x^2+y^2)dxdy$, 其中 $D=\{(x,\ y)|\pi^2\leqslant x^2+y^2\leqslant 4\pi^2\}$;

(3) $\iint\limits_D \frac{dxdy}{\sqrt{1-x^2-y^2}}$, 其中 $D=\left\{(x,\ y)\middle|x^2+y^2\leqslant\frac{1}{4}\right\}$;

(4) $\iint\limits_D \arctan\frac{y}{x}dxdy$, 其中 D 是由 $x^2+y^2=4,\ \ x^2+y^2=1$ 及直线 $y=0,\ y=x$ 所围成的在第一象限内的闭区域.

B 组

1. 选用适当的坐标计算下列二重积分:

(1) $\iint\limits_D xydxdy$, 其中 $D=\{(x,y)|\ x^2+y^2\geqslant 1,\ x^2+y^2-2x\leqslant 0\}$;

(2) $\iint\limits_D xe^{xy}dxdy$, 其中 $D=\{\,(x,y)|\,0\leqslant x\leqslant 1\,,-1\leqslant y\leqslant 0\}$;

(3) $\iint\limits_D e^{x+y}dxdy$, 其中 $D=\{\,(x,y)|\ |x|+|y|\leqslant 1\}$;

(4) $\iint\limits_D e^{\max(x^2,y^2)}dxdy$, 其中 $D=\{(x,y)|\ 0\leqslant x\leqslant 1,\ 0\leqslant y\leqslant 1\}$;

(5) $\iint\limits_D |y-x^2|dxdy$, 其中 $D=\{\,(x,y)|-1\leqslant x\leqslant 1,0\leqslant y\leqslant 1\}$;

(6) $\iint\limits_D (|x|+|y|)dxdy$, 其中 $D=\{\,(x,y)|\ |x|+|y|\leqslant 1\}$.

2. 设 $f(u)$ 为可微函数, 且 $f(0)=0$, 求

$$\lim_{t\to 0}\frac{\iint\limits_{x^2+y^2\leqslant t^2} f(\sqrt{x^2+y^2})dxdy}{\pi t^3}.$$

3. 设

$$f(x,y)=\begin{cases} x^2y, & 1\leqslant x\leqslant 2,0\leqslant y\leqslant x\\ 0, & \text{其他}, \end{cases}$$

求二重积分 $\iint\limits_D f(x,y)dxdy$, 其中 $D=\{(x,y)\,|x^2+y^2\geqslant 2x\}$.

4. 证明:

$$\int_0^a dy\int_0^y e^{m(a-x)}f(x)dx=\int_0^a (a-x)e^{m(a-x)}f(x)dx.$$

5. 设闭区域 $D=\{(x,y)|\,x^2+y^2\leqslant y,\ x\geqslant 0\}$, $f(x,\ y)$ 为 D 上的连续函数, 且

$$f(x,\ y)=\sqrt{1-x^2-y^2}-\frac{8}{\pi}\iint\limits_D f(u,\ v)\mathrm{d}u\mathrm{d}v,$$

求 $f(x,y)$.

3.3 反常积分

1. 了解反常积分收敛与发散的概念, 掌握计算广义积分的基本方法;
2. 了解反常积分的收敛与发散的条件;
3. 掌握一些比较简单的反常二重积分的计算.

在基础版第 3 章定积分及前面的二重积分概念中所研究的积分有两个特点: 一是积分区间 (区域) 为有限区间 (区域); 二是被积函数是有界函数. 然而在实际应用中, 经常需要解决积分区间 (区域) 为无穷区间 (区域), 或者被积函数是无界函数的积分, 这两种积分都被称为**反常积分**(或**广义积分**). 与之对应的, 前面所讨论的积分称为**常义积分**.

3.3.1 反常定积分

1. 无穷区间上的反常积分

引例 3.3.1 计算由曲线 $y=\dfrac{1}{x^2}$, 直线 $x=1$, $y=0$ 所围成的图形的面积.

解 由图 3.21 可以看出, 该图形有一边是开口的. 由于直线 $y=0$ 是曲线 $y=\dfrac{1}{x^2}$ 的水平渐近线, 即随着图形向右无限延伸, 开口也随之变小, 图形与 x 轴越来越接近. 由定积分定义可知, 图形的面积等于阴影部分图形的面积 $\displaystyle\int_1^t \frac{1}{x^2}\mathrm{d}x$ 的极限, 即

$$S=\lim_{t\to+\infty}\int_1^t \frac{1}{x^2}\mathrm{d}x.$$

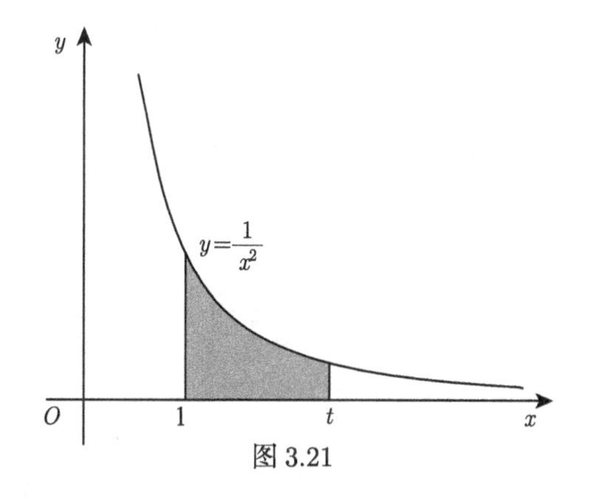

图 3.21

这个结果具有一般性, 因此, 给出如下的反常积分的定义.

定义 3.3.1 设函数$f(x)$在区间$[a,+\infty)$上连续, 取$b>a$, 若极限$\displaystyle\lim_{b\to+\infty}\int_a^b f(x)\mathrm{d}x$存在, 则称此极限为**函数$f(x)$在$[a,+\infty)$上的反常积分**, 记作 $\displaystyle\int_a^{+\infty} f(x)\mathrm{d}x$,

即

$$\int_a^{+\infty} f(x)\mathrm{d}x = \lim_{b\to+\infty}\int_a^b f(x)\mathrm{d}x.$$

此时也称**反常积分$\int_a^{+\infty} f(x)\mathrm{d}x$收敛**; 如果上述极限不存在, 就称 $\int_a^{+\infty} f(x)\,\mathrm{d}x$ **发散**.

类似地, **函数$f(x)$在区间$(-\infty, b]$上的反常积分**定义为

$$\int_{-\infty}^b f(x)\,\mathrm{d}x = \lim_{a\to-\infty}\int_a^b f(x)\mathrm{d}x;$$

函数$f(x)$在$(-\infty,+\infty)$上的反常积分定义为

$$\int_{-\infty}^{+\infty} f(x)\mathrm{d}x = \int_{-\infty}^{c} f(x)\mathrm{d}x + \int_{c}^{+\infty} f(x)\mathrm{d}x,$$

其中 c 为任意实数. 当且仅当上式右端两个积分同时收敛时, 称**反常积分$\int_{-\infty}^{+\infty} f(x)\mathrm{d}x$收敛**, 否则称其**发散**.

例 1　计算$\int_1^{+\infty}\frac{1}{x^2}\mathrm{d}x$.

解　$\int_1^{+\infty}\frac{1}{x^2}\mathrm{d}x = \lim_{b\to+\infty}\int_1^b\frac{1}{x^2}\mathrm{d}x$

$$= \lim_{b\to+\infty}\left(-\frac{1}{x}\right)_1^b = \lim_{b\to+\infty}\left(-\frac{1}{b}+1\right) = 1.$$

例 2　计算$\int_{-\infty}^{+\infty}\frac{x}{1+x^2}\mathrm{d}x$.

解　由定义知

$$\int_{-\infty}^{+\infty}\frac{x}{1+x^2}\mathrm{d}x = \int_{-\infty}^{c}\frac{x}{1+x^2}\mathrm{d}x + \int_{c}^{+\infty}\frac{x}{1+x^2}\mathrm{d}x,$$

其中 c 为常数, 而

$$\int_c^{+\infty}\frac{x}{1+x^2}\mathrm{d}x = \frac{1}{2}\lim_{b\to+\infty}\ln(1+x^2)\Big|_c^b = +\infty,$$

所以, 反常积分$\int_{-\infty}^{+\infty}\frac{x}{1+x^2}\mathrm{d}x$ 发散.

例 3　证明反常积分$\int_a^{+\infty}\frac{1}{x^p}\mathrm{d}x(a>0)$ 当 $p>1$ 时收敛, 当 $p\leqslant 1$ 时发散.

证 当 $p\neq 1$ 时,

$$\int_a^{+\infty}\frac{1}{x^p}\mathrm{d}x=\lim_{b\to+\infty}\int_a^b\frac{1}{x^p}\mathrm{d}x=\lim_{b\to+\infty}\left(\frac{1}{1-p}x^{1-p}\right)\Big|_a^b$$

$$=\lim_{b\to+\infty}\frac{1}{1-p}(b^{1-p}-a^{1-p})$$

$$=\begin{cases}\dfrac{a^{1-p}}{p-1}, & p>1,\\ +\infty, & p\leqslant 1.\end{cases}$$

当 $p=1$ 时,

$$\int_a^{+\infty}\frac{1}{x^p}\mathrm{d}x=\lim_{b\to+\infty}\int_a^b\frac{1}{x}\mathrm{d}x=\lim_{b\to+\infty}(\ln b-\ln a)=+\infty.$$

因此, 当 $p>1$ 时, 反常积分 $\displaystyle\int_a^{+\infty}\frac{1}{x^p}\mathrm{d}x$ 收敛, 当 $p\leqslant 1$ 时, 发散.

例 4 计算概率积分 $\displaystyle\int_0^{+\infty}\mathrm{e}^{-x^2}\mathrm{d}x$.

解 这是一个反常积分, 由于 e^{-x^2} 的原函数不能用初等函数表示. 因此, 利用一元函数反常积分无法计算. 现利用二重积分来进行讨论.

设 $I(R)=\displaystyle\int_0^R\mathrm{e}^{-x^2}\mathrm{d}x$, 由于

$$I^2(R)=\int_0^R\mathrm{e}^{-x^2}\mathrm{d}x\int_0^R\mathrm{e}^{-y^2}\mathrm{d}y$$

$$=\int_0^R\mathrm{d}x\int_0^R\mathrm{e}^{-(x^2+y^2)}\mathrm{d}y,$$

其区域 $D=\{(x,\ y)|0\leqslant x\leqslant R,\ 0\leqslant y\leqslant R\}$. 设

$$D_1=\{(x,\ y)|x^2+y^2\leqslant R^2,\ x\geqslant 0,\ y\geqslant 0\},$$

$$D_2=\{(x,\ y)|x^2+y^2\leqslant 2R^2,\ x\geqslant 0,\ y\geqslant 0\}.$$

显然 $D_1\subset D\subset D_2$, 如图 3.22 所示. 由于 $\mathrm{e}^{-(x^2+y^2)}>0$, 从而

$$\iint_{D_1}\mathrm{e}^{-x^2-y^2}\mathrm{d}x\mathrm{d}y\leqslant\iint_{D}\mathrm{e}^{-x^2-y^2}\mathrm{d}x\mathrm{d}y\leqslant\iint_{D_2}\mathrm{e}^{-x^2-y^2}\mathrm{d}x\mathrm{d}y.$$

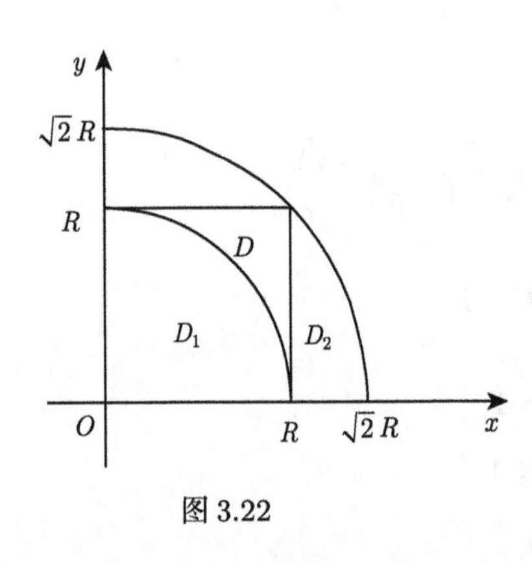

图 3.22

由 3.2 节中例题 5 的结果, 有

$$\frac{\pi}{4}(1-\mathrm{e}^{-R^2}) \leqslant \iint_D \mathrm{e}^{-x^2-y^2}\mathrm{d}x\mathrm{d}y \leqslant \frac{\pi}{4}(1-\mathrm{e}^{-2R^2}).$$

令 $R \to +\infty$, 上式两端同趋于 $\frac{\pi}{4}$, 由极限的夹逼准则, 有

$$\int_0^{+\infty} \mathrm{e}^{-x^2}\mathrm{d}x = \frac{\sqrt{\pi}}{2}.$$

2. 无界函数的反常积分

引例 3.3.2　计算由曲线 $y=\frac{1}{\sqrt{x}}$, 直线 $x=1$, $x=0$ 及 $y=0$ 所围图形的面积.

解　由图 3.23 可以看出, 该图形左边是开口的. 由于直线 $x=0$(y 轴) 是曲线 $y=\frac{1}{\sqrt{x}}$ 的铅直渐近线, 即随着图形越来越向左靠近 y 轴, 开口也随之变小. 由定积分定义可知, 图形的面积等于阴影部分的面积 $\int_\varepsilon^1 \frac{1}{\sqrt{x}}\mathrm{d}x$ 的极限, 即

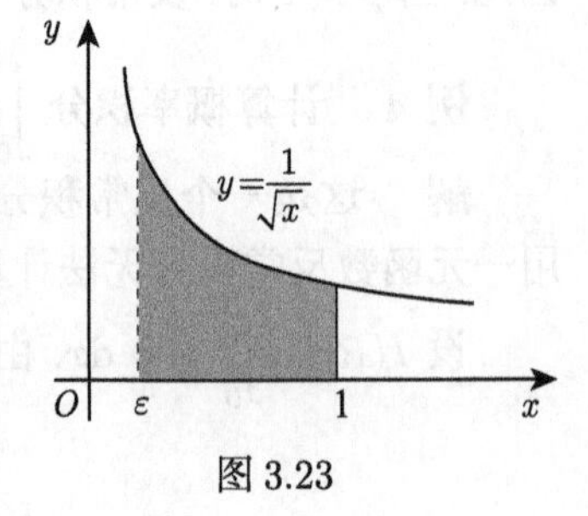

图 3.23

$$S=\lim_{\varepsilon\to 0^+}\int_\varepsilon^1 \frac{1}{\sqrt{x}}\mathrm{d}x.$$

这个结果具有一般性, 这类具有定积分性质的积分称为**无界函数的反常积分**.

如果函数 $f(x)$ 在点 a 的任一邻域内都无界, 那么点 a 称为函数 $f(x)$ 的**奇点**(**或瑕点**). 因此, 无界函数的反常积分通常也称为**瑕积分**.

定义 3.3.2　设函数 $f(x)$ 在区间 $(a,b]$ 上连续, 点 a 是 $f(x)$ 的奇点. 取 $a<A<b$, 如果极限 $\lim_{A\to a^+}\int_A^b f(x)\mathrm{d}x$ 存在, 则称此极限为**函数 $f(x)$ 在 $(a,b]$ 上的反常积分**, 记作 $\int_a^b f(x)\mathrm{d}x$, 即

$$\int_a^b f(x)\,\mathrm{d}x=\lim_{A\to a^+}\int_A^b f(x)\mathrm{d}x.$$

此时也称**反常积分 $\int_a^b f(x)\,\mathrm{d}x$ 收敛**. 如果上述极限不存在, 则称其**发散**.

类似地, 当函数 $f(x)$ 在区间 $[a,b)$ 上连续, 点 b 是 $f(x)$ 的奇点. $a<B<b$, 如果极限 $\lim\limits_{B\to b^-}\int_a^B f(x)\mathrm{d}x$ 存在, 则称此极限为**函数$f(x)$在$[a,b)$上的反常积分**, 记作

$$\int_a^b f(x)\,\mathrm{d}x=\lim_{B\to b^-}\int_a^B f(x)\mathrm{d}x;$$

否则, 就称**反常积分$\int_a^b f(x)\,\mathrm{d}x$发散**.

当函数 $f(x)$ 在区间 $[a,c)\cup(c,b]$ 上连续, 点 c 是 $f(x)$ 的奇点. $f(x)$ 在 $[a,b]$ 上的反常积分定义为

$$\int_a^b f(x)\,\mathrm{d}x=\int_a^c f(x)\mathrm{d}x+\int_c^b f(x)\mathrm{d}x,$$

当且仅当右端两个积分同时收敛时, 称反常积分 $\int_a^b f(x)\,\mathrm{d}x$ 收敛, 否则称其发散.

例 5 求 $\int_0^1\frac{1}{\sqrt{1-x}}\mathrm{d}x$.

解 因为 $f(x)=\frac{1}{\sqrt{1-x}}$ 在 $[0,1)$ 上连续, 且 $\lim\limits_{x\to1^-}\frac{1}{\sqrt{1-x}}=+\infty$, 所以是反常积分.

$$\begin{aligned}\int_0^1\frac{1}{\sqrt{1-x}}\mathrm{d}x&=\lim_{B\to1^-}\int_0^B\frac{1}{\sqrt{1-x}}\mathrm{d}x=\lim_{B\to1^-}\left(-2\sqrt{1-x}\right)\Big|_0^B\\&=\lim_{B\to1^-}\left(2-2\sqrt{1-B}\right)=2.\end{aligned}$$

例 6 计算 $\int_0^1\ln x\mathrm{d}x$.

解 因为 $f(x)=\ln x$ 在 $(0,1]$ 上连续, 且 $\lim\limits_{x\to0^+}\ln x=-\infty$, 所以是反常积分. 因此

$$\begin{aligned}\int_0^1\ln x\mathrm{d}x&=\lim_{A\to0^+}\int_A^1\ln x dx=\lim_{A\to0^+}\left([x\ln x]_A^1-\int_A^1\mathrm{d}x\right)\\&=\lim_{A\to0^+}(-A\ln A-1+A)=-1.\end{aligned}$$

注 (1) 反常积分是定积分概念的扩充, 收敛的反常积分与定积分具有类似的性质;

(2) 求反常积分就是求常义积分的极限, 因此, 求定积分的换元积分法和分部积分法等都可以推广到反常积分;

(3) 反常积分与常义积分的记号一样, 要注意判断, 特别是无界函数的反常积分更要注意.

3.3.2　反常二重积分

1. 无界区域上的反常积分

定义 3.3.3　若区域 D 是平面上的无界区域, $f(x,y)$ 在区域 D 上连续, 则在区域 D 上的**反常二重积分**定义为

$$\iint\limits_{D} f(x,y)\mathrm{d}\sigma = \lim_{D_\Gamma \to D} \iint\limits_{D_\Gamma} f(x,y)\mathrm{d}\sigma,$$

其中 D_Γ 是边界无重点的连续闭曲线 Γ 所围成的有界闭区域, 且闭曲线 Γ 连续扩张并趋于区域 D. 若上式右端极限存在, 则称 $f(x,y)$ 在区域 D 上的**反常二重积分收敛**, 否则称**反常二重积分发散**.

根据无界区域的特点, 下面我们介绍三种构造有界闭区域 D_Γ 的方法.

(1) $D=\{(x,y)|\ a\leqslant x<+\infty,\ \varphi(x)\leqslant y\leqslant \phi(x)\}$(图 3.24(a)). 构造

$$D_b=\{(x,y)|\ a\leqslant x<b,\ \varphi(x)\leqslant y\leqslant \phi(x)\},$$

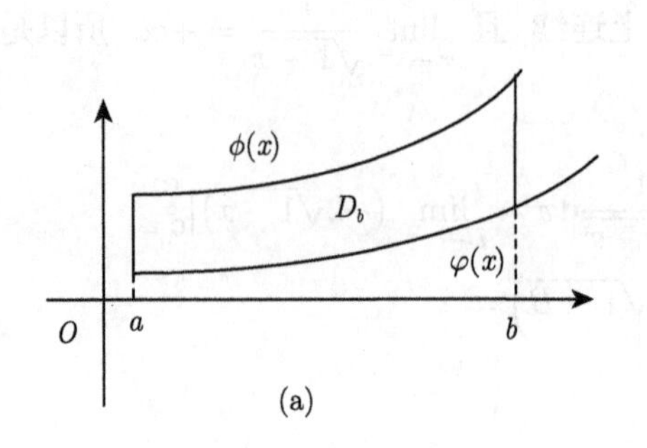

(a)

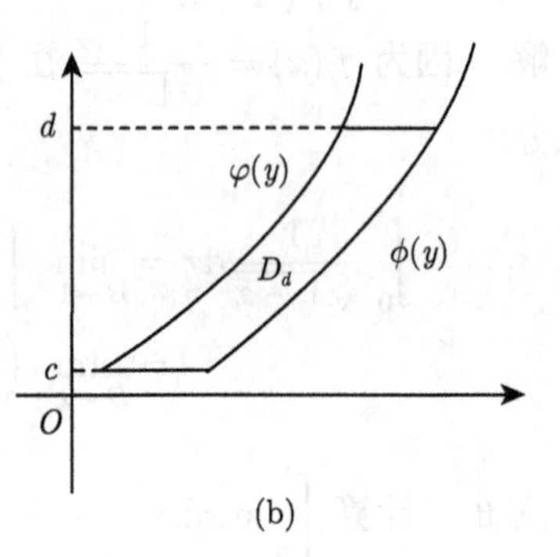

(b)

图 3.24

则

$$\iint\limits_{D} f(x,y)d\sigma = \lim_{b\to+\infty} \iint\limits_{D_b} f(x,y)\mathrm{d}\sigma = \lim_{b\to+\infty} \int_a^b \mathrm{d}x \int_{\varphi(x)}^{\phi(x)} f(x,y)\mathrm{d}y.$$

(2)$D=\{(x,y)|\ c\leqslant y<+\infty,\ \varphi(y)\leqslant x\leqslant \phi(y)\}$(如图 3.24(b)). 构造

$$D_d=\{(x,y)|\ c\leqslant y<d,\ \varphi(y)\leqslant x\leqslant \phi(y)\},$$

则

$$\iint\limits_{D} f(x,y)\mathrm{d}\sigma = \lim_{d\to+\infty} \iint\limits_{D_d} f(x,y)\mathrm{d}\sigma = \lim_{d\to+\infty} \int_c^d \mathrm{d}y \int_{\varphi(y)}^{\phi(y)} f(x,y)\mathrm{d}x.$$

(3) 当区域 D 是整个 xOy 平面或 xOy 平面的某一象限或顶点在原点的角形区域 (图 3.25) 时, 构造

$$D_R = \{(x,y) |\ x^2 + y^2 \leqslant R^2\},$$

则

$$\iint\limits_D f(x,y)\mathrm{d}\sigma = \lim_{R\to+\infty} \iint\limits_{D_R} f(x,y)\mathrm{d}\sigma.$$

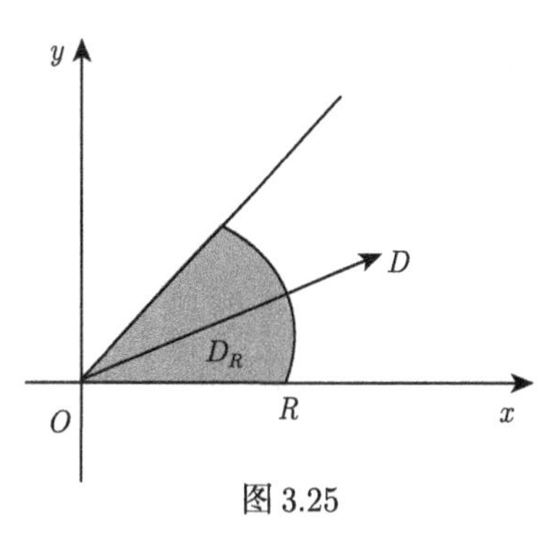

图 3.25

例 7 计算 $\iint\limits_D x\mathrm{e}^{-y^2}\mathrm{d}x\mathrm{d}y$, 其中 D 是由曲线 $y = 9x^2$ 和 $y = 4x^2$ 在第一象限所构成的无界区域.

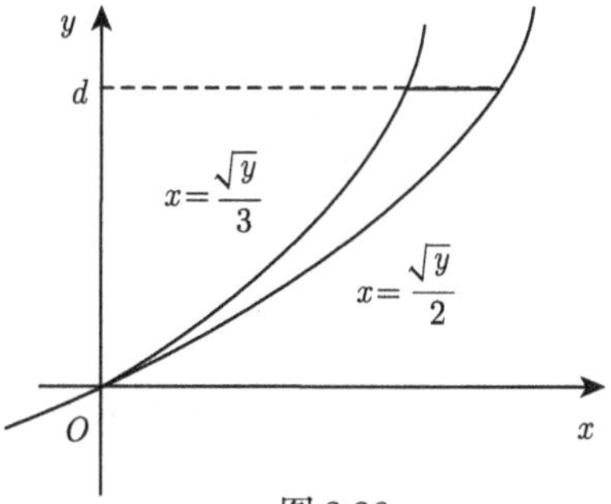

图 3.26

解 如图 3.26 所示, 区域为 $D = \left\{(x,y) \middle| 0 \leqslant y < d, \dfrac{\sqrt{y}}{3} \leqslant x \leqslant \dfrac{\sqrt{y}}{2}\right\}$, 因此

$$\begin{aligned}\iint\limits_D x\mathrm{e}^{-y^2}\mathrm{d}x\mathrm{d}y &= \lim_{d\to+\infty} \iint\limits_{D_d} x\mathrm{e}^{-y^2}\mathrm{d}x\mathrm{d}y \\ &= \lim_{d\to+\infty} \int_0^d \left(\int_{\sqrt{y}/3}^{\sqrt{y}/2} x\mathrm{e}^{-y^2}\mathrm{d}x \right) \mathrm{d}y \\ &= \frac{1}{2} \lim_{d\to+\infty} \int_0^d \left(\frac{y}{4} - \frac{y}{9} \right) \mathrm{e}^{-y^2}\mathrm{d}y \\ &= \frac{5}{144}.\end{aligned}$$

例 8 设函数为 $f(x,\ y) = \begin{cases} 2\mathrm{e}^{-(2x+y)}, & x>0, y>0, \\ 0, & \text{其他}. \end{cases}$ 求 $\int_{-\infty}^x \mathrm{d}u \int_{-\infty}^y f(u,v)\mathrm{d}v$.

解 $$\int_{-\infty}^x \mathrm{d}u \int_{-\infty}^y f(u,v)\mathrm{d}v = \begin{cases} \int_0^x \mathrm{d}u \int_0^y 2\mathrm{e}^{-(2u+v)}\mathrm{d}v, & x>0, y>0, \\ 0, & \text{其他} \end{cases}$$

$$= \begin{cases} (1-\mathrm{e}^{-2x})(1-\mathrm{e}^{-y}), & x>0,\ y>0, \\ 0, & \text{其他}. \end{cases}$$

2. 无界函数的反常二重积分

设 A, B 是平面$\mathbf{R}^2$ 中两个区域, 定义 $A\backslash B = \{x |\ x \in A,\ x \notin B\}$.

定义 3.3.4 设 D 是平面 $\mathbf{R}^2$ 中有界闭区域, P 是聚点, $f(x,y)$ 是 D (可能除 P 以外) 上的函数, 在 P 的任何邻域内无界. 设 Δ 为含有 P 的任何小区域, $f(x,y)$ 在 $D\backslash\Delta$ 上可积. 设

$$d=\sup\left\{\sqrt{(x_1-x_2)^2+(y_1-y_2)^2}\,\middle|\,(x_1,y_1),(x_2,y_2)\in\Delta\right\}.$$

如果 $\lim\limits_{d\to0}\iint\limits_{D\backslash\Delta}f(x,y)\mathrm{d}x\mathrm{d}y$ 存在, 则称 $f(x,y)$ 在 D 上**可积**, 这个极限也称为 $f(x,y)$ 在 D 上的反常二重积分, 依然记作 $\iint\limits_D f(x,y)\,\mathrm{d}x\mathrm{d}y$, 即

$$\iint\limits_D f(x,y)\,\mathrm{d}x\mathrm{d}y=\lim_{d\to0}\iint\limits_{D\backslash\Delta}f(x,y)\mathrm{d}x\mathrm{d}y.$$

当 $f(x,y)$ 在 D 上可积时, 称 $\iint\limits_D f(x,y)\,\mathrm{d}x\mathrm{d}y$**收敛**. 如果 $\lim\limits_{d\to0}\iint\limits_{D\backslash\Delta}f(x,y)\mathrm{d}x\mathrm{d}y$ 不存在, 则还用 $\iint\limits_D f(x,y)\,\mathrm{d}x\mathrm{d}y$ 这个记号, 也称为 $f(x,y)$ 在 D 上的无界函数反常二重积分, 但这时称这个反常二重积分**发散**.

例 9 求 $\iint\limits_D\dfrac{1}{\sqrt{(x^2+y^2)^m}}\mathrm{d}x\mathrm{d}y$, 其中 $D=\{(x,\ y)|x^2+y^2\leqslant1\}$, m 非负实数.

解 易知, 区域 D 有界且 (0, 0) 是奇点, 取 $\Delta=\{(x,y)|x^2+y^2\leqslant\rho^2\ (\rho<1)\}$, 那么

$$\begin{aligned}\iint\limits_{x^2+y^2\leqslant1}\frac{1}{\sqrt{(x^2+y^2)^m}}\mathrm{d}x\mathrm{d}y&=\lim_{\rho\to0}\iint\limits_{\rho^2\leqslant x^2+y^2\leqslant1}\frac{1}{\sqrt{(x^2+y^2)^m}}\mathrm{d}x\mathrm{d}y\\&=\lim_{\rho\to0}\int_0^{2\pi}\mathrm{d}\theta\int_\rho^1\frac{1}{r^{m-1}}\mathrm{d}r\\&=\begin{cases}2\pi\lim\limits_{\rho\to0}\dfrac{1}{2-m}(1-\rho^{2-m}), & m\neq2,\\2\pi\lim\limits_{\rho\to0}\ln\rho, & m=2.\end{cases}\end{aligned}$$

因此, 当 $m<2$ 时,

$$\iint\limits_{x^2+y^2\leqslant1}\frac{1}{\sqrt{(x^2+y^2)^m}}\mathrm{d}x\mathrm{d}y=\frac{2\pi}{2-m};$$

当 $m\geqslant2$ 时, $\iint\limits_{x^2+y^2\leqslant1}\dfrac{1}{\sqrt{(x^2+y^2)^m}}\mathrm{d}x\mathrm{d}y$ 发散.

习 题 3.3

A 组

1. 计算下列反常积分:

(1) $\int_0^{+\infty} \mathrm{e}^{-ax}\mathrm{d}x(a>0)$;　　(2) $\int_{-\infty}^{-1} \frac{1}{x^4}\mathrm{d}x$;

(3) $\int_0^{+\infty} x\mathrm{e}^{-x^2}\mathrm{d}x$;　　(4) $\int_{-\infty}^{+\infty} \frac{1}{1+x^2}\mathrm{d}x$.

2. 计算下列反常积分:

(1) $\int_0^1 \frac{1}{\sqrt{x}}\mathrm{d}x$;　　(2) $\int_0^1 \frac{1}{\sqrt{1-x^2}}\mathrm{d}x$;

(3) $\int_0^1 \frac{x}{\sqrt{1-x^2}}\mathrm{d}x$;　　(4) $\int_1^2 \frac{x}{\sqrt{x-1}}\mathrm{d}x$.

3. 下列的解答是否正确, 说明理由.

(1) $\int_0^{+\infty} \frac{1}{x^2}\mathrm{d}x = \lim\limits_{b\to+\infty}\int_0^b \frac{1}{x^2}\mathrm{d}x = \lim\limits_{b\to+\infty}\left(-\frac{1}{b}\right) = 0$;

(2) 因为 $f(x)=\frac{x}{\sqrt{1+x^2}}$ 是 $(-\infty,+\infty)$ 上的奇函数, 所以 $\int_{-\infty}^{+\infty} \frac{x}{\sqrt{1+x^2}}\mathrm{d}x = 0$.

4. 计算下列积分:

(1) $\iint\limits_{x^2+y^2\geqslant 1} \frac{x+y}{(x^2+y^2)^2}\mathrm{d}x\mathrm{d}y$;　　(2) $\iint\limits_{x^2+y^2\leqslant 1} \frac{x^2-y^2}{x^2+y^2}\mathrm{d}x\mathrm{d}y$.

B 组

1. 证明: 若 $f(x)$ 在 $(-\infty,+\infty)$ 上连续, 且 $\int_{-\infty}^{+\infty} f(x)\mathrm{d}x$ 收敛, 则对任何 $x\in(-\infty,+\infty)$, 有

$$\frac{\mathrm{d}}{\mathrm{d}x}\int_{-\infty}^{x} f(t)\mathrm{d}t = f(x),\quad \frac{\mathrm{d}}{\mathrm{d}x}\int_{x}^{+\infty} f(t)\mathrm{d}t = -f(x).$$

2. 设 $f(x)$ 是 $[0,+\infty)$ 上的连续函数. 证明: 如果极限 $\lim\limits_{R\to+\infty}\iint_D f(x^2+y^2)\mathrm{d}x\mathrm{d}y$ 存在, 其中 $D=\{(x,y)|x^2+y^2\leqslant R^2\}$, 则 $\lim\limits_{R\to+\infty}\int_0^R f(x)\mathrm{d}x$ 也存在.

3. 试求下列反常积分的值:

(1) $\int_0^{+\infty} \frac{\mathrm{d}x}{(1+x^2)^n}(n\geqslant 2)$;　　(2) $\int_0^{+\infty} \mathrm{e}^{-x}\sin x\mathrm{d}x$;

(3) $\int_0^{\frac{\pi}{2}} \ln(\sin x)\mathrm{d}x$.

3.4　重积分的应用

1. 会用重积分计算平面图形的面积;
2. 会求空间立体的体积.

利用定积分的元素法可以解决许多求总量的问题, 这种方法也可推广到二重积分的应用中. 如果所要计算的某个量 U 对于闭区域 D 具有可加性 (也就是说, 当闭区域 D 分成许多小闭区域时, 所求量 U 相应地分成许多部分量, 且 U 等于部分量之和), 并且在闭区域 D 内任取一个直径很小的闭区域 $\mathrm{d}\sigma$ 时, 相应的部分量可近似地表示为 $f(x,y)\mathrm{d}\sigma$ 的形式, 其中 $(x,y)\in \mathrm{d}\sigma$. 把 $f(x,y)\mathrm{d}\sigma$ 称为所求量 U 的元素而记作 $\mathrm{d}U$, 以它为被积表达式, 在闭区域 D 上积分: $U=\iint\limits_D f(x,y)\mathrm{d}\sigma$, 这就是所求量的积分表达式.

3.4.1　平面区域的面积

由二重积分的性质 3.1.4 可知, 若平面区域 D 位于 xOy 平面上, 则 D 的面积为

$$\sigma=\iint\limits_D \mathrm{d}x\mathrm{d}y. \tag{3.4.1}$$

已经知道利用定积分也可求平面区域的面积. 那么用定积分求平面区域 D 的面积与用二重积分求 D 的面积有什么关联?

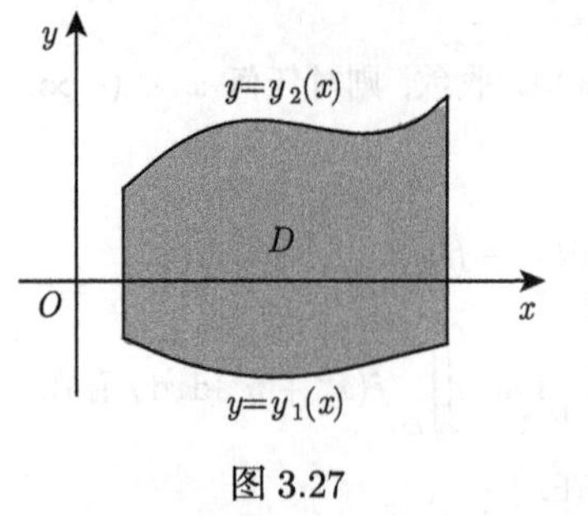

图 3.27

设平面区域 D 如图 3.27 所示, 则在定积分中,

$$\sigma_D=\int_a^b [y_1(x)-y_2(x)]\,\mathrm{d}x,$$

在二重积分中,

$$\sigma_D=\iint\limits_D \mathrm{d}\sigma=\int_a^b \mathrm{d}x\int_{y_1(x)}^{y_2(x)}\mathrm{d}y=\int_a^b [y_2(x)-y_1(x)]\,\mathrm{d}x.$$

例 1　求由抛物线 $y=x^2$ 与直线 $y=x+2$ 所围成的图形的面积.

解　如图 3.28 所示, 区域 D 为

$$-1\leqslant x\leqslant 2,\quad x^2\leqslant y\leqslant x+2.$$

因此

$$\sigma=\iint_D \mathrm{d}x\mathrm{d}y=\int_{-1}^{2}\mathrm{d}x\int_{x^2}^{x+2}\mathrm{d}y=\int_{-1}^{2}\left(x+2-x^2\right)\mathrm{d}x$$

$$=\left(\frac{1}{2}x^2+2x-\frac{1}{3}x^3\right)\Bigg|_{-1}^{2}=\frac{9}{2}.$$

例 2　求圆 $x^2+y^2=2y$, $x^2+y^2=4y$ 与直线 $x-\sqrt{3}y=0$, $y-\sqrt{3}x=0$ 所围图形的面积.

解　由图 3.29 可知, 利用直角坐标进行计算不方便. 利用极坐标 $x=\rho\cos\theta$, $y=\rho\sin\theta$, 将方程分别变形: $x^2+y^2=2y$ 变为 $\rho=2\sin\theta$, $x^2+y^2=4y$ 变为 $\rho=4\sin\theta$, $y-\sqrt{3}x=0$ 变为 $\theta_2=\dfrac{\pi}{3}$, $y-\sqrt{3}x=0$ 变为 $\theta_1=\dfrac{\pi}{6}$. 从而

$$\sigma=\iint_D \mathrm{d}x\mathrm{d}y=\int_{\frac{\pi}{6}}^{\frac{\pi}{3}}\mathrm{d}\theta\int_{2\sin\theta}^{4\sin\theta}\rho\mathrm{d}\rho=\int_{\frac{\pi}{6}}^{\frac{\pi}{3}}\left[\frac{1}{2}\rho^2\right]_{2\sin\theta}^{4\sin\theta}\mathrm{d}\theta$$

$$=\int_{\frac{\pi}{6}}^{\frac{\pi}{3}}3(1-\cos 2\theta)\mathrm{d}\theta=\frac{\pi}{2}.$$

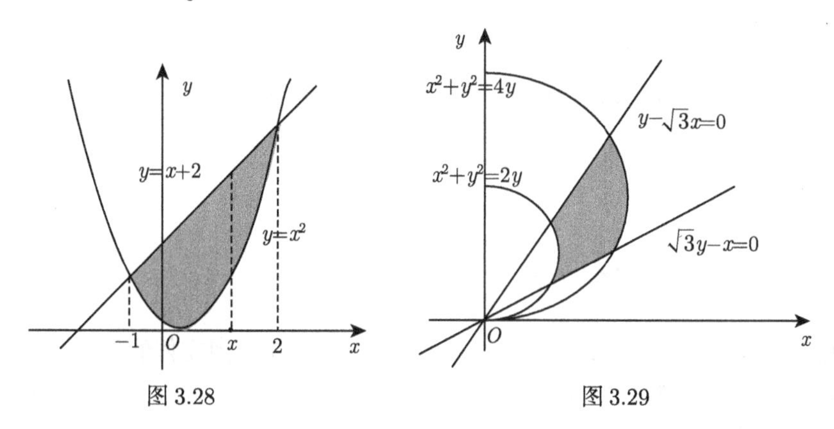

图 3.28　　　　图 3.29

3.4.2　空间立体的体积

由二重积分的几何意义可知, 利用二重积分可以计算空间立体的体积 V. 若空间立体为一曲顶柱体, 顶为曲面 $z=f(x,y)$, 且曲顶柱体的底在 xOy 平面上的投影为有界闭区域 D, 则

$$V=\iint_D |f(x,y)|\,\mathrm{d}\sigma. \tag{3.4.2}$$

若空间立体为一上、下顶均是曲面的立体 (图 3.30), 如何计算这个立体的体积 V? 不妨设立体上、下曲顶的曲面方程分别为 $z=f(x,y)$ 和 $z=g(x,y)$, 且曲顶柱

体在 xOy 平面上的投影为有界闭区域 D, 则

$$V=\iint\limits_{D}[f(x,y)-g(x,y)]\mathrm{d}\sigma. \tag{3.4.3}$$

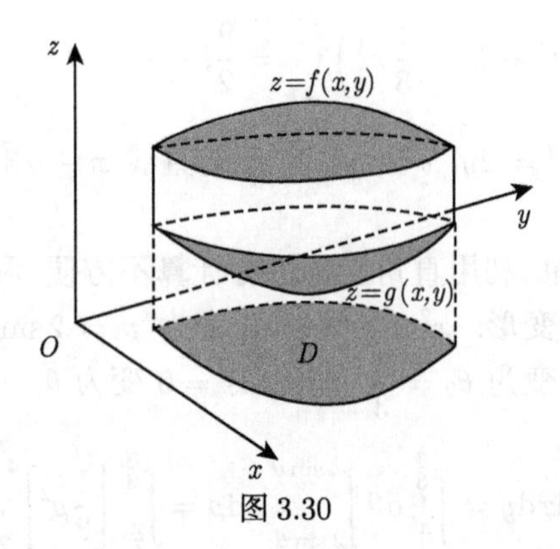

图 3.30

例 3　计算底为矩形 $D=\{(x,y)\big|1\leqslant x\leqslant 2,3\leqslant y\leqslant 5\}$, 顶为平面 $z=x+2y$ 的柱体的体积.

解　因为在区域 D 上, $z=f(x,y)=x+2y>0$, 故

$$\begin{aligned}V&=\iint\limits_{D}f(x,y)\mathrm{d}x\mathrm{d}y=\int_{1}^{2}\mathrm{d}x\int_{3}^{5}(x+2y)\mathrm{d}y\\&=\int_{1}^{2}(xy+y^2)\Big|_{3}^{5}\mathrm{d}x=\int_{1}^{2}[(5x+25)-(3x+9)]\mathrm{d}x\\&=\int_{1}^{2}(2x+16)\mathrm{d}x=(x^2+16x)\big|_{1}^{2}=19.\end{aligned}$$

例 4　求由曲面 $z=x^2+y^2$, $y=x^2$, $y=1$, $z=0$ 所围立体的体积.

解　因为底部为区域 $D=\{(x,y)|-1\leqslant x\leqslant 1,x^2\leqslant y\leqslant 1\}$, 顶是曲面 $z=x^2+y^2$(图 3.31), 于是

$$\begin{aligned}V&=\int_{-1}^{1}\mathrm{d}x\int_{x^2}^{1}(x^2+y^2)\mathrm{d}y=\int_{-1}^{1}\left(x^2y+\frac{1}{3}y^3\right)\Big|_{x^2}^{1}\mathrm{d}x\\&=\int_{-1}^{1}\left(x^2(1-x^2)+\frac{1}{3}(1-x^6)\right)\mathrm{d}x\\&=2\int_{0}^{1}\left(x^2-x^4+\frac{1}{3}-\frac{1}{3}x^6\right)\mathrm{d}x\\&=\frac{88}{105}.\end{aligned}$$

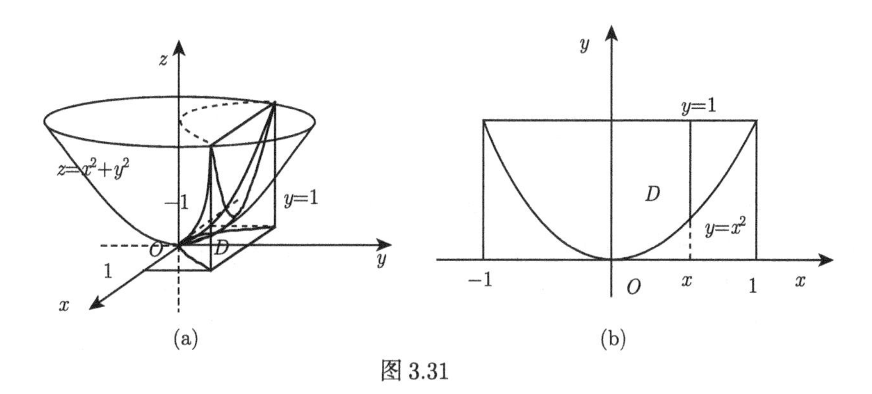

图 3.31

一般地, 二重积分有如下性质.

(1) 如果积分区域 D 关于 x 轴对称, 若 $f(x,-y)=-f(x,y)$, 则

$$\iint\limits_D f(x,y)\mathrm{d}x\mathrm{d}y=0;$$

若 $f(x,-y)=f(x,y)$, 且 $D=D_1+D_2$, 其中 $D_1=\{(x,y)\in D,\ y\geqslant 0\}$, 则

$$\iint\limits_D f(x,y)\mathrm{d}x\mathrm{d}y=2\iint\limits_{D_1} f(x,y)\mathrm{d}x\mathrm{d}y.$$

(2) 如果积分区域 D 关于 y 轴对称, 若 $f(-x,y)=-f(x,y)$, 则

$$\iint\limits_D f(x,y)\mathrm{d}x\mathrm{d}y=0;$$

若 $f(-x,y)=f(x,y)$, 且 $D=D_1+D_2$, 其中 $D_1=\{(x,y)\in D,\ x\geqslant 0\}$, 则

$$\iint\limits_D f(x,y)\mathrm{d}x\mathrm{d}y=2\iint\limits_{D_1} f(x,y)\mathrm{d}x\mathrm{d}y.$$

(3) 如果积分区域 D 关于原点对称, 若 $f(-x,-y)=-f(x,y)$, 则

$$\iint\limits_D f(x,y)\mathrm{d}x\mathrm{d}y=0;$$

若 $f(-x,-y)=f(x,y)$, 且 $D=D_1+D_2$, 其中 $D_1=\{(x,y)\in D,\ x\geqslant 0$ 或 $(y\geqslant 0)\}$, 则

$$\iint\limits_D f(x,y)\mathrm{d}x\mathrm{d}y=2\iint\limits_{D_1} f(x,y)\mathrm{d}x\mathrm{d}y.$$

(4) 如果积分区域 D 关于直线 $y=x$ 对称, 则

$$\iint\limits_D f(x,y)\mathrm{d}\sigma=\iint\limits_D f(y,x)\mathrm{d}\sigma.$$

例 5　求两个半径都是 R 的直交圆柱所围成的立体的体积.

解　设两个圆柱面的方程为 $x^2+y^2=R^2$, $x^2+z^2=R^2$, 图 3.32 所示是它在第一卦限内的部分. 由对称性可知, 只需求出图中阴影部分的体积 V_1, 再乘以 8 即可. 这部分立体在 xOy 面上的投影区域 D 为

$$D=\{(x,y)|\,0\leqslant x\leqslant R,\ 0\leqslant y\leqslant\sqrt{R^2-x^2}\}.$$

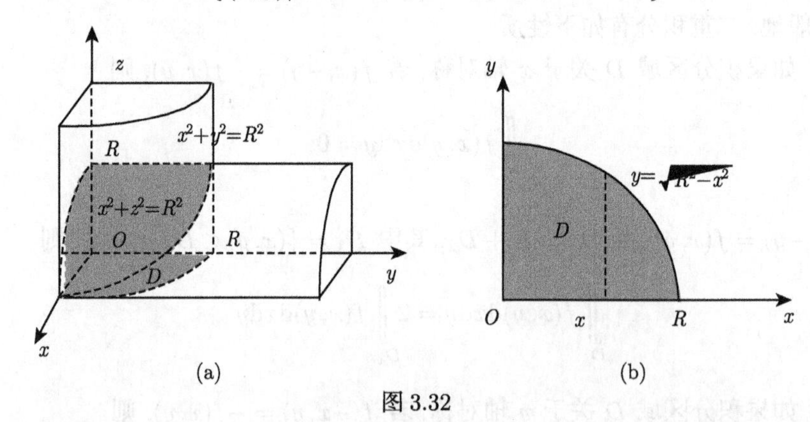

图 3.32

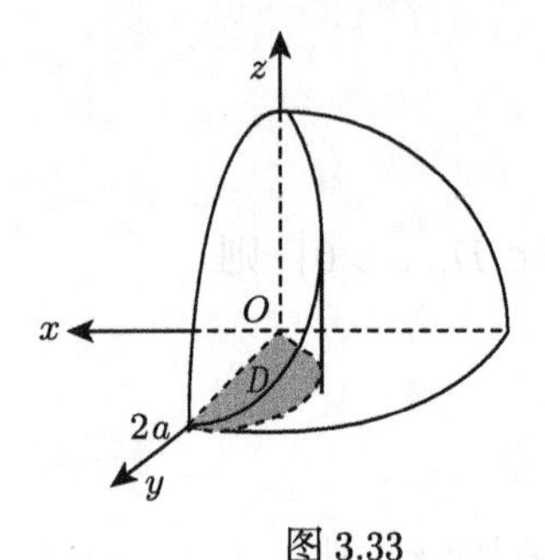

图 3.33

该立体的顶为曲面 $z=\sqrt{R^2-x^2}$, 于是

$$\begin{aligned}V&=8\iint\limits_D\sqrt{R^2-x^2}\ \mathrm{d}x\mathrm{d}y=8\int_0^R\sqrt{R^2-x^2}\mathrm{d}x\int_0^{\sqrt{R^2-x^2}}\mathrm{d}y\\&=8\int_0^R(R^2-x^2)\mathrm{d}x=\frac{16}{3}R^3.\end{aligned}$$

例 6　求由球面 $x^2+y^2+z^2=4a^2$ 与柱面 $x^2+y^2=2ay$ 所围成的公共部分的立体体积.

解　由于所求体积在 xOy 平面上方的这一部分也关于 yOz 平面对称, 因此可以计算它在第一卦限的部分, 然后再乘于 4, 如图 3.33 所示. 显然, 立体的顶为

$$z=\sqrt{4a^2-x^2-y^2},$$

底为 $D=\{(x,y)|\,x^2+y^2=2ay\}$. 所以

$$\frac{1}{4}V=\iint_D\sqrt{4a^2-x^2-y^2}\mathrm{d}\sigma.$$

利用极坐标计算, 即

$$D=\left\{(\rho,\theta)|0\leqslant\theta\leqslant\frac{\pi}{2},0\leqslant\rho\leqslant 2a\sin\theta\right\}.$$

因此

$$\begin{aligned}V=&4\int_0^{\frac{\pi}{2}}\mathrm{d}\theta\int_0^{2a\sin\theta}\sqrt{4a^2-\rho^2}\rho\mathrm{d}\rho\\=&4\int_0^{\frac{\pi}{2}}\left(-\frac{(4a^2-\rho^2)^{\frac{3}{2}}}{3}\right)_0^{2a\sin\theta}\mathrm{d}\theta\\=&\frac{32a^3}{3}\int_0^{\frac{\pi}{2}}(1-\cos^3\theta)\mathrm{d}\theta=\frac{16}{9}a^3(3\pi-4).\end{aligned}$$

习 题 3.4

A 组

1. 求下列曲线所围成的图形的面积:

(1) $y=x$, $y=5x$, $x=1$;

(2) $y=x^2$, $y=x+6$;

(3) $x^2+y^2=4$, $y=x$ 所围成的上半部分.

2. 求下列曲面所围成的立体的体积:

(1) 三个坐标平面及 $x=1,y=1,x+y+z=2$;

(2) $z=1+x+y$, $z=0$, $x+y-1=0$, $x=0$, $y=0$;

(3) $z=x^2+y^2$ 与 $z=2$;

(4) $z=\sqrt{x^2+y^2},x^2+y^2+z^2=1$ 所围上半部分.

3. 求平面 $\frac{x}{a}+\frac{y}{b}+\frac{z}{c}=1$ $(abc\neq 0)$ 被三坐标面所割出的有限部分的体积.

4. 求由 $z=xy$ 和 $z=x+y$, $x+y=1$, $x=0$, $y=0$ 所围空间区域的体积 V.

5. 求由平面 $x=0$, $y=0$, $x+y=1$ 所围成的柱体被平面 $z=0$ 及抛物面 $x^2+y^2=6-z$ 截得的立体的体积.

B 组

1. 求 $x^2+y^2+z^2\leqslant a^2,x^2+y^2+z^2\leqslant 2az$ $(a>0)$ 所围图形的体积.

2. 求由平面 $y=0$, $y=kx(k>0)$, $z=0$ 以及球心在原点、半径为 R 的上半球面所围成的在第一卦限内的立体的体积.

3. 求由曲面 $z=x^2+2y^2$ 及 $z=6-2x^2-y^2$ 所围成立体的体积.

4. 求满足 $\left(x^2+y^2\right)^{\frac{3}{2}} \leqslant 2\left(x^2-y^2\right)$ 和 $x^2+y^2 \geqslant 1$ 的点组成的平面区域的面积.

3.5　数项级数简介

1. 了解数项级数、部分和数列等概念;
2. 掌握数项级数收敛性的判别方法及其性质;
3. 会求一些简单数项级数的和.

3.5.1　数项级数的定义

数的加法运算对我们而言是再熟悉不过的事情了. 可是, 现在我们掌握的仅仅是有限个数的加法运算, 如果是无穷多个数相加呢? 此时, 和存在吗? 若和存在, 又该如何求呢?

为了对这些问题有个初步印象, 我们先来看下列问题:

有一根十分神奇的橡皮绳, 刚开始它的长度为 1 公里, 一条蠕虫在橡皮绳的一端点上, 当蠕虫以 1cm/s 的速度沿橡皮绳匀速向另一端爬行时, 橡皮绳在每一秒末都均匀地伸长 1km. 试问: 如此反复下去, 蠕虫能否到达橡皮绳的另一端点?

凭直觉, 几乎大多数的人都会认为蠕虫的爬行速度与橡皮绳拉长的速度差距太大, 蠕虫绝不能爬到另一端. 那么, 下面我们来分析上述问题:

由于橡皮绳是均匀伸长的, 所以蠕虫随着拉伸也向前位移. 1km 等于 100000cm, 所以在第一秒末, 爬行了整个橡皮绳的 1/100000, 在第二秒内, 蠕虫在 2km 长的橡皮绳上爬行了它的 1/200000, 在第三秒内, 它又爬行了 3km 长的橡皮绳的 1/300000$\cdots$, 所以, 在第 n 秒末, 蠕虫的爬行距离所占橡皮绳长度的比例为

$$\frac{1}{100000}\left(1+\frac{1}{2}+\frac{1}{3}+\cdots+\frac{1}{n}\right).$$

因此上述问题转化为: 当 n 充分大时, 上面这个数能否大于等于 1 呢? 或者说, 括号里的和式能否大于 100000 呢? 事实上, 当 n 无限增大时, 括号里的和式是趋向于 $+\infty$. 也就是说, 我们可以找到这个正整数 N, 使上述结果成立. 也就是说蠕虫在第 N 秒时已经爬到了橡皮绳的另一端点.

那么是不是所有无穷多个数相加的结果都是这样的呢? 这应当是值得大家期待的.

例如, 基础版 1.3.1 小节中提到《庄子 · 天下篇》“一尺之棰, 日取其半, 万世不竭” 的引例中, 把每天截下那一部分的长度 “加” 起来:

$$\frac{1}{2}+\frac{1}{2^2}+\frac{1}{2^3}+\cdots+\frac{1}{2^n}+\cdots,$$

这就是“无限个数相加”的一个例子. 从直观上可以看到, 它的和是 1. 再如下面由“无限个数相加”的表达式

$$1+(-1)+1+(-1)+\cdots$$

中, 如果将它写作

$$(1-1)+(1-1)+(1-1)+\cdots=0+0+0+\cdots,$$

其结果无疑是 0, 如写作

$$1+[(-1)+1]+[(-1)+1]+\cdots=1+0+0+0+\cdots,$$

其结果则是 1, 因此两个结果完全不同. 那么“无限个数相加”在什么条件下存在“和”呢? 如果存在, “和”等于什么?

至少由上述例子可见, “无限个数相加”不能简单地套用有限个数相加的运算法则, 而需要建立它自身的理论.

定义 3.5.1 设给定一个无穷序列 $x_1, x_2, \cdots, x_n, \cdots$, 则式子

$$x_1+x_2+\cdots+x_n+\cdots$$

称为**无穷级数**, 简称**级数**, 记作 $\sum\limits_{n=1}^{\infty} x_n$, 即

$$\sum_{n=1}^{\infty} x_n = x_1+x_2+\cdots+x_n+\cdots, \tag{3.5.1}$$

其中第 n 项 x_n 称为级数的**通项**或**一般项**.

若 $\{x_n\}$ 是常数, 则级数 $\sum\limits_{n=1}^{\infty} x_n$ 称为**数项级数**; 若 $\{x_n\}$ 是函数, 则级数称为**函数项级数**.

级数的和在什么时候存在呢? 下面只讨论数项级数的情形, 首先引入下列概念.

3.5.2 部分和数列

定义 3.5.2 数项级数 $\sum\limits_{n=1}^{\infty} x_n$ 的前 n 项和

$$S_n = x_1+x_2+\cdots+x_n, \tag{3.5.2}$$

称为该**级数的部分和**. 若当 $n\to+\infty$ 时, 部分和数列 $\{S_n\}$ 的极限存在, 即

$$\lim_{n\to+\infty} S_n = S \quad (S\text{为有限常数}),$$

则称该级数是**收敛**的, 并称 S 为该**级数的和**, 记作

$$S=\sum_{n=1}^{\infty} x_n = x_1+x_2+\cdots+x_n+\cdots. \tag{3.5.3}$$

若当 $n\to+\infty$ 时, 部分和数列 $\{S_n\}$ 的极限不存在, 则称该级数是**发散**的.

注　发散的级数没有和, 或者说和不存在.

当级数 $\sum\limits_{n=1}^{\infty} x_n$ 收敛时, 其和与部分和之差

$$R_n = S - S_n = x_{n+1}+x_{n+2}+\cdots \tag{3.5.4}$$

称为**级数的余项**. 用 S_n 作为 S 的近似值所产生的绝对误差就是 $|R_n|$.

例 1　判定等比级数 (又称为几何级数)$\sum\limits_{n=1}^{\infty} aq^{n-1}(a\neq 0)$ 的敛散性.

解　当 $|q|\neq 1$ 时, 由于

$$S_n = a+aq+aq^2+\cdots+aq^{n-1}=\frac{a}{1-q}(1-q^n).$$

(1) 若 $|q|<1$, 则有

$$\lim_{n\to+\infty} S_n = \frac{a}{1-q},$$

即当 $|q|<1$ 时, 级数 $\sum\limits_{n=1}^{\infty} aq^{n-1}$ 收敛, 其和为 $\dfrac{a}{1-q}$;

(2) 若 $|q|>1$, 则有

$$\lim_{n\to+\infty} S_n = \infty,$$

即当 $|q|>1$ 时, 级数 $\sum\limits_{n=1}^{\infty} aq^{n-1}$ 发散;

(3) 当 $q=1$ 时, 由于

$$S_n = a+a+\cdots+a = na,$$

则有

$$\lim_{n\to+\infty} S_n = \infty,$$

所以级数 $\sum\limits_{n=1}^{\infty} aq^{n-1}$ 发散;

(4) 当 $q=-1$ 时, 由于

$$S_n = a-a+a-\cdots = \begin{cases} a, & n=2k-1, \\ 0, & n=2k \end{cases} \quad (k=1,2,\cdots),$$

则 $\lim\limits_{n\to+\infty} S_n$ 不存在, 所以级数 $\sum\limits_{n=1}^{\infty} aq^{n-1}$ 发散.

因此, 等比级数 $\sum\limits_{n=1}^{\infty} aq^{n-1}$ 当 $|q|<1$ 时收敛, 其和为 $\dfrac{a}{1-q}$; 当 $|q|\geqslant 1$ 时发散.

例 2 判定级数 $\sum\limits_{n=1}^{\infty} \dfrac{1}{(5n-4)(5n+1)}$ 的敛散性.

解 因为

$$
\begin{aligned}
S_n =& \frac{1}{1\times 6}+\frac{1}{6\times 11}+\frac{1}{11\times 16}+\cdots+\frac{1}{(5n-4)(5n+1)}\\
=& \frac{1}{5}\left[\left(1-\frac{1}{6}\right)+\left(\frac{1}{6}-\frac{1}{11}\right)+\left(\frac{1}{11}-\frac{1}{16}\right)+\cdots+\left(\frac{1}{5n-4}-\frac{1}{5n+1}\right)\right]\\
=& \frac{1}{5}\left(1-\frac{1}{5n+1}\right),
\end{aligned}
$$

所以

$$
\lim_{n\to+\infty} S_n = \lim_{n\to+\infty} \frac{1}{5}\left(1-\frac{1}{5n+1}\right)=\frac{1}{5},
$$

即原级数收敛, 其和为 $\dfrac{1}{5}$.

例 3 判定级数 $\sum\limits_{n=1}^{\infty} \ln\dfrac{n+1}{n}$ 的敛散性.

解
$$
\begin{aligned}
S_n &= \ln\frac{2}{1}+\ln\frac{3}{2}+\ln\frac{4}{3}+\cdots+\ln\frac{n+1}{n}\\
&= \ln 2-\ln 1+\ln 3-\ln 2+\ln 4-\ln 3+\cdots+\ln(n+1)-\ln n=\ln(n+1),
\end{aligned}
$$

所以

$$
\lim_{n\to+\infty} S_n = \lim_{n\to+\infty} \ln(n+1)=+\infty,
$$

故该级数发散.

注 由于级数的收敛或发散 (简称**敛散性**), 是由它的部分和数列 $\{S_n\}$ 来确定, 因而也可把级数作为数列 $\{S_n\}$ 的另一种表现形式. 反之, 任给一个数列 $\{x_n\}$, 如果把它看作某一数项级数的部分和数列, 则这个数项级数就是

$$
x_1+\sum_{n=2}^{\infty}(x_n-x_{n-1})=x_1+(x_2-x_1)+(x_3-x_2)+\cdots+(x_n-x_{n-1})+\cdots. \tag{3.5.5}
$$

这时数列 $\{x_n\}$ 与级数 (3.5.5) 具有相同的敛散性, 且当 $\{x_n\}$ 收敛时, 其极限值就是级数 (3.5.5) 的和.

基于级数与数列的这种关系, 根据数列极限的性质不难推出级数的一些基本性质.

3.5.3　无穷级数的基本性质

可以证明, 无穷级数具有下列基本性质 (证明从略).

性质 3.5.1　若级数 $\sum_{n=1}^{\infty} x_n$ 收敛, 且其和为 S, 则级数 $\sum_{n=1}^{\infty} kx_n$(k 为常数) 也收敛, 且其和为 kS.

同理, 若级数 $\sum_{n=1}^{\infty} x_n$ 发散, 且 $k \neq 0$, 则级数 $\sum_{n=1}^{\infty} kx_n$ 也发散.

级数的每一项同乘一个非零常数后, 其敛散性不变.

性质 3.5.2　若级数 $\sum_{n=1}^{\infty} x_n$ 与 $\sum_{n=1}^{\infty} y_n$ 都收敛, 其和分别为 S 与 σ, 则级数 $\sum_{n=1}^{\infty} (x_n \pm y_n)$ 也收敛, 且其和为 $S \pm \sigma$.

例如,

$$\begin{aligned}\sum_{n=1}^{\infty} \frac{2^n + (-1)^n}{3^n} &= \sum_{n=1}^{\infty} \left(\frac{2}{3}\right)^n + \sum_{n=1}^{\infty} \left(-\frac{1}{3}\right)^n \\ &= \frac{\frac{2}{3}}{1-\frac{2}{3}} + \frac{-\frac{1}{3}}{1-\left(-\frac{1}{3}\right)} \\ &= 2 - \frac{1}{4} = \frac{7}{4}.\end{aligned}$$

性质 3.5.2 说明, 两个收敛级数逐项相加减后所得的级数仍然收敛. 但应注意, 两个发散级数逐项相加减所得的级数不一定发散. 如级数 $\sum_{n=1}^{\infty} n$ 与 $\sum_{n=1}^{\infty} (-n)$ 都发散, 但

$$\sum_{n=1}^{\infty} [n + (-n)] = \sum_{n=1}^{\infty} 0 = 0$$

却是收敛的.

性质 3.5.3　级数增加或减少有限项后, 其敛散性不变.

当级数收敛时, 增加或减少有限项后仍然是收敛的, 但级数的和却会改变.

例如, 级数

$$1 + \frac{1}{2} + \frac{1}{4} + \frac{1}{8} + \frac{1}{16} + \cdots = \sum_{n=1}^{\infty} \frac{1}{2^{n-1}} = \frac{1}{1-\frac{1}{2}} = 2,$$

删去其前三项, 即有

$$\frac{1}{8}+\frac{1}{16}+\frac{1}{32}+\cdots=\sum_{n=1}^{\infty}\frac{1}{2^{n+2}}=\frac{\frac{1}{8}}{1-\frac{1}{2}}=\frac{1}{4}.$$

由性质 3.5.3 知道, 若级数 $\sum\limits_{n=1}^{\infty}x_n$ 收敛, 其和为 S, 则级数

$$x_{n+1}+x_{n+2}+\cdots$$

也收敛, 且和 $R_n=S-S_n$, 其极限为 $\lim\limits_{n\to\infty}R_n=0$.

注 级数的敛散性与其前面有限项无关, 实际上数列的收敛性也有此性质.

性质 3.5.4 若一个级数收敛, 则在其中一些项添加括号后形成的新级数也是收敛的, 且其和不变.

一个带括号的收敛级数在去掉括号后所得的级数不一定收敛.

例如, 级数

$$\sum_{n=1}^{\infty}(a-a)=(a-a)+(a-a)+\cdots\quad(a\neq 0)$$

是收敛的, 去掉括号后, 级数化为

$$a-a+a-a+\cdots,$$

它却是发散的.

性质 3.5.4 说明, 收敛级数 (无限个数的和) 满足结合律.

性质 3.5.5 (级数收敛的必要条件) 若级数 $\sum\limits_{n=1}^{\infty}x_n$ 收敛, 则

$$\lim_{n\to+\infty}x_n=0.$$

性质 3.5.5 说明, $\lim\limits_{n\to+\infty}x_n=0$ 是级数 $\sum\limits_{n=1}^{\infty}x_n$ 收敛的必要条件. 即如果 $\lim\limits_{n\to+\infty}x_n\neq 0$, 则级数 $\sum\limits_{n=1}^{\infty}x_n$ 必发散, 这是判定级数发散的一种常用方法.

例 4 判定级数 $\sum\limits_{n=1}^{\infty}\dfrac{n}{n+1}$ 的敛散性.

解 因为

$$\lim_{n\to+\infty}x_n=\lim_{n\to+\infty}\frac{n}{n+1}=1\neq 0,$$

所以根据级数收敛的必要条件, 可知该级数是发散的.

$\lim\limits_{n\to+\infty} x_n = 0$ 是级数 $\sum\limits_{n=1}^{\infty} x_n$ 收敛的**必要条件但不是充分条件**.

例如, 在级数 $\sum\limits_{n=1}^{\infty} \ln\dfrac{n+1}{n}$ 中, 虽有

$$\lim_{n\to+\infty} x_n = \lim_{n\to+\infty} \ln\frac{n+1}{n} = \lim_{n\to+\infty} \ln\left(1+\frac{1}{n}\right) = 0,$$

但由例 3 知级数 $\sum\limits_{n=1}^{\infty} \ln\dfrac{n+1}{n}$ 却是发散的.

习 题 3.5

A 组

1. 判别数项级数的收敛性, 并求和.

(1) $\dfrac{1}{1\cdot 2}+\dfrac{1}{2\cdot 3}+\cdots+\dfrac{1}{n\,(n+1)}+\cdots$;

(2) $\dfrac{1}{1\cdot 3}+\dfrac{1}{3\cdot 5}+\cdots+\dfrac{1}{(2n-1)\cdot(2n+1)}+\cdots$.

2. 利用级数的基本性质判断下列级数敛散性.

(1) $\sum\limits_{n=1}^{\infty}\dfrac{n}{100n+1}$;　　(2) $\sum\limits_{n=1}^{\infty}(-1)^n\dfrac{n}{n+1}$.

3. 求级数 $\sum\limits_{n=1}^{\infty}\left(\left(\dfrac{\ln 3}{2}\right)^n+\dfrac{1}{n(n+1)}\right)$ 的和.

4. 有 A, B, C 三人按以下方法分一个苹果: 先将苹果均分成四份, 每人各取一份; 然后将剩下的一份又均分成四份, 每人又取一份, 以此类推, 以至无穷, 验证: 最终每人分得苹果的三分之一.

5. 试证: 若 $\sum\limits_{n=1}^{\infty} a_n$ 收敛, 则 $\sum\limits_{n=1}^{\infty}\dfrac{1}{1+|a_n|}$ 发散.

B 组

1. 讨论数项级数 $\sum\limits_{n=2}^{\infty}\ln\left(1-\dfrac{1}{n^2}\right)$ 的收敛性.

2. 为了拉动内需刺激消费, 假设政府通过增加投资向社会注入现金人民币 1000 亿元, 每一个从中获得收益的人都将其收入的 25% 存入银行, 而将其余的 75% 消费掉, 那么从最初的 1000 亿元开始, 无限地反复这样下去, 试问: 由政府增加投资而最终引起的消费增长为多少亿元? 如果每人只将其收入的 10% 存入银行, 则结果为多少亿元?

3. 已知数列 $x_n = na_n$ 收敛, 若级数 $\sum\limits_{n=1}^{\infty} n(a_n - a_{n-1})$ 收敛, 证明级数 $\sum\limits_{n=1}^{\infty} a_n$ 收敛.

4. 构造数列 $\{x_n\}$: $x_1 = 1$, $x_{n+1} = 1 + \dfrac{x_n}{1+x_n}$, 证明:

(1) $\{x_n\}$ 收敛, 并求其极限; (2) $\sum\limits_{n=1}^{\infty}\left(\dfrac{x_{n+1}}{x_n} - 1\right)$ 收敛.

3.6 常数项级数的判别法

1. 掌握几何级数与 p 级数的收敛性结论;
2. 掌握正项级数的比较判别法、比值判别法、根值判别法;
3. 掌握交错级数的莱布尼茨定理;
4. 掌握任意项级数绝对收敛与条件收敛的概念及其相互之间的关系.

一般情况下, 利用定义或级数的性质来判别级数的敛散性是很困难的, 那么是否有更简单易行的判别方法呢? 事实上, 由于级数的敛散性可较好地归结为正项级数的敛散性问题, 因而正项级数的敛散性判定就显得十分重要.

3.6.1 正项级数及其判别法

引例 3.6.1 判断调和级数

$$\sum_{n=1}^{\infty} \frac{1}{n} = 1 + \frac{1}{2} + \frac{1}{3} + \cdots + \frac{1}{n} + \cdots$$

的敛散性.

解 调和级数的部分和为

$$S_n = 1 + \frac{1}{2} + \frac{1}{3} + \cdots + \frac{1}{n}.$$

如图 3.34 所示, 可以看出阴影部分的第一块矩形面积为 $A_1 = 1$, 第二块矩形面积为 $A_2 = \dfrac{1}{2}$, 第三块矩形面积为 $A_3 = \dfrac{1}{3}$, 依此类推, 第 n 块矩形面积为 $A_n = \dfrac{1}{n}$, 所以阴影部分的总面积为 S_n, 显然 S_n 大于曲线 $y = \dfrac{1}{x}$ 与直线 $x = 1$、$x = n+1$ 和 x 轴所围成图形的面积, 即

$$\begin{aligned} S_n =& 1 + \frac{1}{2} + \frac{1}{3} + \cdots + \frac{1}{n} > \int_1^{n+1} \frac{1}{x}\mathrm{d}x = \ln x\Big|_1^{n+1} \\ =& \ln(n+1) \to +\infty \quad (\text{当} n \to \infty \text{时}), \end{aligned}$$

由此可知, 调和级数发散.

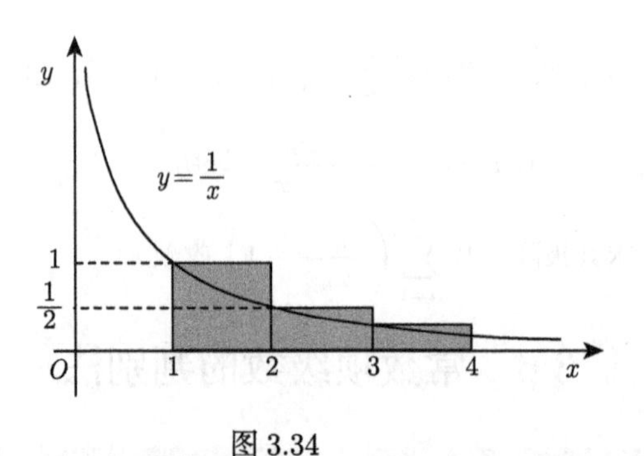

图 3.34

上面这个例子的一个最大特点就是, 级数的每一项都是正数, 归纳起来, 我们有如下的定义:

定义 3.6.1 设常数项级数 $\sum\limits_{n=1}^{\infty} u_n$, 若 $u_n \geqslant 0\ (n=1,2,3,\cdots)$, 则称级数 $\sum\limits_{n=1}^{\infty} u_n$ 为**正项级数**.

例如, 调和级数

$$\sum_{n=1}^{\infty} \frac{1}{n} = 1 + \frac{1}{2} + \frac{1}{3} + \cdots$$

是正项级数. 令 $S_n = \sum\limits_{k=1}^{n} \frac{1}{k}$, 则 $S_1 = 1$, $S_2 = 1 + \frac{1}{2}$, $S_3 = 1 + \frac{1}{2} + \frac{1}{3}, \cdots$, 显然,

$$S_1 < S_2 < S_3 < \cdots.$$

一般地, 对于任意正项级数, 由于 $u_n \geqslant 0$, 因而 $S_{n+1} = S_n + u_{n+1} \geqslant S_n$, 所以正项级数 $\sum\limits_{n=1}^{\infty} u_n$ 的部分和数列 $\{S_n\}$ 必为单调增加数列, 即

$$S_1 \leqslant S_2 \leqslant S_3 \leqslant \cdots S_n \leqslant \cdots.$$

如果部分和数列 $\{S_n\}$ 有界, 则由数列极限存在准则知道, 单调有界数列必有极限, 所以存在, 此时正项级数收敛; 反之, 若正项级数收敛, 即 $\lim\limits_{n\to\infty} S_n = S$, 则数列 $\{S_n\}$ 必有界, 由此得到如下重要的定理.

定理 3.6.1 正项级数 $\sum\limits_{n=1}^{\infty} u_n$ 收敛的充分必要条件是它的部分和数列 $\{S_n\}$ 有界.

根据定理, 可得关于正项级数的一个基本的判别法.

定理 3.6.2 (比较判别法) 对于正项级数 $\sum\limits_{n=1}^{\infty} u_n$ 和 $\sum\limits_{n=1}^{\infty} v_n$, 若 $u_n \leqslant v_n\ (n = 1,\ 2,\ 3,\ \cdots)$, 则

(1) 如果级数 $\sum\limits_{n=1}^{\infty} v_n$ 收敛, 则级数 $\sum\limits_{n=1}^{\infty} u_n$ 也收敛;

(2) 如果级数 $\sum\limits_{n=1}^{\infty} u_n$ 发散, 则级数 $\sum\limits_{n=1}^{\infty} v_n$ 也发散.

证 (1) 设 $\sum\limits_{n=1}^{\infty} v_n$ 收敛于 σ, 令 S_n 为 $\sum\limits_{n=1}^{\infty} u_n$ 的部分和, 于是有

$$S_n = u_1 + \cdots + u_n \leqslant v_1 + \cdots + v_n \leqslant \sigma,$$

即部分和数列 $\{S_n\}$ 有界, 由定理 3.6.1 可知级数 $\sum\limits_{n=1}^{\infty} u_n$ 收敛.

(2) 反证法: 假设 $\sum\limits_{n=1}^{\infty} v_n$ 收敛, 由 (1) 可知 $\sum\limits_{n=1}^{\infty} u_n$ 收敛, 与已知条件 "$\sum\limits_{n=1}^{\infty} u_n$ 发散" 矛盾.

通俗地说, 若一个级数收敛, 那么对应项都比它小的那个级数肯定也收敛; 若一个级数发散, 那么对应项都比它大的那个级数肯定也发散.

注 由级数的基本性质可知, 去掉级数前面的有限项不影响其敛散性, 故定理中条件 "$u_n \leqslant v_n(n = 1, 2, \cdots)$" 可以改为 "存在正整数 N, 使得当 $n \geqslant N$ 时, 有 $u_n \leqslant v_n$".

例 1 已知 p 级数 $\sum\limits_{n=1}^{\infty} \dfrac{1}{n^p} = 1 + \dfrac{1}{2^p} + \dfrac{1}{3^p} + \cdots + \dfrac{1}{n^p} + \cdots$, 证明: p 级数当 $p \leqslant 1$ 时发散, 当 $p > 1$ 时收敛.

解 设 $p \leqslant 1$, 这时 $\dfrac{1}{n^p} \geqslant \dfrac{1}{n}$, 而调和级数 $\sum\limits_{n=1}^{\infty} \dfrac{1}{n}$ 发散, 由比较判别法知: 当 $p \leqslant 1$ 时, 级数 $\sum\limits_{n=1}^{\infty} \dfrac{1}{n^p}$ 发散.

设 $p > 1$, 此时有

$$\frac{1}{n^p} = \int_{n-1}^{n} \frac{1}{n^p} \mathrm{d}x \leqslant \int_{n-1}^{n} \frac{1}{x^p} \mathrm{d}x = \frac{1}{p-1} \left(\frac{1}{(n-1)^{p-1}} - \frac{1}{n^{p-1}} \right), \quad n = 2,\ 3, \cdots.$$

对于级数 $\sum\limits_{n=2}^{\infty} \left(\dfrac{1}{(n-1)^{p-1}} - \dfrac{1}{n^{p-1}} \right)$, 其部分和

$$S_n = \left(1 - \frac{1}{2^{p-1}}\right) + \left(\frac{1}{2^{p-1}} - \frac{1}{3^{p-1}}\right) + \cdots + \left(\frac{1}{n^{p-1}} - \frac{1}{(n+1)^{p-1}}\right) = 1 - \frac{1}{(n+1)^{p-1}}.$$

因为 $\lim\limits_{n \to \infty} S_n = \lim\limits_{n \to \infty} \left(1 - \dfrac{1}{(n+1)^{p-1}}\right) = 1$. 所以级数 $\sum\limits_{n=2}^{\infty} \left(\dfrac{1}{(n-1)^{p-1}} - \dfrac{1}{n^{p-1}} \right)$ 收敛. 由比较判别法可知, 级数 $\sum\limits_{n=1}^{\infty} \dfrac{1}{n^p}$ 当 $p > 1$ 时收敛.

综上所述, p 级数 $\sum_{n=1}^{\infty} \frac{1}{n^p}$ 当 $p > 1$ 时收敛, 当 $p \leqslant 1$ 时发散.

例 2　证明级数 $\sum_{n=1}^{\infty} \frac{1}{\sqrt{n(n+1)}}$ 是发散的.

证　因为 $\frac{1}{\sqrt{n(n+1)}} > \frac{1}{\sqrt{(n+1)^2}} = \frac{1}{n+1}$, 而级数

$$\sum_{n=1}^{\infty} \frac{1}{n+1} = \frac{1}{2} + \frac{1}{3} + \cdots + \frac{1}{n+1} + \cdots$$

是发散的, 由比较判别法可知所给级数也是发散的.

更为一般地, 还有如下的比较判别法.

推论 3.6.1　设 $\sum_{n=1}^{\infty} u_n$ 和 $\sum_{n=1}^{\infty} v_n$ 都是正项级数, 则

(1) 如果级数 $\sum_{n=1}^{\infty} v_n$ 收敛, 且存在正整数 N, 使当 $n \geqslant N$ 时, 有 $u_n \leqslant kv_n (k > 0)$ 成立, 则级数 $\sum_{n=1}^{\infty} u_n$ 收敛;

(2) 如果级数 $\sum_{n=1}^{\infty} v_n$ 发散, 且当 $n \geqslant N$ 时有 $u_n \geqslant kv_n (k > 0)$ 成立, 则级数 $\sum_{n=1}^{\infty} u_n$ 发散.

有时用比较判别法的极限形式更方便, 下面给出一个定理.

定理 3.6.3 (比较判别法的极限形式)　对于正项级数 $\sum_{n=1}^{\infty} u_n$ 和 $\sum_{n=1}^{\infty} v_n$, 若 $\lim_{n \to \infty} \frac{u_n}{v_n} = l$, 则

(1) 当 $0 < l < +\infty$ 时, 级数 $\sum_{n=1}^{\infty} u_n$ 和 $\sum_{n=1}^{\infty} v_n$ 有着相同的敛散性;

(2) 当 $l = 0$ 时, 若级数 $\sum_{n=1}^{\infty} v_n$ 收敛, 则 $\sum_{n=1}^{\infty} u_n$ 也收敛;

(3) 当 $l = +\infty$ 时, 若级数 $\sum_{n=1}^{\infty} v_n$ 发散, 则 $\sum_{n=1}^{\infty} u_n$ 也发散.

对这个定理, 感兴趣的可以自己证明.

例 3　判别级数 $\sum_{n=1}^{\infty} \sin\frac{1}{n}$ 的收敛性.

解　由于 $\sin\dfrac{1}{n}>0$, 即级数为正项级数, 又

$$\lim_{n\to\infty}\frac{\sin\dfrac{1}{n}}{\dfrac{1}{n}}=1>0,$$

而级数 $\sum\limits_{n=1}^{\infty}\dfrac{1}{n}$ 发散, 根据定理 3.6.3, 级数 $\sum\limits_{n=1}^{\infty}\sin\dfrac{1}{n}$ 发散.

例 4　判别级数 $\sum\limits_{n=1}^{\infty}\ln\left(1+\dfrac{1}{n^2}\right)$ 的收敛性.

解　显然此级数为正项级数, 且

$$\lim_{n\to\infty}\frac{\ln\left(1+\dfrac{1}{n^2}\right)}{\dfrac{1}{n^2}}=1>0,$$

而级数 $\sum\limits_{n=1}^{\infty}\dfrac{1}{n^2}$ 收敛, 根据定理 3.6.3, 级数 $\sum\limits_{n=1}^{\infty}\ln\left(1+\dfrac{1}{n^2}\right)$ 收敛.

思考　由于收敛级数的一般项为无穷小, 那么, 此处可否利用等价无穷小的概念来判断级数的敛散性?

用比较审敛法判断级数的敛散性, 需要适当地选取一个已知其敛散性的级数作为比较的基准, 常用作基准级数的是等比级数和 p 级数. 将等比级数作为基准级数, 可得如下定理.

定理 3.6.4 (比值判别法, 达朗贝尔 (D′Alembert) 判别法)　设正项级数 $\sum\limits_{n=1}^{\infty}u_n$, 如果

$$\lim_{n\to\infty}\frac{u_{n+1}}{u_n}=\rho,$$

则

(1) 当 $p<1$ 时, 级数收敛;

(2) 当 $\rho>1$(或 $\lim\limits_{n\to\infty}\dfrac{u_{n+1}}{u_n}=\infty$) 时, 级数发散;

(3) 当 $\rho=1$ 时, 级数可能收敛也可能发散.

证　(1) 当 $p<1$ 时, 取 $\varepsilon>0$, 使得 $r=\rho+\varepsilon<1$, 由

$$\lim_{n\to\infty}\frac{u_{n+1}}{u_n}=\rho,$$

根据极限的定义可知, 总存在 $N>0$, 使得当 $n\geqslant N$ 时, 有

$$\frac{u_{n+1}}{u_n}<\rho+\varepsilon=r<1,$$

即 $u_{n+1} < ru_n$. 于是当 $n = N+1, N+2, \cdots$, 就有

$$u_{N+1} < ru_N, u_{N+2} < ru_{N+1} < r^2u_N, \cdots, u_n < r^{n-N}u_N, \cdots.$$

由于 $\sum\limits_{n=N}^{\infty} r^{n-N}u_N$ 为公比 $r<1$ 的等比级数, 它是收敛的, 由推论 3.6.1 可知, 级数 $\sum\limits_{n=1}^{\infty} u_n$ 收敛.

(2) 当 $\rho > 1$ 时, 取 $\varepsilon > 0$, 使得 $\rho - \varepsilon > 1$, 由

$$\lim_{n\to\infty}\frac{u_{n+1}}{u_n} = \rho,$$

根据极限的定义可知, 总存在 $N > 0$, 使得当 $n \geqslant N$ 时, 有

$$\frac{u_{n+1}}{u_n} > \rho - \varepsilon > 1,$$

即 $u_{n+1} > u_n$. 于是当 $n = N+1, N+2, \cdots$, 就有

$$u_{N+1} > u_N, u_{N+2} > u_{N+1} > u_N, \cdots, u_n > u_N, \cdots,$$

即 $\{u_n\}$ 单调递增, 从而 $\lim\limits_{n\to\infty} u_n \neq 0$, 由级数收敛必要条件可知, 级数 $\sum\limits_{n=1}^{\infty} u_n$ 发散.

对于 $\lim\limits_{n\to\infty}\dfrac{u_{n+1}}{u_n} = \infty$ 的情形, 可类似证明.

(3) 当 $\rho = 1$ 时, 级数可能收敛也可能发散. 例如, 对 p-级数而言, 有

$$\lim_{n\to\infty}\frac{u_{n+1}}{u_n} = \lim_{n\to\infty}\frac{\dfrac{1}{(n+1)^p}}{\dfrac{1}{n^p}} = 1,$$

而当 $p \leqslant 1$ 时, 级数发散, 当 $p > 1$ 时收敛.

例 5 判定下列级数的敛散性:

(1) $\sum\limits_{n=1}^{\infty} n\sin\dfrac{1}{3^n}$; (2) $\sum\limits_{n=1}^{\infty} n!\left(\dfrac{3}{n}\right)^n$.

解 (1) 因为

$$\lim_{n\to\infty}\frac{u_{n+1}}{u_n} = \lim_{n\to\infty}\frac{(n+1)\sin\dfrac{1}{3^{n+1}}}{n\sin\dfrac{1}{3^n}} = \lim_{n\to\infty}\frac{\dfrac{1}{3^{n+1}}}{\dfrac{1}{3^n}} = \frac{1}{3} < 1,$$

根据比值判别法可知所给级数收敛;

(2) 因为

$$\lim_{n\to\infty}\frac{u_{n+1}}{u_n}=\lim_{n\to\infty}\frac{(n+1)!\left(\dfrac{3}{n+1}\right)^{n+1}}{n!\left(\dfrac{3}{n}\right)^{n}}=3\cdot\lim_{n\to\infty}\left(\frac{n}{n+1}\right)^{n}$$

$$=3\lim_{n\to\infty}\frac{1}{\left(1+\dfrac{1}{n}\right)^{n}}=\frac{3}{\mathrm{e}}>1,$$

根据比值判别法可知, 所给级数发散.

定理 3.6.5 (根值判别法, 柯西 (Cauchy) 判别法) 设正项级数 $\sum\limits_{n=1}^{\infty}u_n$, 如果

$$\lim_{n\to\infty}\sqrt[n]{u_n}=\rho,$$

则

(1) 当 $\rho<1$ 时, 级数收敛;

(2) 当 $\rho>1$(或 $\lim\limits_{n\to\infty}\sqrt[n]{u_n}=\infty$) 时, 级数发散;

(3) 当 $\rho=1$ 时, 级数可能收敛也可能发散.

定理 3.6.5 的证明与定理 3.6.4 的类似, 这里从略.

例 6 判别级数 $\sum\limits_{n=1}^{\infty}\dfrac{n+1}{2^n}$ 的敛散性.

解 因为

$$\lim_{n\to\infty}\sqrt[n]{u_n}=\lim_{n\to\infty}\sqrt[n]{\frac{n+1}{2^n}}=\frac{1}{2}\lim_{n\to\infty}(1+n)^{\frac{1}{n}}=\frac{1}{2}\lim_{n\to\infty}\mathrm{e}^{\frac{1}{n}\ln(1+n)}$$

$$=\frac{1}{2}<1,$$

根据定理 3.6.5 可知级数收敛.

3.6.2 交错级数及其判别法

定义 3.6.2 形如 $\sum\limits_{n=1}^{\infty}(-1)^{n-1}u_n\left(\text{或}\sum\limits_{n=1}^{\infty}(-1)^{n}u_n\right)(u_n>0)(n=1,2,\cdots)$ 的级数称为**交错级数**.

下面给出一个关于交错级数敛散性的判别方法.

定理 3.6.6 (莱布尼茨 (Leibniz) 定理) 若交错级数 $\sum\limits_{n=1}^{\infty}(-1)^{n-1}u_n$ 满足条件:

(1) $u_n\geqslant u_{n+1}(n=1,2,\cdots)$;

(2) $\lim\limits_{n\to+\infty}u_n=0$,

则级数收敛, 且其和 $S \leqslant u_1$, 其余项 r_n 的绝对值 $|r_n| \leqslant u_{n+1}$.

证　先考察交错级数 $\sum_{n=1}^{\infty}(-1)^{n-1}u_n$ 前 $2n$ 项的和 S_{2n}, 并写成

$$S_{2n}=(u_1-u_2)+(u_3-u_4)+\cdots+(u_{2n-1}-u_{2n}),$$

或

$$S_{2n}=u_1-(u_2-u_3)-(u_4-u_5)-\cdots-(u_{2n-2}-u_{2n-1})-u_{2n}.$$

根据条件 (1) 可知, S_{2n} 是单调增加的, 且 $S_{2n}<u_1$, 即 S_{2n} 有界, 故 $\lim\limits_{n\to\infty}S_{2n}=S\leqslant u_1$.

再考察级数的前 $2n+1$ 项的和 S_{2n+1}, 显然 $S_{2n+1}=S_{2n}+u_{2n+1}$, 由条件 (2), 得

$$\lim_{n\to\infty}S_{2n+1}=\lim_{n\to\infty}(S_{2n}+u_{2n+1})=\lim_{n\to\infty}S_{2n}+\lim_{n\leftarrow\infty}u_{2n+1}=S.$$

最后, 由于 $\lim\limits_{n\to\infty}S_{2n}=\lim\limits_{n\to\infty}S_{2n+1}=S$, 得 $\lim\limits_{n\to\infty}S_n=S$, 即交错级数 $\sum_{n=1}^{\infty}(-1)^{n-1}u_n$ 收敛于 S, 且 $S\leqslant u_1$, 其余项 r_n 的绝对值仍为收敛的交错级数, 所以

$$|r_n|=u_{n+1}-u_{n+2}+u_{n+3}-u_{n+4}+\cdots\leqslant u_{n+1}.$$

例 7　判定级数 $\sum_{n=1}^{\infty}(-1)^{n-1}\frac{1}{n}$ 的敛散性, 并求取前 n 项的和作为 S 的近似值所产生的误差.

解　该级数是一个交错级数, 由于

(1) $u_n=\frac{1}{n}>\frac{1}{n+1}=u_{n+1}$;

(2) $\lim\limits_{n\to+\infty}u_n=\lim\limits_{n\to+\infty}\frac{1}{n}=0$.

由莱布尼茨定理可知, 该级数收敛. 如果取前 n 项的和

$$S_n=1-\frac{1}{2}+\frac{1}{3}-\cdots+(-1)^{n-1}\frac{1}{n}$$

为和 S 的近似值, 所产生的误差为 $|r_n|\leqslant\frac{1}{n+1}$.

3.6.3　任意项级数及其敛散性判别法

定义 3.6.3　若级数 $\sum_{n=1}^{\infty}u_n=u_1+u_2+\cdots+u_n+\cdots$ 中的各项 u_n 为任意实数, 则称此级数为**任意项级数**.

可见正项级数、交错级数是任意项级数中特殊形式. 对任意项级数, 给一般项取绝对值, 构造一个正项级数, 其形式为

$$\sum_{n=1}^{\infty} |u_n| = |u_1| + |u_2| + \cdots + |u_n| + \cdots .$$

定义 3.6.4 设有任意项级数 $\sum\limits_{n=1}^{\infty} u_n$, 如果级数 $\sum\limits_{n=1}^{\infty} |u_n|$ 收敛, 则称级数 $\sum\limits_{n=1}^{\infty} u_n$ **绝对收敛**; 如果级数 $\sum\limits_{n=1}^{\infty} |u_n|$ 发散, 而级数 $\sum\limits_{n=1}^{\infty} u_n$ 收敛, 则称级数 $\sum\limits_{n=1}^{\infty} u_n$ **条件收敛**.

例如, 正项级数 $\sum\limits_{n=1}^{\infty} \dfrac{1}{n^2}$ 是绝对收敛的, 而交错级数 $\sum\limits_{n=1}^{\infty} (-1)^{n-1}\dfrac{1}{n}$ 是条件收敛的.

定理 3.6.7 对任意项级数 $\sum\limits_{n=1}^{\infty} u_n$, 如果其绝对收敛, 则该级数 $\sum\limits_{n=1}^{\infty} u_n$ 也收敛.

证 由于 $0 \leqslant |u_n| + u_n \leqslant 2|u_n|$, 且级数 $\sum\limits_{n=1}^{\infty} 2|u_n|$ 收敛, 由正项级数的比较判别法知, 级数 $\sum\limits_{n=1}^{\infty} (|u_n| + u_n)$ 收敛, 再由性质 3.6.1 可知, 级数

$$\sum_{n=1}^{\infty} u_n = \sum_{n=1}^{\infty} [(|u_n| + u_n) - |u_n|]$$

收敛.

推论 3.6.2 任意项级数 $\sum\limits_{n=1}^{\infty} u_n = u_1 + u_2 + \cdots + u_n + \cdots$, 如果

$$\lim_{n\to\infty} \left| \frac{u_{n+1}}{u_n} \right| = \rho,$$

则当 $\rho < 1$ 时, 级数绝对收敛; 当 $\rho > 1$ (或 $\lim\limits_{n\to\infty} \sqrt[n]{u_n} = \infty$) 时, 级数发散; 当 $\rho = 1$ 时, 级数可能收敛也可能发散.

类似地, 有如下结论.

推论 3.6.3 任意项级数 $\sum\limits_{n=1}^{\infty} u_n$, 如果

$$\lim_{n\to\infty} \sqrt[n]{|u_n|} = \rho,$$

则当 $\rho < 1$ 时, 级数绝对收敛; 当 $\rho > 1$ (或 $\lim\limits_{n\to\infty} \sqrt[n]{u_n} = \infty$) 时, 级数发散; 当 $\rho = 1$ 时, 级数可能收敛也可能发散.

注　若 $\sum\limits_{n=1}^{\infty}|u_n|$ 发散, 我们不能得出 $\sum\limits_{n=1}^{\infty}u_n$ 也发散. 但当用比值法或根值法判别 $\sum\limits_{n=1}^{\infty}|u_n|$ 的敛散性时, 若 $\rho>1$, 可推出 $|u_n|\not\to 0$, 从而 $|u_n|\not\to 0$, 则 $\sum\limits_{n=1}^{\infty}u_n$ 也是发散的.

例 8　判定下列级数的敛散性:

(1) $\sum\limits_{n=1}^{\infty}\dfrac{\cos\dfrac{n\pi}{3}}{n^2+1}$;　　(2) $\sum\limits_{n=1}^{\infty}(-1)^{n-1}\dfrac{1}{\ln(n+1)}$.

解　(1) 考察正项级数 $\sum\limits_{n=1}^{\infty}\left|\dfrac{\cos\dfrac{n\pi}{3}}{n^2+1}\right|$, 因为

$$\left|\frac{\cos\dfrac{n\pi}{3}}{n^2+1}\right|\leqslant\frac{1}{n^2+1}<\frac{1}{n^2},$$

而级数 $\sum\limits_{n=1}^{\infty}\dfrac{1}{n^2}$ 是收敛的, 由比较判别法可知, 级数 $\sum\limits_{n=1}^{\infty}\left|\dfrac{\cos\dfrac{n\pi}{3}}{n^2+1}\right|$ 是收敛的, 所以原级数绝对收敛.

(2) 该级数为交错级数, 因为

$$u_n=\frac{1}{\ln(n+1)}>\frac{1}{\ln(n+2)}=u_{n+1}$$

及

$$\lim_{n\to+\infty}u_n=\lim_{n\to+\infty}\frac{1}{\ln(n+1)}=0,$$

由莱布尼茨定理可知, 该级数收敛. 但因为 $|u_n|=\dfrac{1}{\ln(n+1)}>\dfrac{1}{n+1}$, 而级数 $\sum\limits_{n=1}^{\infty}\dfrac{1}{n+1}$ 发散, 由比较判别法可知, 级数 $\sum\limits_{n=1}^{\infty}\left|(-1)^{n-1}\dfrac{1}{\ln(n+1)}\right|=\sum\limits_{n=1}^{\infty}\dfrac{1}{\ln(n+1)}$ 发散, 所以原级数是条件收敛的.

习　题　3.6

A 组

1. 用比较判别法判别下列级数的敛散性:

(1) $\dfrac{1}{3}+\dfrac{1}{5}+\cdots+\dfrac{1}{2n+1}+\cdots$;

(2) $\frac{1}{2}\cdot\frac{1}{3}+\frac{1}{4}\cdot\frac{1}{5}+\cdots+\frac{1}{2n}\cdot\frac{1}{2n+1}+\cdots$;

(3) $1+\frac{1+2}{1+2^2}+\frac{1+3}{1+3^2}+\cdots+\frac{1+n}{1+n^2}+\cdots$;

(4) $\frac{1}{\ln 3}+\frac{1}{\ln 5}+\frac{1}{\ln 7}+\cdots+\frac{1}{\ln(2n+1)}+\cdots$;

(5) $\frac{1}{\sqrt{2}}+\frac{1}{2\sqrt{3}}+\frac{1}{6}+\frac{1}{4\sqrt{5}}+\cdots+\frac{1}{n\sqrt{n+1}}+\cdots$;

(6) $\left(\frac{1}{3}\right)^2+\left(\frac{2}{5}\right)^2+\left(\frac{3}{7}\right)^2+\left(\frac{4}{9}\right)^2+\cdots+\left(\frac{n}{2n+1}\right)^2+\cdots$.

2. 用比值判别法判别下列级数的敛散性:

(1) $\frac{1}{2}+\frac{3}{2^2}+\frac{5}{2^3}+\cdots+\frac{2n-1}{2^n}+\cdots$;

(2) $\sum\limits_{n=1}^{\infty}\frac{1}{(2n-1)!}$;

(3) $\sum\limits_{n=1}^{\infty}\frac{n!}{3^n}$;

(4) $\sum\limits_{n=1}^{\infty}2^n\arcsin\frac{\pi}{3^n}$.

3. 用根值判别法判别下列级数的敛散性:

(1) $\sum\limits_{n=1}^{\infty}\frac{\left(1+\frac{1}{n}\right)^n}{2^n}$;

(2) $\sum\limits_{n=1}^{\infty}\frac{n}{4^n}$;

(3) $\sum\limits_{n=1}^{\infty}\frac{n\cos^2\left(\frac{n\pi}{3}\right)}{2^n}$.

4. 讨论下列交错级数的敛散性, 并说明其是绝对收敛还是条件收敛:

(1) $1-\frac{1}{\sqrt{2}}+\frac{1}{\sqrt{3}}+\cdots+(-1)^{n-1}\frac{1}{\sqrt{n}}+\cdots$;

(2) $\frac{1}{2}-\frac{2}{3}+\frac{3}{4}-\frac{4}{5}+\cdots+(-1)^{n-1}\frac{n}{n+1}+\cdots$;

(3) $\frac{1}{2}-\frac{1}{2\times 3}+\frac{1}{3\times 4}+\cdots+(-1)^{n-1}\frac{1}{n(n+1)}+\cdots$;

(4) $1-\frac{1}{2}+\frac{1}{4}-\frac{1}{8}+\cdots+(-1)^{n-1}\frac{1}{2^{n-1}}+\cdots$.

5. 证明: 若正项级数 $\sum u_n$ 收敛, 且数列$\{u_n\}$单调, 则 $\lim\limits_{n\to\infty}nu_n=0$.

6. 构造数列 $\{x_n\}:x_1=1,x_{n+1}=1+\frac{x_n}{1+x_n}$, 证明

(1) $\{x_n\}$ 收敛, 并求其极限;

(2) $\sum\limits_{n=1}^{\infty}\left(\frac{x_{n+1}}{x_n}-1\right)$ 收敛.

B 组

1. 设常数 $\lambda>0$, 且级数 $\sum\limits_{n=1}^{\infty}a_n^2$ 收敛, 则级数 $\sum\limits_{n=1}^{\infty}\frac{(-1)^n|a_n|}{\sqrt{n^2+\lambda}}$ (　　).

A. 发散　　B. 条件收敛　　C. 绝对收敛　　D. 收敛性与 λ 有关

2. 下列级数发散的是 (　　).

A. $\sum\limits_{n=1}^{\infty}(-1)^{n-1}\dfrac{1}{n}$　　B. $\sum\limits_{n=1}^{\infty}(-1)^{n-1}\left(\dfrac{1}{n}+\dfrac{1}{n+1}\right)$

C. $\sum\limits_{n=1}^{\infty}(-1)^{n}\dfrac{1}{\sqrt{n}}$　　D. $\sum\limits_{n=1}^{\infty}\left(-\dfrac{1}{n}\right)$

3. 关于级数 $\sum\limits_{n=1}^{\infty}\dfrac{(-1)^{n-1}}{n^p}$ 收敛的正确答案是 (　　).

A. 当 $p>1$ 时条件收敛　　B. 当 $0<p<1$ 时条件收敛

C. 当 $0<p\leqslant 1$ 时条件收敛　　D. 当 $0<p\leqslant 1$ 时发散

4. 判断下列级数的敛散性:

(1) $\sum\limits_{n=1}^{\infty}\sin\left(\dfrac{\pi}{2^n}\right)$;　　(2) $\sum\limits_{n=1}^{\infty}\sin\dfrac{1}{n^2}$;

(3) $\sum\limits_{n=1}^{\infty}\dfrac{1}{\sqrt{n(n^2+1)}}$;　　(4) $\sum\limits_{n=1}^{\infty}\dfrac{n^2}{2^n}$;

(5) $\sum\limits_{n=1}^{\infty}\dfrac{3^n}{n\cdot 2^n}$;　　(6) $\sum\limits_{n=1}^{\infty}n\tan\left(\dfrac{\pi}{2^{n+1}}\right)$;

(7) $\sum\limits_{n=1}^{\infty}\dfrac{1}{n^n}$;　　(8) $\sum\limits_{n=1}^{\infty}\left(\dfrac{n}{3n-1}\right)^{2n-1}$.

5. 讨论下列级数的敛散性, 并判别是绝对收敛还是条件收敛?

(1) $\sum\limits_{n=1}^{\infty}(-1)^n\dfrac{3n}{2^n}$;　　(2) $\sum\limits_{n=1}^{\infty}(-1)^{n-1}\left(\dfrac{1}{3}\cdot\dfrac{1}{2^n}\right)$;

(3) $\sum\limits_{n=1}^{\infty}(-1)^n\dfrac{n}{3n+1}$;　　(4) $\sum\limits_{n=1}^{\infty}(-1)^{n-1}\ln\left(\dfrac{1}{n+1}\right)$;

(5) $\sum\limits_{n=1}^{\infty}(-1)^{n-1}\dfrac{1}{\pi^n}\sin\left(\dfrac{\pi}{n}\right)$;　　(6) $\sum\limits_{n=2}^{\infty}(-1)^n\dfrac{3}{n\ln n}$.

6. 设正项级数 $\sum\limits_{n=1}^{\infty}a_n$ 和 $\sum\limits_{n=1}^{\infty}b_n$ 都收敛, 且 $a_n\leqslant c_n\leqslant b_n(n=1,2,\cdots)$, 证明 $\sum\limits_{n=1}^{\infty}c_n$ 也收敛.

7. 已知 $\lim\limits_{n\to\infty}\dfrac{\ln\dfrac{1}{u_n}}{\ln n}=\rho$, $u_n>0$. 证明:

(1) 当 $\rho>1$ 时, 级数 $\sum\limits_{n=1}^{\infty}u_n$ 收敛;

(2) 当 $\rho<1$ 时, 级数 $\sum\limits_{n=1}^{\infty}u_n$ 发散.

8. 给定方程 $x^n+nx-1=0$, 其中 n 为正整数, 证明:

(1) 方程存在唯一的正实根 u_n;

(2) 对任意的 $p>1$, $\sum\limits_{n=1}^{\infty}u_n^p$ 收敛.

9. 设 $f(x)$ 在 $(0,+\infty)$ 上具有一阶连续的导数且满足 $f(x)>2$, $|f'(x)|\leqslant 1$. 令 $u_1=1$, $u_{n+1}=\ln f(u_n)$, $n=1,2,\cdots$, 证明: $\sum\limits_{n=1}^{\infty}(u_n-u_{n-1})$ 绝对收敛.

3.7 幂 级 数

1. 了解函数项级数的基本概念;
2. 理解幂级数收敛半径的概念, 掌握幂级数的收敛半径、收敛区间及收敛域的求法;
3. 了解幂级数在其收敛区间内的一些基本性质, 会求一些幂级数在收敛区间内的和函数.

3.7.1 函数项级数的概念

定义 3.7.1 给定一个定义在区间 I 上的函数列 $\{u_n(x)\}$ $(n=1,\ 2,\ 3,\cdots)$, 则由这函数列构成的表达式

$$u_1(x)+u_2(x)+u_3(x)+\cdots+u_n(x)+\cdots$$

称为定义在区间 I 上的 **(函数项) 无穷级数**, 简称 **(函数项) 级数**, 记为 $\sum\limits_{n=1}^{\infty}u_n(x)$.

对于区间 I 内的一定点 x_0, 若常数项级数 $\sum\limits_{n=1}^{\infty}u_n(x_0)$ 收敛, 则称点 x_0 是级数 $\sum\limits_{n=1}^{\infty}u_n(x)$ 的**收敛点**. 若常数项级数 $\sum\limits_{n=1}^{\infty}u_n(x_0)$ 发散, 则称点 x_0 是级数 $\sum\limits_{n=1}^{\infty}u_n(x)$ 的**发散点**.

函数项级数 $\sum\limits_{n=1}^{\infty}u_n(x)$ 的所有收敛点的全体称为它的**收敛域**, 所有发散点的全体称为它的**发散域**.

在收敛域上, 函数项级数 $\sum\limits_{n=1}^{\infty}u_n(x)$ 的和是 x 的函数 $S(x)$, $S(x)$ 称为函数项级数 $\sum\limits_{n=1}^{\infty}u_n(x)$ 的**和函数**, 并写成 $S(x)=\sum\limits_{n=1}^{\infty}u_n(x)$.

函数项级数 $\sum_{n=1}^{\infty} u_n(x)$ 的前 n 项的部分和记作 $S_n(x)$, 即

$$S_n(x) = u_1(x) + u_2(x) + u_3(x) + \cdots + u_n(x),$$

在收敛域上有 $\lim_{n\to\infty} S_n(x) = S(x)$ 或 $S_n(x) \to S(x)\,(n\to\infty)$.

函数项级数 $\sum_{n=1}^{\infty} u_n(x)$ 的和函数 $S(x)$ 与部分和 $S_n(x)$ 的差 $R_n(x) = S(x) - S_n(x)$ 叫做函数项级数 $\sum_{n=1}^{\infty} u_n(x)$ 的**余项**.

显然, 在收敛域上有

$$\lim_{n\to\infty} r_n(x) = 0.$$

3.7.2　幂级数和幂级数的收敛区间

函数项级数中简单而常见的一类级数就是各项都幂函数的函数项级数, 这种形式的级数称为**幂级数**, 它的形式是

$$\sum_{n=0}^{\infty} a_n(x-x_0)^n = a_0 + a_1(x-x_0) + a_2(x-x_0)^2 + \cdots + a_n(x-x_0)^n + \cdots, \quad (3.7.1)$$

其中常数 $a_0, a_1, a_2, \cdots, a_n, \cdots$ 称为**幂级数的系数**.

特别地, 当 $x_0 = 0$ 时, (3.7.1) 式变为

$$\sum_{n=0}^{\infty} a_n x^n = a_0 + a_1 x + a_2 x^2 + \cdots + a_n x^n + \cdots. \quad (3.7.2)$$

例如

$$1 + x + x^2 + x^3 + \cdots + x^n + \cdots,$$

$$1 + x + \frac{1}{2!}x^2 + \cdots + \frac{1}{n!}x^n + \cdots$$

都是幂级数.

将 (3.7.1) 式中的 $(x-x_0)$ 换成 x 即为 (3.7.2), 反之亦然. 因此, 下面主要讨论形如 (3.7.2) 的幂级数.

引例 3.7.1　考察幂级数

$$\sum_{n=1}^{\infty} \frac{1}{n} x^{n-1} = 1 + \frac{1}{2}x + \frac{1}{3}x^2 + \cdots + \frac{1}{n}x^{n-1} + \cdots$$

的敛散性.

很显然, 当 $x=1$ 时, $\sum_{n=1}^{\infty}\left(\frac{1}{n}\times 1^n\right)=\sum_{n=1}^{\infty}\frac{1}{n}$ 即为调和级数, 发散; 当 $x=-1$ 时, $\sum_{n=1}^{\infty}\frac{1}{n}(-1)^n=\sum_{n=1}^{\infty}(-1)^n\frac{1}{n}$ 为交错级数, 收敛. 当 $|x|<1$ 时, 因为

$$\sum_{n=1}^{\infty}\frac{1}{n}|x|^n<\sum_{n=1}^{\infty}|x|^n,$$

而 $\sum_{n=1}^{\infty}|x|^n$ 收敛, 因此级数 $\sum_{n=1}^{\infty}\frac{1}{n}x^n$ 绝对收敛. 当 $|x|>1$ 时, 由于

$$\lim_{n\to\infty}\frac{1}{n}x^n=\infty,$$

级数 $\sum_{n=1}^{\infty}\frac{1}{n}x^n$ 发散. 因此级数在区间 $[-1,1)$ 收敛, 在区间 $(-\infty,-1)$, $[1,+\infty)$ 发散.

引例 3.7.1 说明, 幂级数的收敛域是一个区间. 事实上, 对于一般的幂级数这个结论也是成立的.

定理 3.7.1 (阿贝尔 (Abel) 定理) 如果级数 $\sum_{n=0}^{\infty}a_nx^n$ 当 $x=x_0(x_0\neq 0)$ 时收敛, 则满足不等式 $|x|<|x_0|$ 的一切 x 使这幂级数绝对收敛. 反之, 如果级数 $\sum_{n=0}^{\infty}a_nx^n$ 当 $x=x_0$ 时发散, 则满足不等式 $|x|>|x_0|$ 的一切 x 使这幂级数发散.

证 先设 x_0 是幂级数 $\sum_{n=0}^{\infty}a_nx^n$ 的收敛点, 即级数 $\sum_{n=0}^{\infty}a_nx_0^n$ 收敛. 根据级数收敛的必要条件, 有 $\lim_{n\to\infty}a_nx_0^n=0$, 于是存在一个常数 M, 使

$$|a_nx_0^n|\leqslant M\quad(n=0,1,2,\cdots).$$

对幂级数 $\sum_{n=0}^{\infty}a_nx^n$, 有

$$|a_nx^n|=\left|a_nx_0^n\cdot\frac{x^n}{x_0^n}\right|=|a_nx_0^n|\cdot\left|\frac{x}{x_0}\right|^n\leqslant M\left|\frac{x}{x_0}\right|^n.$$

因为当 $|x|<|x_0|$ 时, 等比级数 $\sum_{n=0}^{\infty}M\left|\frac{x}{x_0}\right|^n$ 收敛, 所以级数 $\sum_{n=0}^{\infty}|a_nx^n|$ 收敛, 因而级数 $\sum_{n=0}^{\infty}a_nx^n$ 绝对收敛.

定理的第二部分可用反证法证明. 若幂级数当 $x=x_0$ 时发散, 而又存在一点 x_1, 使得当 $|x_1|>|x_0|$ 时, 级数 $\sum_{n=0}^{\infty}a_nx^n$ 收敛, 则根据本定理的第一部分, 级数在 $x=x_0$ 处收敛, 这与所设矛盾. 定理得证.

由定理 3.7.1 可知, 如果 $x = a$ 是幂级数 $\sum\limits_{n=0}^{\infty} a_n x^n$ 的收敛点, 则它在区间 $(-|a|, |a|)$ 内绝对收敛; 如果 $x = b$ 是幂级数 $\sum\limits_{n=0}^{\infty} a_n x^n$ 的发散点, 则它在区间 $[-|b|, |b|]$ 以外处处发散. 这说明幂级数的收敛域是以 0 为中心的对称区间 (图 3.35).

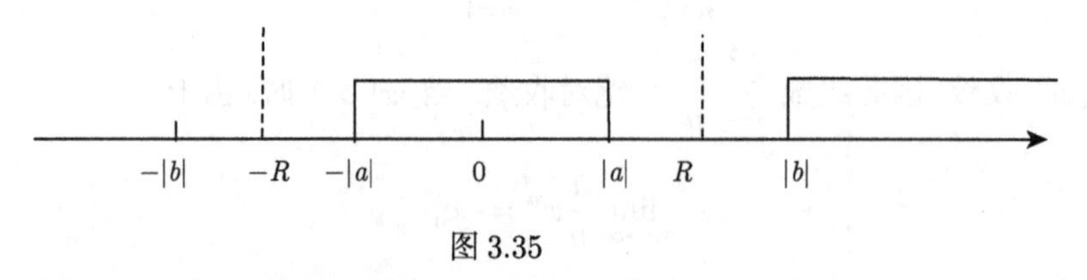

图 3.35

由图 3.35 不难得到如下的结论.

推论 3.7.1　如果幂级数 $\sum\limits_{n=0}^{\infty} a_n x^n$ 不是仅在点 $x = 0$ 处收敛, 也不是在整个数轴上都收敛, 则必存在一个正数 R, 使得当 $|x| < R$ 时, 幂级数绝对收敛; 当 $|x| > R$ 时, 幂级数发散; 当 $x = R$ 与 $x = -R$ 时, 幂级数可能收敛也可能发散.

正数 R 通常称为幂级数 $\sum\limits_{n=0}^{\infty} a_n x^n$ 的**收敛半径**, 开区间 $(-R, R)$ 称为级数的**收敛区间**. 若需要进一步求出该级数的收敛域, 则由幂级数 $\sum\limits_{n=0}^{\infty} a_n x^n$ 在 $x = \pm R$ 处的收敛性就可以决定它的收敛域是 $(-R, R)$、$[-R, R)$、$(-R, R]$ 或 $[-R, R]$ 中的一个.

特别地, 若幂级数 $\sum\limits_{n=0}^{\infty} a_n x^n$ 只在 $x = 0$ 处收敛, 则规定收敛半径 $R = 0$; 若幂级数 $\sum\limits_{n=0}^{\infty} a_n x^n$ 对任意 x 都收敛, 则规定收敛半径 $R = +\infty$, 这时收敛域为 $(-\infty, +\infty)$.

将 (3.7.2) 式各项取绝对值, 得到如下正项级数

$$\sum_{n=0}^{\infty} |a_n x^n| = |a_0| + |a_1 x| + |a_2 x^2| + \cdots + |a_n x^n| + \cdots$$

由

$$\lim_{n\to\infty} \left| \frac{a_{n+1} x^{n+1}}{a_n x^n} \right| = \lim_{n\to\infty} \left| \frac{a_{n+1}}{a_n} \right| \cdot |x|,$$

令 $\rho = \lim\limits_{n\to\infty} \left| \dfrac{a_{n+1}}{a_n} \right|$, 当 $0 < \rho < +\infty$ 时, 由比值判别法可知, 如果 $\rho |x| < 1$, 即 $|x| < \dfrac{1}{\rho}$, 则级数 (3.7.2) 绝对收敛; 当 $\rho |x| > 1$, 即 $|x| > \dfrac{1}{\rho}$ 时, 级数 (3.7.2) 发散. 于是 $R = \dfrac{1}{\rho}$. 当 $\rho |x| = 1$, 即 $|x| = \dfrac{1}{\rho}$ 时, 级数 (3.7.2) 可能收敛也可能发散. 由此可得

如下的幂级数收敛半径的计算方法.

定理 3.7.2 如果幂级数 $\sum_{n=0}^{\infty} a_n x^n$ 的系数满足条件

$$\lim_{n\to\infty}\left|\frac{a_{n+1}}{a_n}\right| = \rho,$$

则

(1) 当 $0<\rho<+\infty$ 时, $R=\frac{1}{\rho}$;

(2) 当 $\rho=0$ 时, $R=+\infty$;

(3) 当 $\rho=+\infty$ 时, $R=0$.

例 1 求幂级数 $\sum_{n=1}^{\infty}\frac{x^n}{n^2}$ 的收敛域.

解 因为

$$\rho=\lim_{n\to\infty}\left|\frac{a_{n+1}}{a_n}\right| = \lim_{n\to\infty}\frac{\frac{1}{(n+1)^2}}{\frac{1}{n^2}} = \lim_{n\to\infty}\frac{n^2}{(n+1)^2}=1\,,$$

所以收敛半径为 $R=\frac{1}{\rho}=1$.

当 $x=1$ 时, 级数为 $\sum_{n=1}^{\infty}\frac{1}{n^2}$, 收敛; 当 $x=-1$ 时, 级数为 $\sum_{n=1}^{\infty}\frac{(-1)^n}{n^2}$, 收敛. 从而, 收敛域为 $[-1,1]$.

例 2 求幂级数 $\sum_{n=0}^{\infty}\frac{1}{n!}x^n$ 的收敛域.

解 因为

$$\rho=\lim_{n\to\infty}\left|\frac{a_{n+1}}{a_n}\right| = \lim_{n\to\infty}\frac{\frac{1}{(n+1)!}}{\frac{1}{n!}} = \lim_{n\to\infty}\frac{n!}{(n+1)!}=0,$$

所以收敛半径为 $R=+\infty$. 从而, 收敛域为 $(-\infty,+\infty)$.

例 3 求幂级数 $\sum_{n=0}^{\infty} n!x^n$ 的收敛半径.

解 因为

$$\rho=\lim_{n\to\infty}\left|\frac{a_{n+1}}{a_n}\right| = \lim_{n\to\infty}\frac{(n+1)!}{n!}=+\infty,$$

所以收敛半径为 $R=0$, 即级数仅在 x=0 处收敛.

例 4 求幂级数 $\sum_{n=0}^{\infty} 2^n x^{2n}$ 的收敛半径.

解 级数缺少奇次幂的项, 不能用定理 3.7.2 求出其收敛半径. 可根据比值判别法来求解, 因为

$$\lim_{n\to\infty}\left|\frac{u_{n+1}(x)}{u_n(x)}\right| = \lim_{n\to\infty}\left|\frac{2^{n+1}x^{2(n+1)}}{2^n x^{2n}}\right| = 2|x|^2,$$

当 $2|x|^2 < 1$ 即 $|x| < \dfrac{1}{\sqrt{2}}$ 时级数收敛; 当 $2|x|^2 > 1$ 即 $|x| > \dfrac{1}{\sqrt{2}}$ 时级数发散. 所以, 收敛半径为 $R = \dfrac{1}{\sqrt{2}}$.

例 5 求幂级数 $\displaystyle\sum_{n=1}^{\infty}\frac{(2x-1)^n}{n}$ 的收敛域.

解 令 $t = 2x-1$, 上述级数变为 $\displaystyle\sum_{n=1}^{\infty}\frac{t^n}{n}$. 因为

$$\rho = \lim_{n\to\infty}\left|\frac{a_{n+1}}{a_n}\right| = 1.$$

所以, 收敛半径 $R = 1$.

当 $t = 2x-1 = 1$, 即 $x = 1$ 时, 级数成为 $\displaystyle\sum_{n=1}^{\infty}\frac{1}{n}$, 此级数发散; 当 $t = 2x-1 = -1$, 即 $x = 0$ 时, 级数成为 $\displaystyle\sum_{n=1}^{\infty}\frac{(-1)^n}{n}$, 此级数收敛. 因此, 收敛域为 $[0, 1)$.

3.7.3 幂级数的性质

在实际运算中, 经常遇到求幂级数的和函数问题. 下面介绍一些与幂级数的和函数有关的运算和性质.

性质 3.7.1 设幂级数 $\displaystyle\sum_{n=0}^{\infty}a_n x^n$ 及 $\displaystyle\sum_{n=0}^{\infty}b_n x^n$ 的收敛半径分别为 R_1 和 R_2, 记 $R = \min\{R_1, R_2\}$, 则有如下的运算法则:

(1) (加法运算) $\displaystyle\sum_{n=0}^{\infty}a_n x^n \pm \sum_{n=0}^{\infty}b_n x^n$ 在 $(-R, R)$ 内收敛, 且有

$$\sum_{n=0}^{\infty}a_n x^n \pm \sum_{n=0}^{\infty}b_n x^n = \sum_{n=0}^{\infty}(a_n \pm b_n)x^n;$$

(2) (数乘运算) 对任意非零常数 λ, 有 $\displaystyle\sum_{n=0}^{\infty}\lambda a_n x^n = \lambda\sum_{n=0}^{\infty}a_n x^n$, 其收敛半径为 R_1;

(3) (乘法运算) $\left(\sum\limits_{n=0}^{\infty} a_n x^n\right)\left(\sum\limits_{n=0}^{\infty} b_n x^n\right)$ 在 $(-R, R)$ 内收敛, 且有

$$\left(\sum_{n=0}^{\infty} a_n x^n\right)\left(\sum_{n=0}^{\infty} b_n x^n\right) = \sum_{n=0}^{\infty} c_n x^n \left(c_n = \sum_{k=0}^{n} a_k b_{n-k}\right).$$

例 6 求级数 $\sum\limits_{n=1}^{\infty}\left(2^n + \dfrac{1}{n^2}\right)x^n$ 的收敛域.

解 由于

$$\sum_{n=1}^{\infty}\left(2^n + \frac{1}{n^2}\right)x^n = \sum_{n=1}^{\infty} 2^n x^n + \sum_{n=1}^{\infty} \frac{1}{n^2}x^n,$$

首先考察级数 $\sum\limits_{n=1}^{\infty} 2^n x^n$, 由

$$\rho_1 = \lim_{n\to\infty}\left|\frac{a_{n+1}}{a_n}\right| = \lim_{n\to\infty}\left|\frac{2^{n+1}}{2^n}\right| = 2,$$

故 $R_1 = \dfrac{1}{\rho_1} = \dfrac{1}{2}$. 当 $x = \pm\dfrac{1}{2}$ 时, 级数为 $\sum\limits_{n=1}^{\infty}(\pm 1)^n$, 发散. 因此, 该级数的收敛域为 $\left(-\dfrac{1}{2}, \dfrac{1}{2}\right)$. 其次考察级数 $\sum\limits_{n=1}^{\infty}\dfrac{1}{n^2}x^n$, 由例 1 的结果可知, 其收敛域为 $[-1, 1]$.

由此可知, 级数 $\sum\limits_{n=1}^{\infty}\left(2^n + \dfrac{1}{n^2}\right)x^n$ 的收敛域为 $[-1, 1]\cap\left(-\dfrac{1}{2}, \dfrac{1}{2}\right) = \left(-\dfrac{1}{2}, \dfrac{1}{2}\right)$.

下面介绍幂级数的和函数的性质.

性质 3.7.2 如果幂级数 $\sum\limits_{n=0}^{\infty} a_n x^n$ 的收敛半径 $R > 0$, 则在收敛域内, 其和函数 $S(x)$ 是连续函数.

性质 3.7.3 幂级数 $\sum\limits_{n=0}^{\infty} a_n x^n$ 的和函数 $S(x)$ 在其收敛域 I 上可积, 并且有逐项积分公式

$$\int_0^x S(x)\mathrm{d}x = \int_0^x \left(\sum_{n=0}^{\infty} a_n x^n\right)\mathrm{d}x = \sum_{n=0}^{\infty}\int_0^x a_n x^n \mathrm{d}x = \sum_{n=0}^{\infty}\frac{a_n}{n+1}x^{n+1} \quad (x \in I),$$

逐项积分后所得到的幂级数和原级数有相同的收敛半径.

性质 3.7.4 幂级数 $\sum\limits_{n=0}^{\infty} a_n x^n$ 的和函数 $S(x)$ 在其收敛区间 $(-R, R)$ 内可导, 并且有逐项求导公式

$$S'(x) = \left(\sum_{n=0}^{\infty} a_n x^n\right)' = \sum_{n=0}^{\infty}(a_n x^n)' = \sum_{n=1}^{\infty} n a_n x^{n-1} \quad (|x| < R),$$

逐项求导后所得到的幂级数和原级数有相同的收敛半径.

注　由性质 3.7.4 可知, 幂级数 $\sum\limits_{n=0}^{\infty} a_n x^n$ 的和函数 $S(x)$ 在收敛区间 $(-R,\ R)$ 内具有任意阶导数.

例 7　求幂级数 $\sum\limits_{n=1}^{\infty} nx^n$ 的和函数.

解　先求出收敛域, 由

$$\lim_{n\to\infty} \frac{n+1}{n} = 1,$$

得收敛半径 $R=1$, 且 $x=\pm 1$ 时, $\sum\limits_{n=1}^{\infty} nx^n$ 发散, 故收敛域为 $(-1,1)$.

设 $S(x)=\sum\limits_{n=1}^{\infty} nx^n$, $f(x)=\sum\limits_{n=1}^{\infty} nx^{n-1}$, $x\in(-1,1)$. 因此, $S(x)=xf(x)$. 现在对 $f(x)$ 求积分

$$\int_0^x f(t)\mathrm{d}t = \int_0^x \sum_{n=1}^{\infty} nt^{n-1}\mathrm{d}t = \sum_{n=1}^{\infty} n\int_0^x t^{n-1}\mathrm{d}t = \sum_{n=1}^{\infty} x^n \quad (|x|<1).$$

易知, $\sum\limits_{n=1}^{\infty} x^n$ 的和函数为 $\dfrac{x}{1-x}$, 由

$$\int_0^x f(t)\mathrm{d}t = \frac{x}{1-x} \Rightarrow f(x) = \left(\frac{x}{1-x}\right)' = \frac{1}{(1-x)^2} \quad (|x|<1),$$

得

$$S(x) = xf(x) = \frac{x}{(1-x)^2} \quad (-1<x<1).$$

例 8　求级数 $\sum\limits_{n=0}^{\infty} \dfrac{(-1)^n}{n+1}$ 的和.

解　考虑幂级数 $\sum\limits_{n=0}^{\infty} \dfrac{1}{n+1}x^n$, 先求出该级数的收敛域. 由

$$\lim_{n\to\infty} \left|\frac{a_{n+1}}{a_n}\right| = \lim_{n\to\infty} \left|\frac{\dfrac{1}{n+2}}{\dfrac{1}{n+1}}\right| = 1,$$

得收敛半径为 $R=1$.

在端点 $x=-1$ 处, 级数为 $\sum\limits_{n=0}^{\infty} \dfrac{(-1)^n}{n+1}$ 收敛; 而在 $x=1$ 处, 级数为 $\sum\limits_{n=0}^{\infty} \dfrac{1}{n+1}$ 发散. 因此幂级数的收敛域为 $[-1,1)$.

设和函数为 $S(x)$, 即 $S(x)=\sum\limits_{n=0}^{\infty}\frac{1}{n+1}x^n$, $x\in[-1,1)$. 显然 $S(0)=1$. 在 $xS(x)=\sum\limits_{n=0}^{\infty}\frac{1}{n+1}x^{n+1}$ 的两边求导, 得

$$[xS(x)]'=\sum_{n=0}^{\infty}\left(\frac{1}{n+1}x^{n+1}\right)'=\sum_{n=0}^{\infty}x^n=\frac{1}{1-x}\quad(|x|<1).$$

对上式从 0 到 x 积分, 得

$$xS(x)=\int_0^x\frac{1}{1-x}\mathrm{d}x=-\ln(1-x)\quad(-1\leqslant x<1).$$

于是, 当 $x\neq 0$ 时, 有 $S(x)=-\frac{1}{x}\ln(1-x)$. 从而

$$S(x)=\begin{cases}-\dfrac{1}{x}\ln(1-x), & 0<|x|<1,\\ 1, & x=0.\end{cases}$$

因此

$$\sum_{n=0}^{\infty}\frac{(-1)^n}{n+1}=S(-1)=\ln 2.$$

习 题 3.7

A 组

1. 若幂级数 $\sum\limits_{n=0}^{\infty}a_nx^n$ 在 $x=2$ 处收敛, 在 $x=-3$ 处发散, 则该级数 (　　).

(A) 在 $x=3$ 处发散　　(B) 在 $x=-2$ 处收敛

(C) 收敛区间为 $(-3,\ 2]$　　(D) 当 $|x|>3$ 时发散

2. 求下列幂级数的收敛半径与收敛域:

(1) $x-\frac{x^2}{2}+\frac{x^3}{3}-\frac{x^4}{4}+\cdots+(-1)^{n-1}\frac{x^n}{n}+\cdots$;

(2) $\frac{1}{2}+\frac{x}{2^2}+\frac{x^2}{2^3}+\frac{x^3}{2^4}+\cdots+\frac{x^n}{2^{n+1}}+\cdots$;

(3) $1+\frac{x^2}{2!}+\frac{x^4}{4!}+\frac{x^6}{6!}+\cdots+\frac{x^{2n}}{(2n)!}+\cdots$;

(4) $\sum\limits_{n=1}^{\infty}\frac{(x-2)^n}{n^2}$;　　(5) $\sum\limits_{n=1}^{\infty}2^n(x+3)^{2n}$;

(6) $\sum_{n=1}^{\infty}\left[\frac{(-1)^n}{2^n}+3^n\right]x^n$; (7) $\sum_{n=1}^{\infty}\frac{3^n+(-2)^n}{n}(x+1)^n$.

3. 求下列幂级数的收敛区间, 并求和函数:

(1) $x-\frac{x^3}{3}+\frac{x^5}{5}-\frac{x^7}{7}+\frac{x^9}{9}-\cdots+(-1)^n\frac{x^{2n+1}}{2n+1}+\cdots$;

(2) $1+2x+3x^2+\cdots+nx^{n-1}+\cdots$;

(3) $\sum_{n=1}^{\infty}(x+3)\,x^n$; (4) $\sum_{n=1}^{\infty}\frac{x^{2n}}{2^n}$.

4. 求下列级数的和:

(1) $\sum_{n=1}^{\infty}\frac{2n-1}{2^n}$; (2) $\sum_{n=1}^{\infty}\frac{1}{2^n(2n+1)}$.

5. 设 $x\geqslant 0$, 求级数 $\sqrt[3]{x}+(\sqrt[5]{x}-\sqrt[3]{x})+(\sqrt[7]{x}-\sqrt[5]{x})+\cdots$ 的和函数.

B 组

1. 设幂级数 $\sum_{n=0}^{\infty}a_nx^n$ 的收敛半径为 3, 则幂级数 $\sum_{n=1}^{\infty}na_n\,(x-1)^n$ 的收敛区间为________.

2. 求下列幂级数的收敛半径与收敛区间:

(1) $\sum_{n=1}^{\infty}\left(1+\frac{1}{n}\right)^{n^2}x^n$; (2) $\sum_{n=1}^{\infty}(-1)^n\frac{x^{2n}}{n2^n}$;

(3) $\sum_{n=1}^{\infty}(-1)^n\frac{\ln(n+1)}{n+1}(x+1)^n$; (4) $\sum_{n=1}^{\infty}\frac{3^n}{n!}\left(\frac{x-1}{2}\right)^n$;

(5) $\sum_{n=2}^{\infty}\frac{\ln^2 n}{n^n}x^{n^2}$; (6) $\sum_{n=1}^{\infty}\frac{n!}{n^n}x^n$;

(7) $\sum_{n=1}^{\infty}\frac{(n!)^2}{(2n)!}x^n$; (8) $\sum_{n=1}^{\infty}\frac{(2n)!!}{(2n+1)!!}x^n$.

3. 求下列幂级数的收敛区间, 并求和函数:

(1) $\sum_{n=1}^{\infty}n(n+1)x^n$; (2) $\sum_{n=1}^{\infty}\frac{(-1)^{n-1}}{n(2n-1)}x^{2n}$;

(3) $\sum_{n=1}^{\infty}\frac{n^2+1}{n!2^n}x^n$; (4) $\sum_{n=0}^{\infty}\frac{x^{4n+1}}{4n+1}$;

(5) $\sum_{n=0}^{\infty}(2^{n+1}-1)x^n$; (6) $\sum_{n=1}^{\infty}n^2x^{n-1}$.

4. 证明 $\int_0^1\frac{1n(1-x)}{x}\mathrm{d}x=-\sum_{n=1}^{\infty}\frac{1}{n^2}$.

3.8 函数展开成幂级数

1. 了解函数展开为泰勒级数的充分必要条件;
2. 掌握一些简单函数的麦克劳林展开式, 并利用它们将一些简单函数间接展开成幂级数.

前面讨论了幂级数的收敛域及其和函数的性质, 但在实际应用中遇到的却是相反的问题. 例如, 已经知道级数

$$\sum_{n=0}^{\infty} x^n = 1 + x + x^2 + \cdots + x^n + \cdots$$

在 $|x| < 1$ 时的和函数是 $\dfrac{1}{1-x}$. 也就是说, 函数 $\dfrac{1}{1-x}$ 在区间 $(-1, 1)$ 内能够展开成幂级数 $\sum\limits_{n=0}^{\infty} x^n$. 一般地, 若存在一个幂级数 $\sum\limits_{n=0}^{\infty} a_n(x-x_0)^n$, 使得它在某个区间收敛, 其和等于一个给定的函数 $f(x)$, 则称这个函数 $f(x)$ 在该区间上能**展开成幂级数**.

3.8.1 泰勒级数

1. 泰勒级数的概念

假设 $f(x)$ 在 x_0 的某邻域 $U(x_0)$ 内能够展开成幂级数, 即有

$$f(x) = a_0 + a_1(x-x_0) + a_2(x-x_0)^2 + \cdots + a_n(x-x_0)^n + \cdots, \quad x \in U(x_0), \tag{3.8.1}$$

根据和函数的性质可知, (3.8.1) 在 $U(x_0)$ 内应具有任意阶导数, 且

$$f^{(n)}(x) = n!a_n + (n+1)!(x-x_0) + \frac{(n+2)!}{2!}(x-x_0)^2 + \cdots,$$

由此可得

$$a_n = \frac{f^{(n)}(x_0)}{n!}, \quad n = 0, 1, 2, \cdots.$$

此时, 幂级数变为

$$\begin{aligned} & f(x_0) + f'(x_0)(x-x_0) + \frac{f''(x_0)}{2!}(x-x_0)^2 + \cdots + \frac{f^{(n)}(x_0)}{n!}(x-x_0)^n + \cdots \\ = & \sum_{n=0}^{\infty} \frac{f^{(n)}(x_0)}{n!}(x-x_0)^n, \quad x \in U(x_0). \end{aligned} \tag{3.8.2}$$

幂级数 (3.8.2) 叫做函数 $f(x)$ 在 x_0 处的**泰勒级数**.

综上所述, 有如下的定理.

定理 3.8.1　如果函数 $f(x)$ 在 $U(x_0)$ 内具有任意阶导数, 且在 $U(x_0)$ 内能展开成 $(x-x_0)$ 的幂级数, 则展开式必为

$$f(x)=\sum_{n=0}^{\infty}\frac{f^{(n)}(x_0)}{n!}(x-x_0)^n, \tag{3.8.3}$$

展开式 (3.8.3) 叫做函数 $f(x)$ 在点 x_0 处的**泰勒展开式**.

2. *函数 $f(x)$ 展开为泰勒级数的条件*

从 (3.8.3) 式中容易得出, 当 $x=x_0$ 时, $f(x)$ 的泰勒级数收敛于 $f(x_0)$. 那么除点 x_0 外, 是否还有这样的结论? 下面给出泰勒展开式成立的条件.

定理 3.8.2　设函数 $f(x)$ 在点 x_0 的某一邻域 $U(x_0)$ 内具有各阶导数, 则 $f(x)$ 在该邻域内能展开成泰勒级数的充分必要条件是 $f(x)$ 的泰勒公式中的余项 $R_n(x)$ 当 $n\to\infty$ 时的极限为零, 即

$$\lim_{n\to\infty}R_n(x)=0,\quad x\in U(x_0).$$

证　必要性　设 $f(x)$ 能展开成泰勒级数, 因为

$$f(x)=\sum_{k=0}^{n}\frac{f^{(k)}(x_0)}{k!}(x-x_0)^k+R_n(x),$$

故

$$R_n(x)=f(x)-S_n(x),$$

其中 $S_n(x)$ 为泰勒级数的前 $n+1$ 项和. 由于 $\lim\limits_{n\to\infty}S_n(x)=f(x)$, 因此

$$\lim_{n\to\infty}R_n(x)=\lim_{n\to\infty}[f(x)-S_n(x)]=0.$$

充分性　由于 $R_n(x)=f(x)-S_n(x)$, 故

$$\lim_{n\to\infty}[f(x)-S_n(x)]=\lim_{n\to\infty}R_n(x)=0,$$

即

$$\lim_{n\to\infty}S_n(x)=f(x).$$

在 (3.8.3) 中, 取 $x_0=0$, 得级数

$$f(0)+f'(0)x+\frac{f''(0)}{2!}x^2+\cdots+\frac{f^{(n)}(0)}{n!}x^n+\cdots, \tag{3.8.4}$$

级数 (3.8.4) 称为函数 $f(x)$ 的**麦克劳林级数**.

若 $f(x)$ 能在 $U(0)$ 内展开成 x 的幂级数, 则有

$$f(x)=\sum_{n=0}^{\infty}\frac{f^{(n)}(0)}{n!}x^n, \tag{3.8.5}$$

式 (3.8.5) 称为函数 $f(x)$ 的**麦克劳林展开式**.

定理 3.8.3 (函数展开成泰勒级数的充分条件) 设 $f(x)$ 在 $(x_0-R,\ x_0+R)$ 上具有各阶导数, 且存在 $M>0$, 对 $\forall x\in(x_0-R,\ x_0+R)$, 恒有

$$\left|f^{(n)}(x)\right|\leqslant M,\quad n=0,1,2,\cdots,$$

则 $f(x)$ 在 (x_0-R,x_0+R) 内可展开成 $x-x_0$ 的**泰勒级数**.

证 由于

$$|R_n(x)|=\left|\frac{f^{(n+1)}(\xi)}{(n+1)!}(x-x_0)^{n+1}\right|\leqslant M\frac{|x-x_0|^{n+1}}{(n+1)!},\quad x\in(x_0-R,x_0+R),$$

又级数 $\displaystyle\sum_{n=0}^{\infty}\frac{|x-x_0|^{n+1}}{(n+1)!}$ 在 $(-\infty,+\infty)$ 收敛. 故

$$\lim_{n\to\infty}\frac{|x-x_0|^{n+1}}{(n+1)!}=0,$$

即

$$\lim_{n\to\infty}R_n(x)=0,\quad x\in(x_0-R,x_0+R),$$

由定理 3.8.2 可知, 结论成立.

3.8.2 函数展开成幂级数

由前面的讨论可知, 将函数 $f(x)$ 展开成 x 的幂级数, 可按如下步骤:

(1) 求出 $f(x)$ 的各阶导数: $f'(x),\ f''(x),\ \cdots,\ f^{(n)}(x),\ \cdots$, 若在 $x=0$ 处, $f(x)$ 的某阶导数不存在, 则此函数不能展开成幂级数;

(2) 求出 $f(0),f'(0),\ f''(0),\ \cdots,\ f^{(n)}(0),\ \cdots$;

(3) 求出幂级数 $f(0)+f'(0)x+\dfrac{f''(0)}{2!}x^2+\cdots+\dfrac{f^{(n)}(0)}{n!}x^n+\cdots$ 的收敛半径 R;

(4) 观察当 $|x|<R$ 时, 是否有 $\lim\limits_{n\to\infty}R_n(x)=0$, 如无, 则说明 $f(x)$ 不能展开成幂级数; 若有, 则说明 $f(x)$ 可以展开成幂级数, 且有

$$f(x)=f(0)+f'(0)x+\frac{f''(0)}{2!}x^2+\cdots+\frac{f^{(n)}(0)}{n!}x^n+\cdots,\quad |x|<R.$$

例 1 将 $f(x)=\mathrm{e}^x$ 展开成 x 的幂级数.

解　所给函数的各阶导数为 $f^{(n)}(x)=\mathrm{e}^x$, 因此 $f^{(n)}(0)=1\ (n=0,1,2,\cdots)$. 于是得级数

$$1+x+\frac{1}{2!}x^2+\cdots+\frac{1}{n!}x^n+\cdots,$$

其收敛半径为 $R=+\infty$.

对于任意大于零的常数 M, 在 $[-M,M]$ 上, 有

$$\left|f^{(n)}(x)\right|=\mathrm{e}^x\leqslant \mathrm{e}^M<+\infty.$$

由定理 3.8.3, 有

$$\mathrm{e}^x=1+x+\frac{1}{2!}x^2+\cdots+\frac{1}{n!}x^n+\cdots,\quad x\in(-\infty,+\infty).$$

例 2　将 $f(x)=\sin x$ 展开成 x 的幂级数.

解　所给函数的各阶导数为 $f^{(n)}(x)=\sin\left(x+\frac{n\pi}{2}\right)$, $f^{(n)}(0)=\sin\frac{n\pi}{2}$, 即

$$f^{(2n)}(0)=0,\quad f^{(2n+1)}(0)=(-1)^n,\quad n=0,1,2,\cdots.$$

于是得级数

$$x-\frac{1}{3!}x^3+\frac{1}{5!}x^5-\cdots+(-1)^n\frac{x^{2n+1}}{(2n+1)!}+\cdots,$$

它的收敛半径 $R=+\infty$. 又

$$\left|f^{(n)}(x)\right|=\left|\sin\left(x+\frac{n\pi}{2}\right)\right|\leqslant 1,\quad x\in(-\infty,+\infty).$$

故

$$\sin x=x-\frac{1}{3!}x^3+\frac{1}{5!}x^5-\cdots+(-1)^n\frac{x^{2n+1}}{(2n+1)!}+\cdots,\quad x\in(-\infty,+\infty).$$

例 3　将 $f(x)=(1+x)^\alpha(\alpha\in\mathbf{R})$ 展开成 x 的幂级数.

解　所给函数的各阶导数为

$$f^{(n)}(x)=\alpha(\alpha-1)\cdots(\alpha-n+1)(1+x)^{\alpha-n},$$

因此

$$f^{(n)}(0)=\alpha(\alpha-1)\cdots(\alpha-n+1),\quad n=0,1,2,\cdots.$$

于是得级数

$$1+\alpha x+\frac{\alpha(\alpha-1)}{2!}x^2+\cdots+\frac{\alpha(\alpha-1)\cdots(\alpha-n+1)}{n!}x^n+\cdots,$$

由于

$$\lim_{n\to\infty}\left|\frac{a_{n+1}}{a_n}\right| = \left|\frac{\alpha-n}{n+1}\right| = 1,$$

其半径为 $R=1$. 在 $(-1,1)$ 内, 若

$$S(x) = 1+\alpha x+\cdots+\frac{\alpha(\alpha-1)\cdots(\alpha-n+1)}{n!}x^n+\cdots,$$

则

$$S'(x) = \alpha+\alpha(\alpha-1)x+\cdots+\frac{\alpha(\alpha-1)\cdots(\alpha-n+1)}{(n-1)!}x^{n-1}+\cdots, \tag{3.8.6}$$

方程两边同时乘以 x, 得

$$xS'(x) = \alpha x+\alpha(\alpha-1)x^2+\cdots+\frac{\alpha(\alpha-1)\cdots(\alpha-n+1)}{(n-1)!}x^n+\cdots, \tag{3.8.7}$$

由于

$$\frac{(m-1)\cdots(m-n+1)}{(n-1)!}+\frac{(m-1)\cdots(m-n)}{n!} = \frac{m(m-1)\cdots(m-n+1)}{n!},$$

将 (3.8.6), (3.8.7) 两式相加, 得

$$(1+x)S'(x) = \alpha+\alpha^2x+\frac{\alpha^2(\alpha-1)}{2!}x^2+\cdots+\frac{\alpha^2(\alpha-1)\cdots(\alpha-n+1)}{n!}x^n+\cdots = \alpha S(x),$$

因此 $\dfrac{S'(x)}{S(x)} = \dfrac{\alpha}{1+x}$, 且 $S(0)=1$, 两边积分, 得

$$\int_0^x \frac{S'(x)}{S(x)}\mathrm{d}x = \int_0^x \frac{\alpha}{1+x}\mathrm{d}x, \quad x\in(-1,\ 1),$$

即 $\ln S(x)-\ln S(0) = \alpha\ln(1+x)$, 故

$$S(x) = (1+x)^\alpha, \quad x\in(-1,\ 1),$$

即

$$(1+x)^\alpha = 1+\alpha x+\frac{\alpha(\alpha-1)}{2!}x^2+\cdots+\frac{\alpha(\alpha-1)\cdots(\alpha-n+1)}{n!}x^n+\cdots, \quad x\in(-1,1). \tag{3.8.8}$$

公式 (3.8.8) 叫做**二项展开式**. 特别地, 当 $\alpha=-1,\ \pm\dfrac{1}{2}$ 时, 有

$\frac{1}{1+x}=1-x+x^2-x^3+\cdots+(-1)^n x^n+\cdots,\quad x\in(-1,1);$
$\sqrt{1+x}=1+\frac{1}{2}x-\frac{1}{2\cdot 4}x^2+\frac{1\cdot 3}{2\cdot 4\cdot 6}x^3+\cdots+(-1)^n\frac{(2n-3)!!}{(2n)!!}x^n+\cdots,$
$x\in[-1,1];$
$\frac{1}{\sqrt{1+x}}=1-\frac{1}{2}x+\frac{1\cdot 3}{2\cdot 4}x^2-\frac{1\cdot 3\cdot 5}{2\cdot 4\cdot 6}x^3+\cdots+(-1)^n\frac{(2n-1)!!}{(2n)!!}x^n+\cdots,$
$x\in(-1,1].$

以上将函数展开成幂级数的例子, 是直接按公式 $a_n=\frac{f^{(n)}(0)}{n!}$ 计算幂级数的系数, 最后考察是否存在 $\lim\limits_{n\to\infty}R_n(x)=0$. 这种直接利用公式求幂级数的方法, 计算量大, 容易出错. 一般而言, 可以利用一些已知的函数展开式, 通过幂级数的运算和变量代换, 将所给进行展开成幂级数. 这样不仅可以降低计算量, 同时可以避免讨论余项.

例 4　将 $f(x)=\cos x$ 展开成 x 的幂级数.

解　由于 $(\sin x)'=\cos x$, 因此

$$\begin{aligned}\cos x&=\left(x-\frac{1}{3!}x^3+\frac{1}{5!}x^5-\cdots+(-1)^n\frac{x^{2n+1}}{(2n+1)!}+\cdots\right)'\\&=1-\frac{1}{2!}x^2+\frac{1}{4!}x^4-\cdots+(-1)^n\frac{x^{2n}}{(2n)!}+\cdots,\quad x\in(-\infty,+\infty).\end{aligned}$$

例 5　将函数 $f(x)=\ln(1+x)$ 展开成 x 的幂级数.

解　因为

$$f'(x)=\frac{1}{1+x},$$

而

$$\frac{1}{1+x}=1-x+x^2-x^3+\cdots+(-1)^n x^n+\cdots,\quad x\in(-1,\ 1).$$

将上式从 0 到 x 逐项积分, 得

$$\ln(1+x)=x-\frac{x^2}{2}+\frac{x^3}{3}-\frac{x^4}{4}+\cdots+(-1)^n\frac{x^{n+1}}{n+1}+\cdots,\quad x\in(-1,\ 1].$$

上述展开式对 $x=1$ 也成立, 这是因为上式右端的幂级数当 $x=1$ 时收敛, 而 $\ln(1+x)$ 在 $x=1$ 处有定义且连续.

类似地, 我们还有

$$\arctan x=\int_0^x \frac{\mathrm{d}t}{1+t^2}=x-\frac{1}{3}x^3+\frac{1}{5}x^5-\cdots+(-1)^n\frac{x^{2n+1}}{2n+1}+\cdots,\quad x\in[-1,1],$$

$$\arcsin x=\int_0^x \frac{\mathrm{d}t}{\sqrt{1-t^2}}=x+\frac{1}{2}\frac{x^3}{3}+\frac{1\cdot 3}{2\cdot 4}\frac{x^5}{5}+\frac{1\cdot 3\cdot 5}{2\cdot 4\cdot 6}\frac{x^7}{7}+\cdots,\quad x\in[-1,1].$$

例 6 将函数 $f(x)=\dfrac{1}{3x^2-4x+1}$ 展开成**麦克劳林级数**.

解 因为

$$f(x)=\frac{1}{(3x-1)(x-1)}=\frac{1}{2}\left(\frac{3}{1-3x}-\frac{1}{1-x}\right),$$

而

$$\frac{3}{1-3x}=3\sum_{n=0}^{\infty}(3x)^n,\quad -\frac{1}{3}<x<\frac{1}{3},$$

$$\frac{1}{1-x}=\sum_{n=0}^{\infty}x^n,\quad -1<x<1,$$

因此

$$f(x)=\frac{1}{3x^2-4x+1}=\frac{1}{2}\sum_{n=0}^{\infty}(3^{n+1}-1)x^n,\quad -\frac{1}{3}<x<\frac{1}{3}.$$

例 7 将 $f(x)=\dfrac{x-1}{4-x}$ 展开成 $(x-1)$ 的幂级数.

解 由于

$$\frac{1}{4-x}=\frac{1}{3-(x-1)}=\frac{1}{3\left(1-\dfrac{x-1}{3}\right)}$$

$$=\frac{1}{3}\left[1+\frac{x-1}{3}+\left(\frac{x-1}{3}\right)^2+\cdots+\left(\frac{x-1}{3}\right)^n+\cdots\right],\quad |x-1|<3,$$

从而

$$\frac{x-1}{4-x}=(x-1)\frac{1}{4-x}$$

$$=\frac{1}{3}(x-1)+\frac{(x-1)^2}{3^2}+\frac{(x-1)^3}{3^3}+\cdots+\frac{(x-1)^n}{3^n}+\cdots,\quad (|x-1|<3).$$

习 题 3.8

A 组

1. 将下列函数展开成 x 的幂级数, 并求展开式成立的区间:

(1) $\dfrac{1}{1-x^2}$;　　(2) $a^x(a>0且\neq 1)$;

(3) $\dfrac{1}{3+x}$;　　(4) $(1+x)\mathrm{e}^x$;

(5) $\ln(a+x)(a>0)$;　　(6) $\cos^2 x$.

2. 将下列函数展开成 $x-1$ 的幂级数, 并求展开式成立的区间:

(1) x^3+2x^2-3x+2;　　(2) $\ln x$;

(3) e^x;　　(4) $\dfrac{1}{3+x}$.

3. 将函数 $f(x)=\dfrac{1}{x}$ 展开成 $x-2$ 的幂级数.

4. 将函数 $f(x)=\dfrac{1}{x^2-3x+2}$ 展开成 $x-3$ 的幂级数.

B 组

1. 将 $f(x)=\arcsin x$ 展开成 x 的幂级数.

2. 将函数 $f(x)=\ln(1+x+x^2+x^3)$ 展开成 x 的幂级数.

3. 求下列函数在指定点的幂级数展开:

(1)$f(x)=\dfrac{1}{5-x}$, $x_0=3$;

(2)$f(x)=\ln(x+\sqrt{x^2+1})$, $x_0=0$.

4. 设 $f(x)=\begin{cases}(1+x^2)\dfrac{\arctan x}{x}, & x\neq 0,\\ 1, & x=0,\end{cases}$ 试将 $f(x)$ 展开成 x 的幂级数, 并求级数 $\displaystyle\sum_{n=1}^{\infty}\frac{(-1)^n}{1-4n^2}$ 的和.

3.9 幂级数的应用

1. 掌握幂级数展开式在近似计算中的应用;
2. 能用幂级数展开求极限.

在经济和工程技术领域中, 常常涉及近似计算问题. 例如, 在债券理论中, 为了研究收益率对价格的影响, 往往利用泰勒级数的前两项或前三项来近似计算, 并根据近似计算公式研究债券的性质, 为复杂的债券投资组合提供依据.

3.9.1 幂级数在近似计算中的应用

例 1 计算 $\sqrt[5]{240}$ 的近似值, 要求误差不超过 0.0001.

解 因为

$$\sqrt[5]{240}=\sqrt[5]{243-3}=3\left(1-\frac{1}{3^4}\right)^{1/5},$$

所以在二项展开式中取 $m=\frac{1}{5}, x=-\frac{1}{3^4}$, 即得

$$\sqrt[5]{240}=3\left(1-\frac{1}{5}\times\frac{1}{3^4}-\frac{1\times 4}{5^2\times 2!}\times\frac{1}{3^8}-\frac{1\times 4\times 9}{5^3\times 3!}\times\frac{1}{3^{12}}-\cdots\right).$$

取前两项的和作为 $\sqrt[5]{240}$ 的近似值, 其误差为

$$\begin{aligned}|r_2|=&3\left(\frac{1\times 4}{5^2\times 2!}\cdot\frac{1}{3^8}+\frac{1\times 4\times 9}{5^3\times 3!}\times\frac{1}{3^{12}}+\frac{1\times 4\times 9\times 14}{5^4\times 4!}\cdot\frac{1}{3^{16}}+\cdots\right)\\ &<3\times\frac{1\times 4}{5^2\times 2!}\times\frac{1}{3^8}\left[1+\frac{1}{81}+\left(\frac{1}{81}\right)^2+\cdots\right]\\ =&\frac{6}{25}\times\frac{1}{3^8}\times\frac{1}{1-\frac{1}{81}}=\frac{1}{25\times 27\times 40}<\frac{1}{20000}.\end{aligned}$$

于是取近似式为 $\sqrt[5]{240}\approx 3\left(1-\frac{1}{5}\cdot\frac{1}{3^4}\right)$.

为了使“四舍五入”引起的误差 (叫做舍入误差) 与截断误差之和不超过 10^{-4}, 计算时应取五位小数, 然后四舍五入. 因此, 最后得

$$\sqrt[5]{240}\approx 2.9926.$$

例 2 求 e 的值, 精确到小数点后四位 (误差不超过 0.0001).

解 在 e^x 的幂级数展开式

$$\mathrm{e}^x=1+x+\cdots+\frac{x^n}{n!}+\cdots,\quad -\infty<x<+\infty$$

中, 取 $x=1$, 得

$$\mathrm{e}=1+1+\frac{1}{2!}+\cdots+\frac{1}{n!}+\cdots,$$

取前 $n+1$ 项的和来近似计算.

估计误差, 有

$$\begin{aligned}|r_n|=&\frac{1}{(n+1)!}+\frac{1}{(n+2)!}+\cdots=\frac{1}{(n+1)!}\left[1+\frac{1}{n+2}+\frac{1}{(n+3)(n+2)}+\cdots\right]\\ <&\frac{1}{(n+1)!}\left[1+\frac{1}{n+1}+(\frac{1}{n+1})^2+\cdots\right]=\frac{1}{(n+1)!}\frac{1}{1-\frac{1}{n+1}}=\frac{1}{n!\cdot n},\end{aligned}$$

要使 $\frac{1}{n!\cdot n}<0.0001$, 只要 $n\geqslant 7$ 即可. 此时

$$\mathrm{e}\approx 2+\frac{1}{2!}+\cdots+\frac{1}{7!}\approx 2.7183.$$

例 3 求 $\int_0^1 \frac{\sin x}{x}\mathrm{d}x$ 的近似值, 使其误差不超过 0.0001.

解 函数的幂级数展开为

$$\frac{\sin x}{x} = 1 - \frac{x^2}{3!} + \frac{x^4}{5!} - \cdots + (-1)^n \frac{x^{2n}}{(2n+1)!} + \cdots, \quad -\infty < x < +\infty,$$

所以

$$\int_0^1 \frac{\sin x}{x}\mathrm{d}x = 1 - \frac{1}{3\times 3!} + \frac{1}{5\times 5!} - \frac{1}{7\times 7!} + \cdots \triangleq \sum_{n=0}^{\infty}(-1)^n u_n.$$

由交错级数的性质, 有

$$|r_n| < u_{n+1} = \frac{1}{(2n+1)(2n+1)!} < 0.0001.$$

当 $n=2$ 时, $u_3 = \frac{1}{7\times 7!} = 2.84\times 10^{-5} < 0.0001$. 因此, 只需取前 3 项的和, 即

$$\int_0^1 \frac{\sin x}{x}\mathrm{d}x \approx 1 - \frac{1}{3\times 3!} + \frac{1}{5\times 5!} \approx 0.9461.$$

3.9.2 幂级数在极限运算中的应用

例 4 求极限 $\lim\limits_{n\to\infty}\left(\frac{2}{3} + \frac{4}{3^2} + \cdots + \frac{2n}{3^n}\right)$.

解 设

$$S_n = \frac{2}{3} + \frac{4}{3^2} + \cdots + \frac{2n}{3^n},$$

则求 $\lim\limits_{n\to\infty} S_n$ 即为求级数 $\sum\limits_{n=1}^{\infty}\frac{2n}{3^n}$ 的和. 作幂级数 $\sum\limits_{n=1}^{\infty}\frac{2n}{3^n}x^n$, 设其和函数为 $S(x)$, 由 3.7 节例 7, 有

$$\sum_{n=1}^{\infty} n x^{n-1} = \frac{1}{(1-x)^2}, \quad |x| < 1,$$

从而

$$S(x) = \sum_{n=1}^{\infty}\frac{2n}{3^n}x^n = \frac{2x}{3}\sum_{n=1}^{\infty} n\left(\frac{x}{3}\right)^{n-1} = \frac{2x}{3}\frac{1}{\left(1-\frac{x}{3}\right)^2}, \quad \left|\frac{x}{3}\right| < 1.$$

由此

$$S(1)=\sum_{n=1}^{\infty}\frac{2n}{3^n}=\frac{2}{3}\frac{1}{\left(1-\frac{1}{3}\right)^2}=\frac{3}{2},$$

即

$$\lim_{n\to\infty}\left(\frac{2}{3}+\frac{4}{3^2}+\cdots+\frac{2n}{3^n}\right)=\frac{3}{2}.$$

例 5 利用幂级数展开式, 求极限 $\lim\limits_{x\to 0}\dfrac{x-\sin x}{\tan^3 x}$.

解 由于 $\sin x$ 在 $x=0$ 处的幂级数展开式为

$$\begin{aligned}\sin x=&x-\frac{x^3}{3!}+\frac{x^5}{5!}-\cdots+(-1)^n\frac{x^{2n+1}}{(2n+1)!}+\cdots\\=&x-\frac{x^3}{3!}+o(x^3),\quad -\infty<x<+\infty,\end{aligned}$$

又当 $x\to 0$ 时, $\tan x\sim x$, 因此

$$\lim_{x\to 0}\frac{x-\sin x}{\tan^3 x}=\lim_{x\to 0}\frac{x-\left(x-\dfrac{x^3}{3!}+o(x^3)\right)}{x^3}=\frac{1}{6}.$$

习 题 3.9

A 组

1. 利用函数的幂级数展开式求下列各数的近似值:

(1) $\ln 2$(误差不超过 0.0001);

(2) $\cos 2^\circ$(误差不超过 0.0001);

(3) $\sqrt[9]{522}$(误差不超过 0.00001).

2. 利用被积函数的幂级数展开式求下列定积分的近似值:

(1) $\displaystyle\int_0^{0.5}\frac{\mathrm{d}x}{1+x^4}$(误差不超过 0.0001);

(2) $\displaystyle\int_0^{1}\frac{\mathrm{e}^x-1}{x}\mathrm{d}x$(误差不超过 0.001).

3. 利用幂级数展开, 求下列极限:

(1) $\lim\limits_{x\to 0}\dfrac{\sin x-x\cos x}{(\ln(1+x))^3}$;　　(2) $\lim\limits_{x\to 0}\dfrac{\sqrt{1+x}-1-\frac{1}{2}x}{x^3}$.

4. 设 $f(x)=\begin{cases}\dfrac{\sin x}{x}, & x\neq 0,\\ 1, & x=0.\end{cases}$ 求 $f^{(n)}(0)(n=1,\ 2,\ 3,\ \cdots)$.

B 组

1. 利用函数的幂级数展开式求下列各式的近似值:

(1) $\sqrt[3]{130}$(误差不超过 0.000 1);

(2) $\sqrt{\mathrm{e}}$(误差不超过 0.001);

(3) $\int_0^{0.1}\frac{\arctan x}{x}\mathrm{d}x$(误差不超过 0.000 1);

(4) $\frac{2}{\sqrt{\pi}}\int_0^{\frac{1}{2}}\mathrm{e}^{-x^2}\mathrm{d}x$(误差不超过 0.000 1).

2. 求下列极限:

(1) $\lim\limits_{x\to\infty}\left[x-x^2\ln\left(1+\frac{1}{x}\right)\right]$;　　(2) $\lim\limits_{x\to 0}\frac{\frac{x^2}{2}+1-\sqrt{1+x^2}}{(\cos x-\mathrm{e}^{x^2})\sin x^2}$.

3. 求极限 $\lim\limits_{n\to\infty}\left(\frac{1}{a}+\frac{2}{a^2}+\cdots+\frac{n}{a^n}\right)$, 其中 $a>1$.

本章内容小结

本章主要内容如下:

(1) 反常积分的概念: 两种不同类型的反常积分的定义及其与常义积分之间的联系.

(2) 二重积分:

① 二重积分的定义

$$\iint\limits_D f(x,y)\mathrm{d}\sigma=\lim_{\lambda\to 0}\sum_{i=1}^n f(\xi_i,\eta_i)\Delta\sigma_i\quad(\mathrm{d}\sigma=\mathrm{d}x\mathrm{d}y);$$

② 二重积分的性质 (与定积分性质相似);

③ 曲顶柱体体积的计算——二次积分法;

④ 二重积分的计算: 二重积分化为累次积分的方法

a. 直角坐标系情形: 若积分区域为 $D=\{(x,y)\mid a\leqslant x\leqslant b,\ y_1(x)\leqslant y\leqslant y_2(x)\}$, 则

$$\iint\limits_D f(x,y)\mathrm{d}\sigma=\int_a^b\mathrm{d}x\int_{y_1(x)}^{y_2(x)}f(x,y)\mathrm{d}y;$$

若积分区域为 $D=\{(x,y)\mid c\leqslant y\leqslant d,\ x_1(y)\leqslant x\leqslant x_2(y)\}$, 则

$$\iint\limits_D f(x,y)\mathrm{d}\sigma=\int_c^d\mathrm{d}y\int_{x_1(y)}^{x_2(y)}f(x,y)\mathrm{d}x.$$

b. 极坐标系情形: 若积分区域为 $D=\{(r,\theta)\mid\alpha\leqslant\theta\leqslant\beta,\phi_1(\theta)\leqslant r\leqslant\phi_2(\theta)\}$, 则

$$\begin{aligned}\iint_D f(x,y)\mathrm{d}\sigma&=\iint_D f(r\cos\theta,r\sin\theta)r\mathrm{d}r\mathrm{d}\theta\\&=\int_\alpha^\beta\mathrm{d}\theta\int_{\phi_1(\theta)}^{\phi_2(\theta)}f(r\cos\theta,r\sin\theta)r\mathrm{d}r.\end{aligned}$$

(3) 无穷级数:

① 正项级数判别法——比较判别法、比值判别法、根值判别法;

② 任意项级数判别法: 交错级数的莱布尼茨定理及绝对收敛、条件收敛;

③ 幂级数的收敛半径及收敛域的计算;

④ 幂级数的性质:

a. 两个幂级数在公共收敛区间内可进行加、减与乘法运算;

b. 在收敛区间内幂级数的和函数连续;

c. 幂级数在收敛区间内可逐项求导和求积分.

⑤ 函数的幂级数展开法.

⑥ 幂级数的应用.

学习中应注意如下几点:

(1) 二重积分是定积分的推广, 因此研究方法、定义、性质都是类似的, 学习时应与定积分类比, 温故知新, 并注意有些性质的几何意义, 以便理解和记忆;

(2) 二重积分计算方法的核心就是把它化成累次定积分, 首先要画出积分区域的图形, 从而可以确定积分上下限, 同时还可以根据图形选择积分方法, 若在直角坐标系下计算, 还要考虑积分次序, 若在极坐标系下就是先 r 后 θ 了.

(3) 求幂级数收敛域的方法.

① 对标准型幂级数 $\sum\limits_{n=0}^{\infty}a_nx^n\ (a_n\neq0)$ 先求收敛半径, 再讨论端点的收敛性.

② 对非标准型幂级数 (缺项或通项为复合式), 求收敛半径时直接用比值法或根值法, 也可通过换元化为标准型再求.

(4) 熟记常用函数的幂级数展开式.

$$\frac{1}{1-x}=1+x+x^2+\cdots+x^n+\cdots,\quad -1<x<1;$$

$$\mathrm{e}^x=1+x+\frac{1}{2!}x^2+\cdots\frac{1}{n!}x^n+\cdots,\quad -\infty<x<+\infty;$$

$$\sin x=x-\frac{x^3}{3!}+\frac{x^5}{5!}-\cdots+(-1)^{n-1}\frac{x^{2n-1}}{(2n-1)!}+\cdots,\quad -\infty<x<+\infty;$$

$$\cos x = 1 - \frac{x^2}{2!} + \frac{x^4}{4!} - \cdots + (-1)^n \frac{x^{2n}}{(2n)!} + \cdots, \quad -\infty < x < +\infty;$$

$$\ln(1+x) = x - \frac{x^2}{2} + \frac{x^3}{3} - \frac{x^4}{4} + \cdots + (-1)^n \frac{x^{n+1}}{n+1} + \cdots, \quad -1 < x \leqslant 1;$$

$$(1+x)^m = 1 + mx + \frac{m(m-1)}{2!}x^2 + \cdots + \frac{m(m-1)\cdots(m-n+1)}{n!}x^n + \cdots, \quad -1 < x < 1.$$

第 4 章　微分方程与差分方程

在科学技术和经济管理等许多实际问题中, 动态系统中的变量间往往可以表示成一个 (组) 微分方程或差分方程. 它们是两类不同的方程, 前者处理的量是连续变量; 而后者处理的量则是依次取非负整数值的离散变量. 例如, 在经济变量的数据中就有很多以间隔时间周期作为统计的. 微分方程和差分方程也有共同点, 它们都是从未知函数的微分 (导数) 或差分 (增量) 的某种关系求未知函数本身. 这两类方程在经济研究及其他科学的研究中都有非常重要的应用. 本章主要讨论几类高阶微分方程的解法及其应用, 并对差分方程作一个简单介绍.

4.1　几类可降阶的高阶微分方程

1. 会用降阶法求解 $y^{(n)}=f(x)$, $y''=f(x,y')$, $y''=f(y,y')$ 三类高阶微分方程.

二阶和二阶以上的微分方程统称为**高阶微分方程**. 有些高阶微分方程, 可以通过自变量或未知函数的代换降低阶数, 从而求出解来. 下面介绍三类可降阶的高阶微分方程的解法.

4.1.1　$y^{(n)}=f(x)$ 型的微分方程

微分方程

$$y^{(n)}=f(x) \tag{4.1.1}$$

的右端仅含有自变量 x. 容易看出, 只要把 $y^{(n-1)}$ 作为新的未知函数, 那么 (4.4.1) 式就成为新未知函数的一阶微分方程. 因此对 (4.4.1) 式的求解可以采用变量代换的方法, 具体步骤如下:

(1) 令 $z=y^{(n-1)}$, 以 z 为新的未知函数, x 仍为自变量, 原来的 n 阶微分方程 (4.4.1) 化为关于 z 的一阶微分方程

$$\frac{\mathrm{d}z}{\mathrm{d}x}=f(x),$$

直接积分可得其通解为

$$z=\int f(x)\mathrm{d}x+C_1, \tag{4.1.2}$$

其中 $\int f(x)\mathrm{d}x$ 是函数 $f(x)$ 的一个原函数, C_1 是任意常数.

(2) 用 $y^{(n-1)}$ 代替 z, 则 (4.1.2) 式变成一个 $n-1$ 阶的微分方程

$$y^{(n-1)} = \int f(x)\mathrm{d}x + C_1.$$

如果 $n-1>1$, 对上式可以用相同的方法继续降价, 两边积分, 可以得到

$$y^{(n-2)} = \int \left[\int f(x)\mathrm{d}x + C_1\right]\mathrm{d}x + C_2.$$

(3) 接连积分 n 次, 便得到方程 (4.1.1) 的含有 n 个任意常数的通解.

例 1　解微分方程 $y''' = x^2+1$.

解　对方程两边积分得

$$y'' = \frac{1}{3}x^3 + x + C,$$

再对以上二阶方程积分得

$$y' = \frac{1}{12}x^4 + \frac{1}{2}x^2 + Cx + C_2,$$

最后对以上一阶方程积分得通解为

$$\begin{aligned} y &= \frac{1}{60}x^5 + \frac{1}{6}x^3 + \frac{1}{2}Cx^2 + C_2x + C_3 \\ &= \frac{1}{60}x^5 + \frac{1}{6}x^3 + C_1x^2 + C_2x + C_3. \end{aligned}$$

4.1.2　$y'' = f(x, y')$ 型的微分方程

微分方程

$$y'' = f(x, y') \tag{4.1.3}$$

不显含未知函数 y. 容易看出, 如果令 $y'=p$, 那么 (4.1.3) 式就成为一个关于变量 x 和 p 的一阶微分方程. 因此对 (4.1.3) 式的求解也可以采用变量代换的方法, 具体步骤如下:

(1) 令 $y'=p$, 则 $y'' = \frac{\mathrm{d}p}{\mathrm{d}x} = p'$, 代入 (4.1.3) 式, 有 $p' = f(x,p)$. 求出其通解 $p = Q(x, C_1)$, 即

$$\frac{\mathrm{d}y}{\mathrm{d}x} = Q(x, C_1). \tag{4.1.4}$$

(2) 对一阶微分方程 (4.1.4) 进行积分得方程 (4.1.3) 的通解为

$$y = \int Q(x, C_1)\mathrm{d}x + C_2.$$

例 2 求微分方程 $(1+x^2)y''=2xy'$.

解 令 $y'=p$, 则方程变为

$$(1+x^2)\frac{\mathrm{d}p}{\mathrm{d}x}=2xp,$$

分离变量, 得

$$\frac{\mathrm{d}p}{p}=\frac{2x}{1+x^2}\mathrm{d}x,\quad p\neq 0.$$

两边积分, 得

$$\ln|p|=\ln(1+x^2)+C,$$

即

$$p=y'=C_1(1+x^2),\quad C_1=\pm\mathrm{e}^C.$$

两端再积分得原方程的通解为

$$y=C_1\left(x+\frac{1}{3}x^3\right)+C_2,$$

此通解还包含了 $p=0$.

4.1.3 $y''=f(y,y')$ 型的微分方程

方程

$$y''=f(y,y') \tag{4.1.5}$$

中不显含自变量 x. 容易看出, 如果令 $y'=p$, 方程也可以降为一个一阶微分方程进行求解, 因此对 (4.1.5) 式的求解也可以采用变量代换的方法, 具体步骤如下.

(1) 令 $y'=p$, 则 $y''=\frac{\mathrm{d}p}{\mathrm{d}x}=\frac{\mathrm{d}p}{\mathrm{d}y}\cdot\frac{\mathrm{d}y}{\mathrm{d}x}=p\cdot\frac{\mathrm{d}p}{\mathrm{d}y}$. 将其代入 (4.1.5), 得

$$p\cdot\frac{\mathrm{d}p}{\mathrm{d}y}=f(y,p). \tag{4.1.6}$$

(2) 求出一阶微分方程 (4.1.6) 的通解

$$y'=p=Q(y,C_1).$$

(3) 对上式分离变量并积分得原方程的通解为

$$\int\frac{\mathrm{d}y}{Q(y,C_1)}=x+C_2.$$

例 3 解微分方程 $yy''-(y')^2=0$.

解　方程不显含自变量 x, 令 $y'=p$, 则

$$y''=\frac{\mathrm{d}p}{\mathrm{d}x}=\frac{\mathrm{d}p}{\mathrm{d}y}\cdot\frac{\mathrm{d}y}{\mathrm{d}x}=p\cdot\frac{\mathrm{d}p}{\mathrm{d}y}.$$

代入原方程得

$$yp\frac{\mathrm{d}p}{\mathrm{d}y}-p^2=0.$$

在 $y\neq 0,p\neq 0$ 时约去 p 并分离变量, 得

$$\frac{\mathrm{d}p}{p}=\frac{\mathrm{d}y}{y}.$$

两端积分, 得

$$\ln|p|=\ln|y|+C,$$

即

$$p=C_1y,$$

或

$$y'=C_1y,\quad C_1=\pm\mathrm{e}^C.$$

再分离变量并两端积分, 便可得原方程的通解为

$$\ln|y|=C_1x+C_2',$$

即

$$y=C_2\mathrm{e}^{C_1x},\quad C_2=\pm\mathrm{e}^{C_2'}.$$

习　题　4.1

A 组

1. 求下列微分方程的通解:

(1) $y''=x+\sin x$;　　(2) $y''=x\mathrm{e}^x$;

(3) $y''=1+y'$;　　(4) $y''-y'-x=0$;

(5)$y''=\dfrac{1}{x}y'+x\mathrm{e}^x$;　　(6) $y^3y''-1=0$.

2. 求下列微分方程在给定初始条件下的特解:

(1) $y''-ay'^2=0,\ y(0)=0,\ y'(0)=-1$;

(2) $y''=\mathrm{e}^{2y},\ y(0)=y'(0)=0$;

(3) $y'''=\mathrm{e}^{ax},\ y(0)=y'(0)=y''(0)=0$.

B 组

1. 求微分方程 $y'''=\mathrm{e}^{-x}\sin x$ 的通解.

2. 试求 $xy''=y'+x^2$ 经过点 (1, 0) 且在此点的切线与直线 $y=3x-3$ 垂直的积分曲线.

4.2 二阶常系数线性微分方程

1. 会解二阶常系数齐次线性微分方程;
2. 了解线性微分方程解的性质及解的结构定理;
3. 会解自由项为多项式、指数函数、正弦函数、余弦函数的二阶常系数非齐次线性微分方程.

在本节中, 我们将讨论在实际问题中应用得较多的高阶线性微分方程, 讨论时以二阶线性微分方程为主.

4.2.1 线性微分方程解的结构

形如

$$y^{(n)}+a_1(x)y^{(n-1)}+a_2(x)y^{(n-2)}+\cdots+a_{n-1}y'+a_n(x)y=f(x) \tag{4.2.1}$$

的方程叫做 n**阶线性微分方程**. 当 $f(x)\equiv 0$ 时, 称此方程为**齐次线性微分方程**; 否则称之为**非齐次线性微分方程**.

如果 $a_1(x),a_2(x),\cdots,a_n(x)$ 均为常数, 则称方程 (4.2.1) 为**常系数的线性微分方程**, 否则称为**变系数的线性微分方程**.

下面讨论二阶线性微分方程解的一些性质, 所有的结论可以直接推广到更高阶的线性微分方程.

1. 二阶线性微分方程解的结构

形如

$$y''+P(x)y'+Q(x)y=f(x)$$

的方程称为**二阶线性微分方程.** 当 $f(x)\equiv 0$ 时, 称此方程为二阶**齐次线性微分方程**; 否则称之为二阶**非齐次线性微分方程**.

先讨论二阶齐次线性微分方程

$$y''+P(x)y'+Q(x)y=0. \tag{4.2.2}$$

定理 4.2.1 如果函数 $y_1(x)$ 与 $y_2(x)$ 都是二阶齐次线性微分方程 $y''+P(x)y'+Q(x)y=0$ 的解, 则对任意常数 C_1, C_2, $y=C_1y_1(x)+C_2y_2(x)$ 也是方程 $y''+P(x)y'+Q(x)y=0$ 的解.

证 将 $y=C_1y_1(x)+C_2y_2(x)$ 代入方程 $y''+P(x)y'+Q(x)y=0$, 有

$$(C_1y_1''+C_2y_2'')+P(x)(C_1y_1'+C_2y_2')+Q(x)(C_1y_1+C_2y_2)$$

$$=C_1\left[y_1''+P(x)y_1'+Q(x)y_1\right]+C_2\left[y_2''+P(x)y_2'+Q(x)y_2\right].$$

由于 $y_1(x)$ 与 $y_2(x)$ 都是方程 $y''+P(x)y'+Q(x)y=0$ 的解, 上式右端方括号中的表达式都恒等于零, 因而整个式子恒等于零. 从而证明了 $y=C_1y_1(x)+C_2y_2(x)$ 也是方程 $y''+P(x)y'+Q(x)y=0$ 的解.

这个性质表明齐次线性微分方程的解符合**叠加原理**.

在解 $y=C_1y_1(x)+C_2y_2(x)$ 中, 从形式上看含有两个任意的常数, 但它不一定是方程 $y''+P(x)y'+Q(x)y=0$ 的通解. 例如, 当 $y_2=2y_1$ 时, $y=C_1y_1(x)+C_2y_2(x)$ 可以把它改写为 $y=(C_1+2C_2)y_1(x)=Cy_1(x)$, 只含有一个任意的常数, 显然不是原二阶方程的通解. 那么, 在什么条件下 y 才是 $y''+P(x)y'+Q(x)y=0$ 的通解呢? 要解决这个问题, 还得引入一个新的概念, 即所谓函数的线性相关和线性无关.

设 $y_1(x),y_2(x),\cdots,y_n(x)$ 是定义在区间 I 上的 n 个函数, 如果存在 n 个不全为零的常数 $k_1,k_2,\cdots,k_n$, 使得当 $x\in I$ 时有恒等式

$$k_1y_1+k_2y_2+\cdots+k_ny_n\equiv 0$$

成立, 那么称这 n 个函数在区间 I 上**线性相关**; 否则称**线性无关**.

例如, 函数 $1,\cos^2 x,\sin^2 x$ 在整个数轴上是线性相关的. 因为取 $k_1=1,k_2=k_3=-1$, 就有恒等式

$$1-\cos^2 x-\sin^2 x=0.$$

又如, 函数 $1,x,x^2$ 在任何区间 $(a,\ b)$ 内是线性无关的. 事实上,

$$k_1\cdot 1+k_2\cdot x+k_3\cdot x^2\equiv 0\Leftrightarrow k_1=k_2=k_3=0.$$

有了一组函数线性相关或线性无关的概念后, 有如下定理.

定理 4.2.2　如果函数 $y_1(x)$ 与 $y_2(x)$ 是二阶齐次线性微分方程 $y''+P(x)y'+Q(x)y=0$ 的两个线性无关的特解, 那么 $y=C_1y_1(x)+C_2y_2(x)$ 就是方程 $y''+P(x)y'+Q(x)y=0$ 的通解, 其中 $C_1,\ C_2$ 是任意常数.

例如, $y=C_1\cos x+C_2\sin x$ 是方程 $y''+y=0$ 的通解.

下面讨论二阶非齐次线性微分方程

$$y''+P(x)y'+Q(x)y=f(x)\neq 0. \tag{4.2.3}$$

我们把方程 (4.2.2) 叫做与二阶非齐次线性微分方程对应的齐次线性微分方程.

在基础版中已经知道, 一阶非齐次线性微分方程的通解由两部分组成: 一部分是对应齐次线性微分方程的通解; 另一部分是非齐次线性微分方程本身的一个特解. 实际上, 不仅一阶非齐次线性微分方程的通解具有这样的结构, 二阶以及更高阶的非齐次线性微分方程的通解也具有同样的结构.

定理 4.2.3 设 y^* 是二阶非齐次线性微分方程 (4.2.3) 的一个特解, $Y(x)$ 是其对应齐次线性微分方程 (4.2.2) 的通解, 则 $y=Y(x)+y^*$ 是方程 (4.2.3) 的通解.

证 将 $y=Y(x)+y^*$ 代入方程 (4.2.3),

$$\begin{aligned}\text{左端} =&[Y''+(y^*)'']+P(x)[Y'+(y^*)']+Q(x)(Y+y^*)\\ =&[Y''+P(x)Y'+Q(x)Y]+[(y^*)''+P(x)(y^*)'+Q(x)y^*]=0+f(x)=\text{右端},\end{aligned}$$

所以 $y=Y(x)+y^*$ 是 (4.2.3) 的解. 又由于 $y=Y(x)+y^*$ 中含有两个任意常数, 因此它是 (4.2.3) 的通解.

例如, $y=C_1\cos x+C_2\sin x$ 是方程 $y''+y=0$ 的通解, $y^*=x^2-2$ 是 $y''+y=x^2$ 的一个特解, 所以 $y=C_1\cos x+C_2\sin x+x^2-2$ 是 $y''+y=x^2$ 的通解.

定理 4.2.4 设 y_1^*, y_2^* 是二阶非齐次线性微分方程 (4.2.3) 的两个特解, 则 $y=y_1^*-y_2^*$ 是其对应齐次线性微分方程 (4.2.2) 的一个解.

证 把 $y=y_1^*-y_2^*$ 代入方程 (4.2.3) 的左端, 得

$$\left[y_1^{*''}+P(x)y_1^{*'}+Q(x)y_1^*\right]-\left[y_2^{*''}+P(x)y'+Q(x)y_2^*\right]=f(x)-f(x)=0.$$

所以 $y=y_1^*-y_2^*$ 是方程 (4.2.2) 的一个解.

非齐次线性微分方程的特解有时可用以下定理来帮助求出.

定理 4.2.5 若二阶非齐次微分方程 (4.2.3) 的右端 $f(x)=f_1(x)+f_2(x)$, 即微分方程为

$$y''+P(x)y'+Q(x)y=f_1(x)+f_2(x), \tag{4.2.4}$$

且 y_1^* 和 y_2^* 分别是方程

$$y''+P(x)y'+Q(x)y=f_1(x),$$

$$y''+P(x)y'+Q(x)y=f_2(x)$$

的特解, 则 $y=y_1^*+y_2^*$ 就是方程 (4.2.4) 的特解.

证 将 $y=y_1^*+y_2^*$ 代入方程 (4.2.4) 的左端, 得

$$\begin{aligned}&(y_1^*+y_2^*)''+P(x)(y_1^*+y_2^*)'+Q(x)(y_1^*+y_2^*)\\ =&[(y_1^*)''+P(x)(y_1^*)'+Q(x)y_1^*]+[(y_2^*)''+P(x)(y_2^*)'+Q(x)y_2^*]\\ =&f_1(x)+f_2(x).\end{aligned}$$

因此 $y=y_1^*+y_2^*$ 是方程 (4.2.4) 的一个特解.

定理 4.2.5 通常称为非齐次线性微分方程的解的**叠加原理**.

定理 4.2.2 与定理 4.2.5 都可以推广到 n 阶齐次和非齐次线性微分方程, 这里仅举定理 4.2.2 的一个推广.

定理 4.2.6 如果函数 $y_1(x), y_2(x), \cdots, y_n(x)$ 是 n 阶齐次线性微分方程

$$y^{(n)} + a_1(x)y^{(n-1)} + a_2(x)y^{(n-2)} + \cdots + a_{n-1}y' + a_n(x)y = 0$$

的 n 个线性无关的解, 那么,

$$y = C_1y_1(x) + C_2y_2(x) + \cdots + C_ny_n(x)$$

就是此方程的通解, 其中 $C_1, C_2, \cdots, C_n$ 是任意常数.

4.2.2 二阶常系数齐次线性微分方程

当 p, q 为常数时, 微分方程

$$y'' + py' + qy = 0 \tag{4.2.5}$$

称为**二阶常系数齐次线性微分方程**.

由前面的讨论可知, 要得到方程 (4.2.5) 的通解, 首先要找出它的两个线性无关的特解.

当 r 为常数时, 指数函数 $y = \mathrm{e}^{rx}$ 和它的各阶导数都只相差一个常数因子. 因此我们常用指数函数 $y = \mathrm{e}^{rx}$ 来尝试, 看是否可以选取适当的 r, 使 $y = \mathrm{e}^{rx}$ 满足方程 (4.2.5).

将 $y = \mathrm{e}^{rx}$, $y' = r\mathrm{e}^{rx}, y'' = r^2\mathrm{e}^{rx}$ 代入方程 (4.2.5), 得

$$(r^2 + pr + q)\mathrm{e}^{rx} = 0.$$

由于 $\mathrm{e}^{rx} \neq 0$, 所以有

$$r^2 + pr + q = 0. \tag{4.2.6}$$

由此可见, 只要 r 满足代数方程 (4.2.6), 函数 $y = \mathrm{e}^{rx}$ 就是微分方程 (4.2.5) 的解. 我们把代数方程 (4.2.6) 叫做微分方程 (4.2.5)**特征方程**, 其根称为微分方程 (4.2.5) 的**特征根**. 微分方程 (4.2.5) 的特解可以通过求代数方程 (4.2.6) 的根得到. 根据方程 (4.2.6) 的根的不同情形, 分别讨论如下:

(1) 当方程 (4.2.6) 有两个不同实根 $r_1 \neq r_2$ 时, 则 $y_1(x) = \mathrm{e}^{r_1x}$ 和 $y_2(x) = \mathrm{e}^{r_2x}$ 是微分方程 (4.2.5) 的两个线性无关的解, 因此微分方程 (4.2.5) 的通解为

$$y = C_1\mathrm{e}^{r_1x} + C_2\mathrm{e}^{r_2x}.$$

(2) 当方程 (4.2.6) 有两个相同实根 $r_1=r_2$ 时, 只能得到微分方程 (4.2.5) 的一个解 $y_1(x)=\mathrm{e}^{r_1x}$. 为了得到微分方程 (4.2.5) 的通解, 还需求另外一个与 $y_1(x)$ 线性无关的解 $y_2(x)$. 可设 $\dfrac{y_2(x)}{y_1(x)}=u(x)$, 即 $y_2(x)=\mathrm{e}^{r_1x}u(x)$, 则

$$y_2'(x)=\mathrm{e}^{r_1x}[u'(x)+r_1u(x)],\quad y_2''(x)=\mathrm{e}^{r_1x}[u''(x)+2r_1u'(x)+r_1^2u(x)],$$

将 y_2, y_2' 和 y_2'' 代入微分方程 (4.2.5) 得

$$\mathrm{e}^{r_1x}[(u''(x)+2r_1u_1'(x)+r_1^2u(x))+p(u'(x)+r_1u(x))+qu(x)]=0,$$

约去 e^{r_1x}, 并以 $u''(x)$, $u'(x)$, $u(x)$ 为准合并同类项, 得

$$u''(x)+(2r_1+p)u'(x)+(r_1^2+pr_1+q)u(x)=0.$$

由于 r_1 是特征方程 (4.2.6) 的二重根, 因此 $r_1^2+pr_1+q=0$ 且 $2r_1+p=0$. 于是得 $u''(x)=0$. 因为这里只要得到一个不为常数的解, 所以不妨选取 $u(x)=x$, 由此得到微分方程 (4.2.5) 的另一个解 $y_2(x)=x\mathrm{e}^{r_1x}$. 所以微分方程 (4.2.5) 的通解为

$$y=(C_1+C_2x)\mathrm{e}^{r_1x}.$$

(3) 当方程 (4.2.6) 有一对共轭复根 $r_1=\alpha+\mathrm{i}\beta, r_2=\alpha-\mathrm{i}\beta$ 时, 得到微分方程 (4.2.5) 的两个线性无关的特解为 $y_1(x)=\mathrm{e}^{(\alpha+\mathrm{i}\beta)x}, y_2(x)=\mathrm{e}^{(\alpha-\mathrm{i}\beta)x}$, 从而可求得微分方程 (4.2.5) 的复数通解. 为了便于计算, 我们利用欧拉公式

$$\mathrm{e}^{\mathrm{i}x}=\cos x+\mathrm{i}\sin x$$

可得

$$y_1(x)=\mathrm{e}^{(\alpha+\mathrm{i}\beta)x}=\mathrm{e}^{\alpha x+\mathrm{i}\beta x}=\mathrm{e}^{\alpha x}(\cos\beta x+\mathrm{i}\sin\beta x),$$

$$y_2(x)=\mathrm{e}^{(\alpha-\mathrm{i}\beta)x}=\mathrm{e}^{\alpha x-\mathrm{i}\beta x}=\mathrm{e}^{\alpha x}(\cos\beta x-\mathrm{i}\sin\beta x).$$

取

$$\bar{y}_1(x)=\frac{1}{2}(y_1(x)+y_2(x))=\mathrm{e}^{\alpha x}\cos\beta x,$$

$$\bar{y}_2(x)=\frac{1}{2\mathrm{i}}(y_1(x)-y_2(x))=\mathrm{e}^{\alpha x}\sin\beta x,$$

则 $\bar{y}_1,\bar{y}_2$ 仍为微分方程 (4.2.5) 的两个线性无关的特解. 所以 $y''+py'+qy=0$ 的通解可写为

$$y=\mathrm{e}^{\alpha x}(C_1\cos\beta x+C_2\sin\beta x).$$

综上所述, 求解 $y''+py'+qy=0$ 的步骤如下:

(1) 写出 $y''+py'+qy=0$ 的特征方程 $r^2+pr+q=0$;

(2) 求出特征方程 $r^2+pr+q=0$ 的两个根;

(3) 根据方程 $r^2+pr+q=0$ 的两个根的三种不同情况, 写出微分方程 $y''+py'+qy=0$ 的通解, 列表如下:

特征方程 $r^2+pr+q=0$ 的两个根 r_1, r_2	微分方程 $y''+py'+qy=0$ 的通解
(1) 两个不相等的实根 r_1, r_2	(1) $y=C_1\mathrm{e}^{r_1x}+C_2\mathrm{e}^{r_2x}$
(2) 两个相等的实根 $r_1=r_2$	(2) $y=(C_1+C_2x)\mathrm{e}^{r_1x}$
(3) 一对共轭复根 $r_{1,2}=\alpha\pm\mathrm{i}\beta$	(3) $y=\mathrm{e}^{\alpha x}(C_1\cos\beta x+C_2\sin\beta x)$

例 1 求微分方程 $y''-2y'-3y=0$ 的通解.

解 所给微分方程的特征方程为

$$r^2-2r-3=0,$$

求得特征根 $r_1=-1, r_2=3$, 因此所求微分方程的通解为

$$y=C_1\mathrm{e}^{-x}+C_2\mathrm{e}^{3x}.$$

例 2 求方程 $\dfrac{\mathrm{d}^2s}{\mathrm{d}t^2}+2\dfrac{\mathrm{d}s}{\mathrm{d}t}+s=0$ 满足初始条件 $s|_{t=0}=4, s'|_{t=0}=-2$ 的特解.

解 所给微分方程的特征方程为

$$r^2+2r+1=0,$$

得 $r_1=r_2=-1$ 是两个相等的实根.

因此所求微分方程的通解是

$$s=(C_1+C_2t)\mathrm{e}^{-t}.$$

将初始条件 $s|_{t=0}=4$ 代入通解, 得 $C_1=4$, 从而

$$s=(4+C_2t)\mathrm{e}^{-t}.$$

对上式求导, 得

$$s'=(C_2-4-C_2t)\mathrm{e}^{-t}.$$

再把初始条件 $s'|_{t=0}=-2$ 代入上式, 得 $C_2=2$. 因此所求微分方程的特解为

$$s=(4+2t)\mathrm{e}^{-t}.$$

例 3 求微分方程 $y''-2y'+5y=0$ 的通解.

解 所给微分方程的特征方程为

$$r^2 - 2r + 5 = 0,$$

其根为 $r_{1,2} = 1 \pm 2\mathrm{i}$ 为一对共轭复根.

因此所求微分方程的通解为

$$y = \mathrm{e}^x(C_1 \cos 2x + C_2 \sin 2x).$$

关于二阶常系数齐次线性微分方程解的结论可以直接推广到 n 阶常系数齐次线性微分方程中去.

***n*阶常系数齐次线性微分方程**的一般形式是

$$y^{(n)} + p_1 y^{(n-1)} + p_2 y^{(n-2)} + \cdots + p_{n-1} y' + p_n y = 0, \tag{4.2.7}$$

其中 $p_1, p_2, \cdots, p_{n-1}, p_n$ 都是常数.

代数方程

$$r^{(n)} + p_1 r^{n-1} + p_2 r^{n-2} + \cdots + p_{n-1} r + p_n = 0$$

叫做微分方程 (4.2.7) 的**特征方程**, 这个方程有 n 个根 (k 重根算作 k 个根). 与二阶常系数齐次线性微分方程的情形一样, 由特征方程的根可以写出其相应的微分方程 (4.2.7) 的通解, 列表如下：

特征方程的根	微分方程通解中的对应项
(1) 单根 r	(1) 给出一项：$C\mathrm{e}^{rx}$
(2) 一对单复根 $r_{1,2} = \alpha \pm \mathrm{i}\beta$	(2) 给出两项：$\mathrm{e}^{\alpha x}(C_1 \cos \beta x + C_2 \sin \beta x)$
(3)k 重根 r	(3) 给出 k 项：$\mathrm{e}^{rx}(C_1 + C_2 x + \cdots + C_k x^{k-1})$
(4) 一对 k 重复根 $r_{1,2} = \alpha \pm \mathrm{i}\beta$	(4) 给出2k项： $\mathrm{e}^{\alpha x}[(C_1 + C_2 x + \cdots + C_k x^{k-1}) \cos \beta x$ $+(D_1 + D_2 x + \cdots + D_k x^{k-1}) \sin \beta x]$

从代数学知道, n 次代数方程有 n 个根 (重根按重数计算). 而特征方程的每一个根都对应着通解中的一项, 且每项各含有一个任意常数. 因此, 这样就可以得到***n*阶常系数齐次线性微分方程的通解**为

$$y = C_1 y_1(x) + C_2 y_2(x) + \cdots + C_n y_n(x).$$

例 4 求 $y^{(4)} - 2y''' + 5y'' = 0$ 的通解.

解 特征方程为

$$r^4 - 2r^3 + 5r^2 = 0,$$

得 $r_1 = r_2 = 0, r_{3,4} = 1 \pm 2\mathrm{i}$. 因此, 通解为

$$y = C_1 + C_2 x + \mathrm{e}^x(C_3 \cos 2x + C_4 \sin 2x).$$

4.2.3　二阶常系数非齐次线性微分方程

二阶常系数非齐次线性微分方程的一般形式为

$$y'' + py' + qy = f(x), \tag{4.2.8}$$

其中 p, q 为常数.

由定理 4.2.3 可知微分方程 (4.2.8) 的通解为其对应的齐次线性微分方程的通解加上它自己本身的一个特解. 因此在本节, 我们只需讨论求二阶常系数非齐次线性微分方程的一个特解的方法.

下面介绍当方程 (4.2.8) 中的 $f(x)$ 为两种常见形式的特解 y^* 的求法. 这种方法的特点是不用求积分就可以求出 y^* 来, 我们把它叫做**待定系数法**.

1. $f(x) = \mathrm{e}^{\lambda x} P_m(x)$ 型

当 $f(x) = \mathrm{e}^{\lambda x} P_m(x)$ 时 (其中 λ 为常数, $P_m(x) = a_0 x^m + a_1 x^{m-1} + \cdots + a_{m-1} x + a_m$ 为 m 次多项式), 由于多项式与指数函数的乘积的导数仍然是多项式与指数函数的乘积, 因此, 我们可假设特解 $y^* = Q(x)\mathrm{e}^{\lambda x}$, 其中 $Q(x)$ 是 x 的某个多项式. 将

$$y^* = Q(x)\mathrm{e}^{\lambda x},$$

$$(y^*)' = [Q'(x) + \lambda Q(x)]\mathrm{e}^{\lambda x},$$

$$(y^*)'' = [Q''(x) + 2\lambda Q'(x) + \lambda^2 Q(x)]\mathrm{e}^{\lambda x}$$

代入方程 (4.2.8), 经整理可得

$$Q''(x) + (2\lambda + P)Q'(x) + (\lambda^2 + p\lambda + q)Q(x) = p_m(x). \tag{4.2.9}$$

(1) 如果 λ 不是 $y'' + py' + qy = 0$ 的特征根, 即 $\lambda^2 + p\lambda + q \neq 0$, 则由 (4.2.9) 式可知 $Q(x)$ 可取为一个 x 的 m 次多项式, 即

$$Q_m(x) = b_0 x^m + b_1 x^{m-1} + \cdots + b_{m-1} x + b_m,$$

代入 (4.2.9) 式确定系数 $b_0, b_1, \cdots, b_m$, 得特解

$$y^* = Q_m(x)\mathrm{e}^{\lambda x}.$$

(2) 如果 λ 是 $y'' + py' + qy = 0$ 的特征单根, 即 $\lambda^2 + p\lambda + q = 0$, 但 $2\lambda + p \neq 0$, 则由 (4.2.9) 式可知, $Q'(x)$ 必定 m 次多项式, 因此可取 $Q(x) = xQ_m(x)$, 代入 (4.2.9) 式确定系数 $b_0, b_1, \cdots, b_m$, 得特解

$$y^* = xQ_m(x)\mathrm{e}^{\lambda x}.$$

(3) 如果 λ 是 $y''+py'+qy=0$ 的特征重根, 即 $\lambda^2+p\lambda+q=0$, 且 $2\lambda+p=0$, 则由 (4.2.9) 式可知, $Q''(x)$ 必定 m 次多项式, 因此可取 $Q(x)=x^2Q_m(x)$, 代入 (4.2.9) 式确定系数 $b_0,b_1,\cdots,b_m$, 得特解

$$y^*=x^2Q_m(x)\mathrm{e}^{\lambda x}.$$

综上所述, 有如下结论.

若 $f(x)=\mathrm{e}^{\lambda x}P_m(x)$, 则微分方程 (4.2.8) 具有形如

$$y^*=x^kQ_m(x)\mathrm{e}^{\lambda x} \tag{4.2.10}$$

的特解, 其中 $Q_m(x)$ 是与 $P_m(x)$ 同次的 m 次多项式, k 按 λ 不是特征方程的根、是单根、是重根依次取 0, 1, 2.

上述结论可以推广到 n 阶常系数非齐次线性微分方程

$$y^{(n)}+p_1y^{(n-1)}+p_2y^{(n-2)}+\cdots+p_{n-1}y'+p_ny=f(x) \tag{4.2.11}$$

中, 但要注意到 (4.2.10) 式中 k 是 λ 作为相应特征方程的根的重数 (若 λ 不是特征方程的根, 则 k 取 0, 若 λ 是特征方程的 s 重根, 则 k 取 s).

例 5 求微分方程 $y''-4y'+3y=6$ 的通解.

解 对应的齐次方程为

$$y''-4y'+3y=0,$$

它的特征方程为

$$r^2-4r+3=0,$$

有两个实根 $r_1=1,\ r_2=3$. 因此对应的齐次方程的通解为

$$Y=C_1\mathrm{e}^x+C_2\mathrm{e}^{3x}.$$

又由于方程右端 $f(x)=6$ 为零次多项式, 且 $\lambda=0$ 不是特征根, 故可设特解为 $y^*=b_0$(b_0 为待定常数), 将 $y^*=b_0$ 代入原方程, 得 $3b_0=6$, 故 $b_0=2$. 于是得原方程的一个特解 $y^*=2$. 故原方程的通解为

$$y=Y+y^*=C_1\mathrm{e}^x+C_2\mathrm{e}^{3x}+2.$$

例 6 求微分方程 $y''-5y'+6y=x\mathrm{e}^{2x}$ 的通解.

解 对应的齐次方程为

$$y''-5y'+6y=0,$$

它的特征方程为

$$r^2 - 5r + 6 = 0,$$

有两个实根 $r_1 = 2, r_2 = 3$. 因此, 对应的齐次方程的通解为

$$Y = C_1\mathrm{e}^{2x} + C_2\mathrm{e}^{3x}.$$

又由于方程右端 $f(x) = x\mathrm{e}^{2x}$, $P_m(x) = x$, $\lambda = 2$ 是特征方程的单根, 所以设特解为 $y^* = x(b_0x + b_1)\mathrm{e}^{2x}$. 将其代入原方程, 得

$$-2b_0x + 2b_0 - b_1 = x.$$

比较等式两边同次幂的系数, 得

$$\begin{cases} -2b_0 = 1, \\ 2b_0 - b_1 = 0. \end{cases}$$

解得 $b_0 = -\dfrac{1}{2}, b_1 = -1$. 因此所求的一个特解为 $y^* = x\left(-\dfrac{1}{2}x - 1\right)\mathrm{e}^{2x}$. 从而所求通解为

$$y = Y + y^* = C_1\mathrm{e}^{2x} + C_2\mathrm{e}^{3x} - \frac{1}{2}(x^2 + 2x)\mathrm{e}^{2x}.$$

2. $f(x) = \mathrm{e}^{\lambda x}\left[P_l(x)\cos\omega x + P_n(x)\sin\omega x\right]$ 型

利用欧拉公式

$$\cos\theta = \frac{1}{2}(\mathrm{e}^{\mathrm{i}\theta} + \mathrm{e}^{-\mathrm{i}\theta}), \quad \sin\theta = \frac{1}{2\mathrm{i}}(\mathrm{e}^{\mathrm{i}\theta} - \mathrm{e}^{-\mathrm{i}\theta}),$$

把 $f(x)$ 化成复变指数函数的形式, 有

$$\begin{aligned} f(x) =& \mathrm{e}^{\lambda x}\left(P_l(x)\frac{\mathrm{e}^{\mathrm{i}\omega x} + \mathrm{e}^{-\mathrm{i}\omega x}}{2} + P_n(x)\frac{\mathrm{e}^{\mathrm{i}\omega x} - \mathrm{e}^{-\mathrm{i}\omega x}}{2\mathrm{i}}\right) \\ =& \left[\frac{P_l(x)}{2} + \frac{P_n(x)}{2\mathrm{i}}\right]\mathrm{e}^{(\lambda+\mathrm{i}\omega)x} + \left[\frac{P_l(x)}{2} - \frac{P_n(x)}{2\mathrm{i}}\right]\mathrm{e}^{(\lambda-i\omega)x} \\ =& P(x)\mathrm{e}^{(\lambda+\mathrm{i}\omega)x} + \bar{P}(x)\mathrm{e}^{(\lambda-\mathrm{i}\omega)x}, \end{aligned}$$

其中

$$\begin{aligned} P(x) &= \frac{P_l(x)}{2} + \frac{P_n(x)}{2\mathrm{i}} = \frac{P_l(x)}{2} - \frac{P_n(x)}{2}\mathrm{i}, \\ \bar{P}(x) &= \frac{P_l(x)}{2} - \frac{P_n(x)}{2\mathrm{i}} = \frac{P_l(x)}{2} + \frac{P_n(x)}{2}\mathrm{i} \end{aligned}$$

是互成共轭的 m 次多项式 (即它们对应项的系数是共轭复数), 而 $m = \max\{l, n\}$.

应用前面第一种类型的结果, 对 $f(x)$ 中的第一项 $P(x)\mathrm{e}^{(\lambda+\mathrm{i}\omega)x}$ 可求出一个 m 次的多项式使得

$$y_1^*=x^kQ_m(x)\mathrm{e}^{(\lambda+\mathrm{i}\omega)x}$$

为方程

$$y''+py'+qy=P(x)\mathrm{e}^{(\lambda+\mathrm{i}\omega)x}$$

的特解, 其中 k 按 $\lambda+\mathrm{i}\omega$ 不是特征方程的根或是单根依次取 0 或 1.

由于 $f(x)$ 中的第二项 $\bar{P}(x)\mathrm{e}^{(\lambda-\mathrm{i}\omega)x}$ 与第一项 $P(x)\mathrm{e}^{(\lambda+\mathrm{i}\omega)x}$ 成共轭, 所以与 y_1^* 成共轭的函数

$$y_2^*=x^k\bar{Q}_m(x)\mathrm{e}^{(\lambda-\mathrm{i}\omega)x}$$

必是方程

$$y''+py'+qy=\bar{P}(x)\mathrm{e}^{(\lambda-\mathrm{i}\omega)x}$$

的特解, 这里 $\bar{Q}_m(x)$ 表示与 $Q_m(x)$ 成共轭的 m 次多项式. 由线性微分方程解的结构定理可知, 方程具有形如

$$y^*=x^kQ_m(x)\mathrm{e}^{(\lambda+\mathrm{i}\omega)x}+x^k\bar{Q}_m(x)\mathrm{e}^{(\lambda-\mathrm{i}\varpi)x}$$

的特解. 整理得

$$\begin{aligned}y^*=&x^k\mathrm{e}^{\lambda x}(Q_m(x)\mathrm{e}^{\mathrm{i}\omega x}+\bar{Q}_m(x)\mathrm{e}^{-\mathrm{i}\varpi x})\\=&x^k\mathrm{e}^{\lambda x}\left[Q_m(x)(\cos\omega x+\mathrm{i}\sin\omega x)+\bar{Q}_m(x)(\cos\omega x-\mathrm{i}\sin\omega x)\right]\end{aligned}$$

由于括号内的两项是互成共轭的, 相加虚部为 0, 因此可以写成实函数的形式

$$y^*=x^k\mathrm{e}^{\lambda x}[R_m^{(1)}(x)\cos\omega x+R_m^{(2)}(x)\sin\omega x].$$

综上所述, 有如下结论.

若 $f(x)=\mathrm{e}^{\lambda x}\left[P_l(x)\cos\omega x+P_n(x)\sin\omega x\right]$, 则微分方程 (4.2.8) 的特解可设为

$$y^*=x^k\mathrm{e}^{\lambda x}[R_m^{(1)}(x)\cos\omega x+R_m^{(2)}(x)\sin\omega x],\tag{4.2.12}$$

其中 $R_m^{(1)}(x)$ 和 $R_m^{(2)}(x)$ 是 m 次多项式, $m=\max\{l,n\}$, 而按 $\lambda+\mathrm{i}\omega$(或 $\lambda-\mathrm{i}\omega$) 不是特征方程的根或是单根依次取 0 或 1.

上述结论可以推广到 n 阶常系数非齐次线性微分方程, 但要注意 (4.2.12) 式中 k 是特征方程中含根 $\lambda+\mathrm{i}\omega$(或 $\lambda-\mathrm{i}\omega$) 的重数.

例 7 求微分方程 $y''-2y'+5y=\mathrm{e}^x\sin 2x$ 的通解.

解 对应齐次方程的特征方程为

$$r^2-2r+5=0,$$

其特征根为 $r_1=1+2\mathrm{i}$, $r_2=1-2\mathrm{i}$, 原方程对应的齐次方程的通解为

$$Y=\mathrm{e}^x(C_1\cos 2x+C_2\sin 2x).$$

原方程中 $f(x)=\mathrm{e}^x(0\cdot\cos 2x+1\cdot\sin 2x)$, $\lambda=1$, $\omega=2$, $\lambda+\mathrm{i}\omega=1+2\mathrm{i}$ 是特征方程的根, 因此, 可设原方程的特解

$$y^*=x\mathrm{e}^x(a\cos 2x+b\sin 2x),$$

从而有

$$(y^*)'=\mathrm{e}^x(a\cos 2x+b\sin 2x)+x\mathrm{e}^x[(-2a+b)\sin 2x+(a+2b)\cos 2x],$$

$$(y^*)''=\mathrm{e}^x[(-4a+2b)\sin 2x+(2a+4b)\cos 2x]+x\mathrm{e}^x[(-4a-3b)\sin 2x+(-3a+4b)\cos 2x],$$

将它们代入原方程得

$$-4a\sin 2x+4b\cos 2x=\sin 2x,$$

得 $-4a=1,\ 4b=0,\ a=-\dfrac{1}{4},\ b=0$. 从而原方程的特解为

$$y^*=-\frac{1}{4}x\mathrm{e}^x\cos 2x.$$

所以原方程的通解为

$$y=Y+y^*=\mathrm{e}^x(C_1\cos 2x+C_2\sin 2x)-\frac{1}{4}x\mathrm{e}^x\cos 2x.$$

例 8 求解微分方程 $y''+y=x\cos 2x$ 的一个特解.

解 对应齐次方程的特征方程为

$$r^2+1=0.$$

原方程中 $f(x)=x\cos 2x, \lambda=0, \omega=2, P_l(x)=x, P_n(x)=0, \lambda+\mathrm{i}\omega=2\mathrm{i}$ 不是 $r^2+1=0$ 的根, 所以特解设为

$$y^*=(ax+b)\cos 2x+(cx+d)\sin 2x.$$

将其代入原方程, 得

$$(-3ax-3b+4c)\cos 2x-(3cx+3d+4a)\sin 2x=x\cos 2x.$$

比较两端同类项的系数, 得

$$\begin{cases} -3a=1, \\ -3b+4c=0, \\ -3c=0, \\ -3d-4a=0. \end{cases}$$

由此解得 $a=-\dfrac{1}{3}, b=0, c=0, d=\dfrac{4}{9}$. 因此, 求得一个特解为

$$y^*=-\frac{1}{3}x\cos 2x+\frac{4}{9}\sin 2x.$$

习 题 4.2

A 组

1. 下列函数组在定义区间内哪些是线性无关的?

(1) $x,\ x^2$; (2) $x,\ 2x$;

(3) $\mathrm{e}^{3x},\ 3\mathrm{e}^{3x}$; (4) $\mathrm{e}^x\cos 2x,\ \mathrm{e}^x\sin 2x$.

2. 验证 $y_1=\cos 2x$ 及 $y_2=\sin 2x$ 都是方程 $y''+4y=0$ 的解, 并写出该方程的通解.

3. 求下列微分方程的通解:

(1) $y''+7y'+12y=0$; (2) $y''+y'+y=0$;

(3) $y''-4y'=0$; (4) $y^{(4)}-y=0$;

(5) $2y''+y'-y=2\mathrm{e}^x$; (6) $y''+9y'=x-4$;

(7) $y''-5y'+6y=x\mathrm{e}^{2x}$; (8) $y''+4y=x\cos x$;

(9) $y''-2y'+5y=\mathrm{e}^x\sin 2x$; (10) $y''+y=\mathrm{e}^x+\cos x$.

4. 求下列微分方程在给定初始条件下的特解:

(1) $y''+25y=0,\ y(0)=2,\ y'(0)=5$;

(2) $4y''+4y'+y=0,\ y(0)=0,\ y'(0)=2$;

(3) $y''-3y'+2y=5,\ y(0)=1,\ y'(0)=2$;

(4) $y''+y+\sin 2x=0,\ y(\pi)=y'(\pi)=1$;

(5) $y''-y=4x\mathrm{e}^x,\ y(0)=0,\ y'(0)=1$;

(6) $y''-4y'=5,\ y(0)=1,\ y'(0)=0$.

B 组

1. 设 $y=\mathrm{e}^x(c_1\sin x+c_2\cos x)$(其中 c_1,c_2 为任意常数) 为某二阶常系数齐次微分方程的通解, 则该方程可为 (   ).

2. 求 $y''-2y'=\mathrm{e}^{2x}, y(0)=y'(0)=1$ 的特解.

3. 设函数 $\varphi(x)$ 连续, 且满足 $\varphi(x)=\mathrm{e}^{x}+\int_{0}^{x}(t-x)\varphi(t)\mathrm{d}t$, 求 $\varphi(x)$.

4.3 微分方程在经济学中的简单应用

会用微分方程求解简单的经济问题.

微分方程是解决许多应用问题的重要工具. 用微分方程解决应用问题的第一步同时也是最重要的一步是列出方程, 在列方程时既需要对实际问题进行深入分析, 弄清楚问题中所包含的变量之间的相互关系, 还需要综合运用诸如几何知识、力学知识、电学知识以及经济学中的相关知识等. 列出方程后, 就能运用前面所学的求解微分方程的知识确定函数关系, 从而达到解决问题的目的. 在本节中将通过例题简单介绍微分方程在经济学中的应用.

4.3.1 一阶微分方程在经济学中的应用

例 1(弹性问题) 在经济学中，需求的价格弹性一般用来衡量需求的数量随商品的价格的变动而变动的情况，即价格弹性 $e=-\frac{P}{D}\cdot\frac{\mathrm{d}D}{\mathrm{d}P}$，假设某商品的价格弹性为 $e=k(k>0$ 为常数)，求该商品的需求函数 $D=f(P)$.

解 根据价格弹性的定义和已知条件可得以下微分方程

$$-\frac{P}{D}\cdot\frac{\mathrm{d}D}{\mathrm{d}P}=k.$$

这是一个可分离变量的微分方程, 分离变量得

$$\frac{\mathrm{d}D}{D}=-k\frac{\mathrm{d}P}{P},$$

两边积分得 $\ln D=-k\ln P+\ln C$, 因此需求函数为

$$D=C\mathrm{e}^{-k\ln P}=CP^{-k},$$

其中 C 为任意正常数.

例 2(供给与需求问题) 在实际问题中, 价格 P 一般是随时间的变化而变化的, 即价格 P 是时间 t 的函数. 而供给量 S 与需求量 D 都是价格 P 的函数, 从而供给量 S 和需求量 D 也是时间 t 的函数. 并且, 供给和需求量不仅取决于随时间 t 而变化的价格, 而且还受价格变化率的影响, 于是可以假设:

$$S(t)=a_1+b_1P(t)+c_1\frac{\mathrm{d}P}{\mathrm{d}t},\quad D(t)=a_2+b_2P(t)+c_2\frac{\mathrm{d}P}{\mathrm{d}t},$$

其中 $P(t)$ 表示时间 t 的价格, $\frac{\mathrm{d}P}{\mathrm{d}t}$ 表示价格关于时间 t 的变化率. 设某商品的供给和需求函数分别满足

$$S(t)=30+P+5\frac{\mathrm{d}P}{\mathrm{d}t},\quad D(t)=51-2P+4\frac{\mathrm{d}P}{\mathrm{d}t}.$$

如果 $t=0$ 时, 价格是 12, 试将市场均衡价格表示为时间 t 的函数.

解 已经知道, 要求市场的均衡价格, 只要令 $S(t)=D(t)$ 即可, 于是有

$$30+P+5\frac{\mathrm{d}P}{\mathrm{d}t}=51-2P+4\frac{\mathrm{d}P}{\mathrm{d}t}.$$

整理得

$$\frac{\mathrm{d}P}{\mathrm{d}t}+3P=21.$$

解此一阶线性微分方程得

$$P(t)=7+C\mathrm{e}^{-3t}.$$

再将初始条件 $P(0)=12$ 代入得 $C=5$. 因此,

$$P(t)=7+5\mathrm{e}^{-3t}.$$

这就是均衡价格关于时间的函数.

显然, 在此例中满足 $\lim\limits_{t\to\infty}P(t)=7$, 这意味着这种商品的市场价格稳定, 并且商品的价格趋向于 7. 如果 $\lim\limits_{t\to\infty}P(t)=\infty$, 那么意味着价格随时间的推移而无限增大, 此时认为价格不稳定 (膨胀).

例 3(逻辑斯蒂曲线) 在商品销售预测中, t 时刻的销售量用 $x=x(t)$ 表示. 如果 商品销售的增长速度 $\frac{\mathrm{d}x(t)}{\mathrm{d}t}$ 正比于销售量 $x(t)$ 与销售接近饱和水平的程度 $a-x(t)$ 之乘积 (a 为饱和水平), 求销售函数 $x(t)$.

解 根据题意, 可建立微分方程

$$\frac{\mathrm{d}x(t)}{\mathrm{d}t}=kx(t)[a-x(t)],$$

这里 k 是比例因子. 这是一个可分离变量的微分方程, 求得其通解为

$$x=\frac{a}{1+C\mathrm{e}^{-akt}},$$

其中 C 为大于 0 的任意常数, 可由给定的初始条件确定. 该函数的图像称为**逻辑斯蒂曲线**.

4.3.2 二阶微分方程在经济学中的应用

例 4(市场均衡价格模型) 设市场上某商品的需求和供给函数分别满足

$$D(P) = 10 - P - 4P' + P'', \quad S(P) = -2 + 2P + 5P' + 10P''.$$

初始条件为 $P|_{t=0} = 5, P'|_{t=0} = \dfrac{1}{2}$. 试求在市场均衡条件 $D(P) = S(P)$ 下, 该商品的价格函数 $P = P(t)$.

解 据题意, 由 $D(P) = S(P)$ 得微分方程:

$$3P'' + 3P' + P = 4.$$

其对应齐次程的特征方程为

$$r^2 + 3r + 1 = 0,$$

解得其共轭复根为 $r_{1,2} = -\dfrac{1}{2} \pm \dfrac{\sqrt{3}}{6}\mathrm{i}$. 于是对应齐次方程的通解为

$$P(t) = \mathrm{e}^{-\frac{1}{2}t}\left(C_1 \cos\frac{\sqrt{3}}{6}t + C_2 \sin\frac{\sqrt{3}}{6}t\right),$$

由于原方程右端为常数 4, 因此可设特解为 $P^* = C$, 代入原方程可得 $C = 4$. 因此原方程的通解为

$$P(t) = \mathrm{e}^{-\frac{1}{2}t}\left(C_1 \cos\frac{\sqrt{3}}{6}t + C_2 \sin\frac{\sqrt{3}}{6}t\right) + 4.$$

代入初始条件 $P|_{t=0} = 5, P'|_{t=0} = \dfrac{1}{2}$, 可得

$$C_1 = 1, \quad C_2 = 2\sqrt{3}.$$

因此该商品的价格函数为

$$P(t) = \mathrm{e}^{-\frac{1}{2}t}\left(\cos\frac{\sqrt{3}}{6}t + 2\sqrt{3}\sin\frac{\sqrt{3}}{6}t\right) + 4.$$

习 题 4.3

A 组

1. 某商品的需求量 Q 对价格 P 的弹性为 $P\ln 3$. 已知该商品的最大需求量为 1200kg(即当 $P = 0$ 元时, $Q = 1200$kg).

(1) 试求需求量 Q 与价格 P 的函数关系;

(2) 求当价格为 1 元时, 市场对该商品的需求量;

(3) 当 $P \to \infty$ 时, 需求量的变化趋势如何?

2. 已知某商品的需求量 Q 对价格 P 的弹性为 $3P^3$, 而该市场对该商品的最大需求量为 1 万件, 求需求函数.

3. 在宏观经济研究中, 发现某地区的国民收入 y、国民储蓄 S 和投资 I 均是时间 t 的函数. 且在任何一时刻 t, 储蓄额 S 为国民收入 y 的 $\frac{1}{10}$ 倍, 投资额 I 是国民收入增长率 $\frac{\mathrm{d}y}{\mathrm{d}t}$ 的 $\frac{1}{3}$ 倍. 当 $t=0$ 时, 国民收入为 5 亿元. 假定在时刻 t 的储蓄全部用于投资, 试求国民收入函数.

B 组

1. 设某产品的需求函数 $Q=Q(P)$, 其对应的需求价格弹性 $\xi=0.2$, 则当需求量为 1000 件时, 价格增加 1 元会使产品收益增加多少元?

2. 在某一人群中推广新技术是通过其中已掌握新技术的人进行的, 设该人群的总人数为 N, 在 $t=0$ 时刻已掌握新技术的人数为 x_0, 在任意时刻 t 已掌握新技术的人数为 $x(t)$(将 $x(t)$ 视为连续可微变量), 其变化率与已掌握新技术和未掌握新技术人数之积成正比, 比例常数 $k>0$, 求 $x(t)$.

4.4 差分方程简介

1. 了解差分的定义;
2. 了解差分方程及其通解与特解等概念.
3. 会求解几类一阶常系数线性差分方程.

在前面所讨论微分方程中, 自变量都是在给定区间内连续取值的, 所求函数是自变量的连续函数. 然而, 在经济与管理的实际问题中, 经济数据绝大多数是以等间隔时间周期地统计的. 基于这一原因, 在分析研究实际经济与管理问题时, 各有关的经济变量的取值是离散 (非连续) 化的. 描述各经济变量之间的变化规律的数学模型也是离散 (非连续) 型的. 而最常见的一类离散型经济数学模型就是差分方程模型.

4.4.1 差分方程的基本概念

1. *差分的定义*

下面给出差分的一般定义, 我们只讨论一个自变量的情形.

定义 4.4.1 设函数 $y_t=f(t)$, $t=0, \pm1, \pm2, \cdots, \pm n, \cdots$, 我们定义

$$\Delta y_t = y_{t+1}-y_t = f(t+1)-f(t)$$

为函数 y_t 的**一阶差分**; 定义

$$\Delta^2 y_t = \Delta(\Delta y_t) = \Delta y_{t+1} - \Delta y_t = (y_{t+2} - y_{t+1}) - (y_{t+1} - y_t) = y_{t+2} - 2y_{t+1} + y_t$$

为函数 y_t 的**二阶差分**.

同样地, 记 $\Delta^3 y_t = \Delta(\Delta^2 y_t)$ 为**三阶差分**. 依此类推, 函数的 n**阶差分**定义为

$$\Delta^n y_t = \Delta(\Delta^{n-1} y_t),$$

且有

$$\Delta^n y_t = \sum_{i=0}^{n} \mathrm{C}_n^i (-1)^i y_{t+n-i}.$$

二阶及二阶以上的差分统称为**高阶差分**.

性质 4.4.1　当 a, b, C 是常数, y_t, z_t 是函数时, 有以下结论成立:

(1) $\Delta(C) = 0$;

(2) $\Delta(Cy_t) = C\Delta(y_t)$;

(3) $\Delta(ay_t + bz_t) = a\Delta(y_t) + b(\Delta z_t)$;

(4) $\Delta(y_t z_t) = z_{t+1}\Delta y_t + y_t \Delta z_t = y_{t+1}\Delta z_t + z_t \Delta y_t$;

(5) $\Delta\left(\dfrac{y_t}{z_t}\right) = \dfrac{z_t \Delta y_t - y_t \Delta z_t}{z_t z_{t+1}} = \dfrac{z_{t+1}\Delta y_t - y_{t+1}\Delta z_t}{z_t z_{t+1}}$.

例 1　求 $\Delta(t^2), \Delta^2(t^2), \Delta^3(t^2)$.

解　设 $y_t = t^2$, 则

$$\Delta y_t = \Delta(t^2) = (t+1)^2 - t^2 = 2t + 1,$$

$$\Delta^2(y_t) = \Delta^2(t^2) = \Delta(\Delta y_t) = \Delta(2t+1) = ([2(t+1)+1] - (2t+1) = 2,$$

$$\Delta^3(y_t) = \Delta(\Delta^2 y_t) = \Delta(2) = 2 - 2 = 0.$$

例 2　设 $y_t = a^t (0 < a \neq 1)$, 求 $\Delta(y_t)$.

解　$\Delta(y_t) = a^{t+1} - a^t = a^t(a-1)$.

2. *差分方程*

引例 4.4.1　设某种商品 t 时期的供给量 S_t 与需求量 D_t 都是这一时期价格 P_t 的线性函数:

$$S_t = -a + bP_t \quad (a, b > 0),$$

$$D_t = c - dP_t \quad (c, d > 0),$$

则 t 时期的价格 P_t 由 $t-1$ 时期的价格 P_{t-1} 与供给量及需求量之差 $S_{t-1}-D_{t-1}$ 按以下关系确定

$$P_t = P_{t-1} - \lambda(S_{t-1} - D_{t-1}), \quad \lambda\text{为常数},$$

即

$$P_t - [1-\lambda(b+d)]P_{t-1} = \lambda(a+c).$$

这样的方程就是**差分方程**.

定义 4.4.2 含有未知函数差分或表示未知函数几个时期值的符号的方程称为**差分方程**. 它的一般形式为

$$F(x, y_t, y_{t+1}, \cdots, y_{t+n}) = 0$$

或

$$F(x, y_t, y_{t-1}, \cdots, y_{t-n}) = 0$$

或

$$H(x, y_t, \Delta y_t, \Delta^2 y_t, \cdots, \Delta^n y_t) = 0,$$

其中 F, H 是函数表达式, t 是自变量. 使等式成立的自变量取值范围称为该方程的**定义域**.

差分方程中含有未知函数下标的最大值与最小值之差数称为**差分方程的阶**. 差分方程的不同形式之间可以相互转化.

例如,

$$y_{t+2} - 2y_{t+1} + y_t = 3^t$$

是一个二阶差分方程, 可以化为

$$y_t - 2y_{t-1} + y_{t-2} = 3^{t-2}.$$

如果将原方程的左边写为

$$(y_{t+2} - y_{t+1}) - (y_{t+1} - y_t) = \Delta y_{t+1} - \Delta y_t = \Delta^2 y_t,$$

则原方程还可化为

$$\Delta^2 y_t = 3^t.$$

定义 4.4.3 如果将一个函数代入差分方程后, 方程两边恒等, 则称此函数为该**差分方程的解**. 如果差分方程的解中含有相互独立的任意常数的个数恰好等于方程的阶数, 则称它为**差分方程的通解**. 在通解中, 给任意常数以确定的值而得到的解, 称为**差分方程的特解**. 而确定任意常数的条件称为**初始条件**.

3. 常系数线性差分方程及解的性质

定义 4.4.4 形如

$$y_{t+n}+a_1y_{t+n-1}+\cdots+a_{n-1}y_{t+1}+a_ny_t=f(x) \tag{4.4.1}$$

的差分方程称为 n**阶常系数线性差分方程**, 其中 $a_1,a_2,\cdots,a_n$ 为常数, 且 $a_n\neq 0$, $f(t)$ 为已知函数. 当 $f(t)\equiv 0$ 时, 差分方程 (4.4.1) 称为**齐次的**, 否则称为**非齐次的**. 当 $f(t)\neq 0$ 时, 与差分方程 (4.4.1) 对应的**齐次差分方程**为

$$y_{t+n}+a_1y_{t+n-1}+\cdots+a_{n-1}y_{t+1}+a_ny_t=0. \tag{4.4.2}$$

与微分方程的情况类似, n 阶常系数线性差分方程的解也有以下基本性质. 在这里只给出结论, 证明从略.

定理 4.4.1 设 $y_1(t),y_2(t),\cdots,y_k(t)$ 是 n 阶常系数齐次线性差分方程 (4.4.2) 的 k 个特解, 则其线性组合

$$y(t)=C_1y_1(t)+C_2y_2(t)+\cdots+C_ky_k(t)$$

也是差分方程 (4.4.2) 的解, 其中 $C_1,C_2,\cdots,C_n$ 为任意常数.

定理 4.4.2 n 阶常系数齐次线性差分方程一定存在 n 个线性无关的特解. 若 $y_1(t),y_2(t),\cdots,y_n(t)$ 是方程 (4.4.2) 的 n 个线性无关的解, 则方程式 (4.4.2) 的通解为

$$Y=C_1y_1(t)+C_2y_2(t)+\cdots+C_ny_n(t),$$

其中 $C_1,C_2,\cdots,C_n$ 为任意常数.

定理 4.4.3 n 阶非齐次线性差分方程 (4.4.1) 的通解等于它对应的齐次方程 (4.4.2) 的通解与它自己本身的一个特解之和, 即

$$Y=C_1y_1(t)+C_2y_2(t)+\cdots+C_ny_n(t)+y^*(t),$$

其中 $y^*(t)$ 是 (4.4.1) 的一个特解.

定理 4.4.1～ 定理 4.4.3 揭示了 n 阶齐次及非齐次线性差分方程的通解结构, 它们是求解线性差分方程非常重要的基础知识. 在本书中. 我们只探讨一阶常系数线性差分方程的解法.

4.4.2 一阶常系数线性差分方程

一阶常系数线性差分方程的一般形式为

$$y_{t+1}-ay_t=f(t), \tag{4.4.3}$$

其中 $a \neq 0$ 为常数, $f(t)$ 为已知函数.

当 $f(t) \equiv 0$ 时, 称方程

$$y_{t+1} - ay_t = 0 \quad (a \neq 0) \tag{4.4.4}$$

为**一阶常系数齐次线性差分方程**.

若 $f(t) \neq 0$, 则 (4.4.3) 称为**一阶常系数非齐次线性差分方程**.

由前面的讨论可知, 一阶常系数非齐次线性差分方程 (4.4.3) 的通解由该方程的一个特解与对应的齐次方程通解之和构成. 因此我们先考虑齐次方程 (4.4.4) 的解法.

1. 常系数齐次线性差分方程的通解

对于一阶常系数齐次线性差分方程 (4.4.4), 通常有如下两种解法.

1) 迭代法

若 y_0 已知, 由方程 (4.4.4) 可得

$$y_1 = ay_0,$$

$$y_2 = ay_1 = a^2 y_0,$$

$$y_3 = ay_2 = a^3 y_0,$$

以此类推,

$$y_t = a^t y_0.$$

容易验证 $y_t = a^t y_0$ 满足差分方程 (4.4.4), 因此是差分方程的解. 这个解法称为**迭代法**.

2) 特征方程法

设 $y_t = \lambda^t (\lambda \neq 0)$, 代入方程 (4.4.4) 得

$$\lambda^{t+1} - a\lambda^t = (\lambda - 1)\lambda^t = 0,$$

从而可得

$$\lambda - a = 0, \tag{4.4.5}$$

即 $\lambda = a$. 称方程 (4.4.5) 为齐次方程 (4.4.4) 的**特征方程**, 而 $\lambda = a$ 为**特征方程的根**(简称**特征根**). 于是 $y_t = a^t$ 是齐次方程的一个特解, 从而

$$y_t = Ca^t \quad (C\text{为任意常数})$$

是齐次方程的通解.

例 3　求 $2y_{t+1}+y_t=0$ 的通解.

解　特征方程为

$$2\lambda+1=0,$$

从而特征根为 $\lambda=-\dfrac{1}{2}$. 于是原方程的通解为

$$y_t=C\left(-\frac{1}{2}\right)^t,$$

其中 C 为任意常数.

例 4　求差分方程 $y_{t+1}-5y_t=0$ 的满足初始条件 $y_0=\dfrac{3}{5}$ 的特解.

解　特征方程为

$$\lambda-5=0,$$

解得特征根 $\lambda=5$. 所以原方程的通解为

$$y_t=C\cdot 5^t,$$

将 $y_0=\dfrac{3}{5}$ 代入通解, 得 $C=\dfrac{3}{5}$, 所求特解为

$$y_t=3\times 5^{t-1}.$$

2. 一阶常系数非齐次线性差分方程的特解和通解

由定理 4.4.3 可知, 求方程 (4.4.3) 的通解归结为只要求出对应的齐次方程 (4.4.4) 飞通解和它本身的一个特解即可. 关于方程 (4.4.3) 的特解的求法, 我们仍然采用**待定系数法**. 其基本思想是: 假设 (4.4.3) 所求特解的形式与 $f(t)$ 的形式相同, 但含有待定系数. 下面就几种常见的类型进行讨论:

1) $f(t)=b$ 型

此时方程 (4.4.3) 为

$$y_{t+1}-ay_t=b, \tag{4.4.6}$$

其中 b 为非零常数.

若 $a\neq 1$, 则设方程 (4.4.6) 有特解 $y_t^*=A$(A 为待定常数), 将其代入方程 (4.4.6), 可得特解

$$y_t^*=A=\frac{b}{1-a}.$$

若 $a=1$, 则设方程 (4.4.3) 有特解 $y_t^*=At$, A 为待定常数, 将其代入方程 (4.4.3), 可得特解

$$y_t^*=bt.$$

综上所述, 可得方程 (4.4.6) 的通解为

$$y_t = \begin{cases} Ca^t + \dfrac{b}{1-a}, & a \neq 1, \\ C + bt, & a = 1. \end{cases}$$

例 5 求差分方程 $y_{t+1} - 3y_t = -2$ 的通解.

解 先求对应的齐次方程

$$y_{t+1} - 3y_t = 0$$

的通解 Y_t. 由于齐次方程的特征方程为

$$\lambda - 3 = 0,$$

则 $\lambda = 3$ 是特征方程的根, 因此齐次方程的通解为

$$Y_t = C3^t.$$

再求非齐次方程的一个特解 y_t^*. 由于 $a = 3 \neq 1$, 由 (4.4.6) 可知有特解

$$y_t^* = \frac{-2}{1-3} = 1,$$

从而原方程的通解为

$$y_t = C3^t + 1,$$

其中 C 为任意常数.

2) $f(t) = P_n(t)$ 型

此时方程式 (4.4.3) 为

$$y_{t+1} - ay_t = P_n(t), \tag{4.4.7}$$

其中 $P_n(t)$ 为 n 次多项式.

若 $a \neq 1$, 则设方程 (4.4.7) 有特解

$$y_t^* = Q_n(t) = b_0 t^n + b_1 t^{n-1} + \cdots + b_{n-1} t + b_n,$$

其中 $b_0, b_1, \cdots, b_n$ 为待定常数, 将其代入方程 (4.4.7), 比较两端同次幂的系数, 即可确定个系数 $b_0, b_1, \cdots, b_n$.

若 $a = 1$, 则设方程 (4.4.7) 有特解

$$y_t^* = tQ_n(t) = t(b_0 t^n + b_1 t^{n-1} + \cdots + b_{n-1} t + b_n),$$

其中 $b_0, b_1, \cdots, b_n$ 为待定常数, 将其代入方程 (4.4.7), 比较两端同次幂的系数, 即可确定各系数 $b_0, b_1, \cdots, b_n$.

综上所述, 有如下结论.

若 $f(t) = P_n(t)$, 则一阶常系数非齐次线性差分方程 (4.4.7) 具有形如

$$y_t^* = t^k Q_n(t)$$

的特解, 其中 $Q_n(t)$ 是与 $P_n(t)$ 同次的待定多项式, 而 k 的取值如下确定:

(1) 若 $a \neq 1$, 则取 $k = 0$, 即取

$$y_t^* = Q_n(t); \tag{4.4.8}$$

(2) 若 $a = 1$, 则取 $k = 1$, 即取

$$y_t^* = tQ_n(t). \tag{4.4.9}$$

例 6 求差分方程 $y_{t+1} - 3y_t = 2 + 4t$ 的通解.

解 由例 5 可知原方程对应的齐次方程

$$y_{t+1} - 3y_t = 0$$

的通解为

$$Y_t = C3^t.$$

再求非齐次方程的一个特解 y_t^*. 由于 $a = 3 \neq 1$, 由 (4.4.8) 可知有特解

$$y_t^* = Q_n(x) = b_0 t + b_1,$$

将其代入原方程可得

$$b_0(t+1) + b_1 - 3(b_0 t + b_1) = 2 + 4t,$$

即

$$-2b_0 t + b_0 - 2b_1 = 2 + 4t,$$

比较两端同次幂系数, 得 $b_0 = b_1 = -2$, 故特解

$$y_t^* = -2t - 2.$$

从而原方程的通解为

$$y_t = C3^t - 2t - 2,$$

其中 C 为任意常数.

3) $f(t)=bd^t$ 型

此时方程 (4.4.3) 为

$$y_{t+1}-ay_t=bd^t, \tag{4.4.10}$$

其中 a,b,d 为非零常数.

若 $d\neq a$, 则设方程 (4.4.10) 有特解 $y_t^*=kd^t$, 将其代入方程 (4.4.10), 得

$$kd^{t+1}-akd^t=bd^t,$$

即 $k(d-a)=b$, 所以 $k=\dfrac{b}{d-a}$, 于是

$$y_t^*=\frac{b}{d-a}d^t.$$

若 $d=a$, 则设方程 (4.4.3) 有特解 $y_t^*=ktd^t$, 将其代入方程 (4.4.10), 可得特解

$$y_t^*=btd^{t-1}.$$

综上所述, 可得方程 (4.4.10) 的通解为

$$y_t=\begin{cases}Ca^t+\dfrac{b}{d-a}d^t, & d\neq a,\\ \left(C+\dfrac{b}{d}t\right)d^t, & d=a.\end{cases} \tag{4.4.11}$$

例 7 求差分方程 $y_{t+1}-\dfrac{1}{2}y_t=\left(\dfrac{5}{2}\right)^t$ 的通解.

解 由于 $a=\dfrac{1}{2},b=1,d=\dfrac{5}{2}$, 代入公式 (4.4.11) 得到差分方程的通解为

$$y_t=C\left(\frac{1}{2}\right)^t+\frac{1}{2}\left(\frac{5}{2}\right)^t,$$

其中 C 为任意常数.

4) $f(t)=P_m(t)d^t$ 型

此时方程 (4.4.3) 为

$$y_{t+1}-ay_t=P_m(t)d^t, \tag{4.4.12}$$

其中 a,d 为非零常数, **$P_m(t)$是t的m次多项式**.

设方程 (4.4.12) 有特解 $y_t^*=Q_n(t)d^t$, ($Q_n(t)$ 是 t 的 n 次多项式, 将其代入方程 (4.4.12), 得

$$Q_n(t+1)d^{t+1}-aQ_n(t)d^t=P_m(t)d^t,$$

两边约去 d^t, 得

$$dQ_n(t+1) - aQ_n(t) = P_m(t), \tag{4.4.13}$$

假设

$$Q_n(t) = a_0 + a_1 t + \cdots + a_n t^n \quad (a_n \neq 0),$$

则 $Q_n(t+1)$ 和 $Q_n(t)$ 的最高项系数均为 a_n, 当 $d = a$ 时, (4.4.13) 式左端为 $n-1$ 次多项式, 要使 (4.4.13) 式成立, 则要求 $n - 1 = m$.

故可设差分方程 (4.4.12) 有形如

$$y_t^* = t^s Q_m(t) d^t$$

的特解. 当 $d = a$ 时, 取 $s = 1$, 否则, 取 $s = 0$.

我们可以将前面三种情况视为差分方程 (4.4.12) 的特殊情形:

(1) $f(t) = b$ 型相当于 $P_m(t) = b, d = 1$;

(2) $f(t) = P_n(t)$ 型相当于 $d = 1$;

(3) $f(t) = bd^t$ 型相当于 $P_m(t) = b$.

例 8　求差分方程 $y_{t+1} - 2y_t = t(2)^t$ 的通解.

解　先求齐次方程 $y_{t+1} - 2y_t = 0$ 的通解为 $Y_t = C2^t$.

再求非齐次方程的一个特解 y_t^*. 由于 $a = d = 2, P_m(t) = t$**是一个一次多项式,** 所以可设特解 $y_t^* = t(b_0 t + b_1)2^t$, 其中 b_0, b_1 是待定的参数, 将特解代入原方程可得:

$$(t+1)[b_0(t+1) + b_1]2^{t+1} - 2t(b_0 t + b_1)2^t = t2^t,$$

整理后得

$$4b_0 t + 2b_0 + 2b_1 = t.$$

比较两端同次幂系数, 得

$$4b_0 = 1, \quad 2b_0 + 2b_1 = 0.$$

从而求得 $b_0 = \frac{1}{4}, b_1 = -\frac{1}{4}$, 故特解

$$y_t^* = \left(\frac{1}{4}t^2 - \frac{1}{4}t\right)2^t.$$

从而原方程的通解为

$$y_t = C2^t + \left(\frac{1}{4}t^2 - \frac{1}{4}t\right)2^t,$$

其中 C 为任意常数.

4.4.3 差分方程在经济问题中的简单应用

差分方程在经济领域的应用非常广泛, 本节主要介绍差分方程在经济问题中的几个简单应用, 以期望读者有一些初步了解.

例 9(存款模型) 设 S_t 为 t 期存款总额, r 为存款利率, 按年复利计息, 则 S_t 与 r 有如下关系式:

$$S_{t+1}=S_t+rS_t=(1+r)S_t,\quad t=0,1,2,\cdots.$$

这是关于 S_t 的一个一阶常系数齐次线性差分方程, 其通解为

$$S_t=(1+r)^tS_0,\quad t=0,1,2,\cdots,$$

其中 S_0 为初始存款总额.

例 10(贷款模型) 设某房屋总价为 a 元, 先付一半可入住, 另一半由银行以年利 r 贷款,n 年付清, 问平均每月付多少元? 共付利息多少元?

解 设每个月应付 x 元 $\left(\text{贷款额为}\dfrac{a}{2}\text{元}\right)$, 月利率是 $\dfrac{r}{12}$, 第一个月应付利息为

$$y_1=\frac{r}{12}\times\frac{a}{2}=\frac{ra}{24},$$

第二个月应付利息为

$$y_2=\left(\frac{a}{2}-x+y_1\right)\times\frac{r}{12}=\left(1+\frac{r}{12}\right)y_1-\frac{rx}{12},$$

于是类推, 可得

$$y_{t+1}=\left(1+\frac{r}{12}\right)y_t-\frac{rx}{12},$$

这是一个一阶常系数非齐次线性差分方程, 其对应的齐次线性差分方程的特征方程为

$$\lambda-\left(1+\frac{r}{12}\right)=0,$$

所以特征根为 $1+\dfrac{r}{12}$, 其对应的齐次线性差分方程的通解为

$$Y_t=C(1+\frac{r}{12})^t.$$

由于 1 不是特征方程的根, 于是令特解 $y_t^*=a$, 代入原方程得 $a=\left(1+\dfrac{r}{12}\right)a-\dfrac{rx}{12}$, 即 $x=a$, 于是 $y_t^*=x$, 故原方程的通解为

$$y_t=C\left(1+\frac{r}{12}\right)^t+x,$$

当 $y_1 = \frac{r}{12} \times \frac{a}{2} = \frac{ra}{24}$ 时, 得

$$C = \frac{\frac{ar}{24} - x}{1 + \frac{r}{12}},$$

所以原方程满足初始条件的特解为

$$y_t = \frac{\frac{a}{2} \times \frac{r}{12} - x}{1 + \frac{r}{12}} \left(1 + \frac{r}{12}\right)^t + x = \frac{a}{2} \times \frac{r}{12} \times \left(1 + \frac{r}{12}\right)^{t-1} + x - \left(1 + \frac{r}{12}\right)^{t-1} x,$$

于是 n 年利息之和为

$$\begin{aligned} I =& y_1 + y_2 + y_3 + \cdots + y_{12n} \\ =& \frac{a}{2} \times \frac{r}{12} \times \left[1 + \left(1 + \frac{r}{12}\right) + \left(1 + \frac{r}{12}\right)^2 + \cdots + \left(1 + \frac{r}{12}\right)^{12n-1}\right] \\ &+ 12nx - x\left[1 + \left(1 + \frac{r}{12}\right) + \left(1 + \frac{r}{12}\right)^2 + \cdots + \left(1 + \frac{r}{12}\right)^{12n-1}\right] \\ =& \frac{a}{2} \times \left(1 + \frac{r}{12}\right)^{12n} - \frac{a}{2} + 12nx - \frac{\left(1 + \frac{r}{12}\right)^{12n} - 1}{\frac{r}{12}} x. \end{aligned}$$

由于上式中 $12nx - \frac{a}{2}$ 也是总利息, 所以有

$$I = \frac{a}{2} \times \left(1 + \frac{r}{12}\right)^{12n} + I - \frac{\left(1 + \frac{r}{12}\right)^{12n} - 1}{\frac{r}{12}} x,$$

从而

$$x = \frac{\frac{a}{2} \times \left(1 + \frac{r}{12}\right)^{12n} \times \frac{r}{12}}{\left(1 + \frac{r}{12}\right)^{12n} - 1}.$$

因此, 平均每月付

$$x = \frac{\frac{a}{2} \times \left(1 + \frac{r}{12}\right)^{12n} \times \frac{r}{12}}{\left(1 + \frac{r}{12}\right)^{12n} - 1} \text{元},$$

共付利息

$$I = 12nx - \frac{a}{2} = \frac{a}{2}\left[\frac{nr\left(1 + \frac{r}{12}\right)^{12n}}{\left(1 + \frac{r}{12}\right)^{12n} - 1} - 1\right] \text{元}.$$

例 11(筹措教育经费模型) 某家庭从现在着手从每月工资中拿出一部分资金存入银行, 用于投资子女的教育. 并计划 20 年后开始从投资账户中每月支取 1000 元, 直到 10 年后子女大学毕业用完全部资金. 要实现这个投资目标, 20 年内共要筹措多少资金? 每月要向银行存入多少钱? 假设投资的月利率为 0.5%.

解 设第 n 个月投资账户资金为 S_n 元, 每月存入资金为 a 元. 于是, 20 年后关于 S_n 的差分方程模型为

$$S_{n+1} = 1.005S_n - 1000, \tag{4.4.14}$$

并且 $S_{120} = 0, S_0 = x$.

解方程 (4.4.14), 得通解

$$S_n = 1.005^n C - \frac{1000}{1 - 1.005} = 1.005^n C + 200\,000,$$

以及

$$S_{120} = 1.005^{120} C + 200000 = 0,$$

$$S_0 = C + 200000 = x,$$

从而有

$$x = 200000 - \frac{200000}{1.005^{120}} = 90073.45.$$

从现在到 20 年内, S_n 满足的差分方程为

$$S_{n+1} = 1.005S_n + a, \tag{4.4.15}$$

且 $S_0 = 0, S_{240} = 90073.45$.

解方程 (4.4.15), 得通解

$$S_n = 1.005^n C + \frac{a}{1 - 1.005} = 1.005^n C - 200a,$$

以及

$$S_{240} = 1.005^{240} C - 200a = 90073.45,$$

$$S_0 = C - 200a = 0,$$

从而有

$$a = 194.95.$$

即要达到投资目标, 20 年内要筹措资金 90073.45 元, 平均每月要存入银行 194.95 元.

例 12(动态经济系统的蛛网模型) 在自由市场上你一定注意过这样的现象: 一个时期由于猪肉的上市量远大于需求量时, 销售不畅会导致价格下跌, 农民觉得

养猪赔钱, 于是转而经营其他农副产品. 过一段时间猪肉上市量减少, 供不应求导致价格上涨, 原来的饲养户觉得有利可图, 又重操旧业, 这样下一个时期会重新出现供大于求价格下跌的局面. 在没有外界干预的条件下, 这种现象将一直循环下去, 在完全自由竞争的市场体系中, 这种现象是永远不可避免的. 由于商品的价格主要由需求关系来决定的, 商品数量越多, 意味需求量减少, 因而价格越低. 而下一个时期商品的数量是由生产者的供求关系决定, 商品价格越低, 生产的数量就越少. 当商品数量少到一定程度时, 价格又出现反弹. 这样的需求和供给关系决定了市场经济中价格和数量必然是振荡的. 有的商品这种振荡的振幅越来越小, 最后趋于平稳, 有的商品的振幅越来越大, 最后导致经济崩溃.

现以猪肉价格的变化与需求和供给关系来研究上述振荡现象.

设第 n 个时期 (长度假定为一年) 猪肉的产量为 Q_n^s, 价格为 P_n, 产量与价格的关系为 $P_n = f(Q_n^s)$, 本时期的价格又决定下一时期的产量, 因此, $Q_{n+1}^d = g(P_n)$. 这种产销关系可用下述过程来描述:

$$Q_1^s \to P_1 \to Q_2^s \to P_2 \to Q_3^s \to P_3 \to \cdots \to Q_n^s \to P_n \to \cdots,$$

设

$$A_1 = (Q_1^s, P_1), \quad A_2 = (Q_2^s, P_1), \quad A_3 = (Q_2^s, P_2),$$

$$A_4 = (Q_3^s, P_2), \quad \cdots, \quad A_{2k-1} = (Q_k^s, P_k), \quad A_{2k} = (Q_{k+1}^s, P_k).$$

以产量 Q 和价格 P 分别作为坐标系的横轴和纵轴, 绘出图 4.1. 这种关系很像一个蜘蛛网, 故称为蛛网模型.

对于蛛网模型, 假定商品本期的需求量 Q_t^d 决定于本期的价格 P_t, 即需求函数为 $Q_t^d = f(P_t)$, 商品本期产量 Q_t^s 决定于前一期的价格 P_{t-1}, 即供给函数为 $Q_t^s = g(P_{t-1})$. 根据上述假设, 蛛网模型可以用下述联立方程式来表示

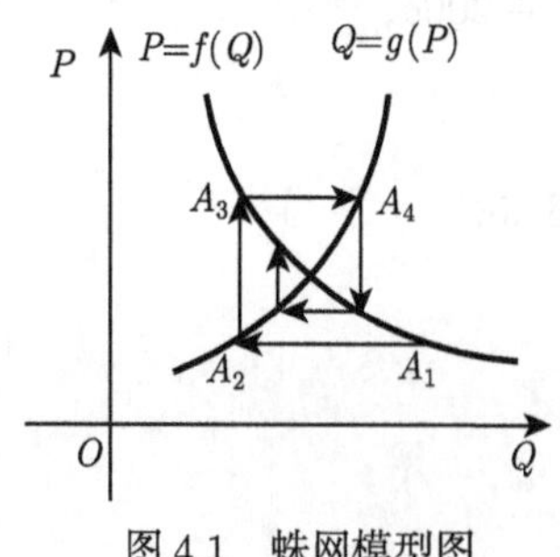

图 4.1　蛛网模型图

$$\begin{cases} Q_t^d = \alpha - \beta P_t, \\ Q_t^s = \lambda + \mu P_{t-1}, \\ Q_t^d = Q_t^s, \end{cases}$$

其中 $\alpha, \beta, \delta, \gamma$ 均为常数且均大于零.

蛛网模型分析了商品的产量和价格波动的三种情况. 现在只讨论一种情形: 供给曲线斜率的绝对值大于需求曲线斜率的绝对值. 即当市场由于受到干扰偏离原有的均衡状态以后, 实际价格和实际产量会围绕均衡水平上下波动, 但波动的幅度越来越小, 最后会恢复到原来的均衡点.

假设在第一期由于某种外在原因的干扰, 如恶劣的气候条件, 实际产量由均衡水平 Q_e 减少为 Q_1. 根据需求曲线, 消费者愿意支付 P_1 的价格购买全部的产量 Q_1, 于是, 实际价格上升为 P_1. 根据第一期较高的价格水平 P_1, 按照供给曲线, 生产者将第二期的产量增加为 Q_2; 在第二期, 生产者为了出售全部的产量 Q_2, 接受消费者所愿意支付的价格 P_2, 于是, 实际价格下降为 P_2. 根据第二期的较低的价格水平 P_2, 生产者将第三期的产量减少为 Q_3; 在第三期, 消费者愿意支付 P_3 的价格购买全部的产量 Q_3, 于是, 实际价格又上升为 P_3. 根据第三期较高的价格水平 P_3, 生产者又将第四期的产量增加为 Q_4. 如此循环下去(图 4.2), 实际产量和实际价格的波动幅度越来越小, 最后恢复到均衡点 e 所代表的水平.

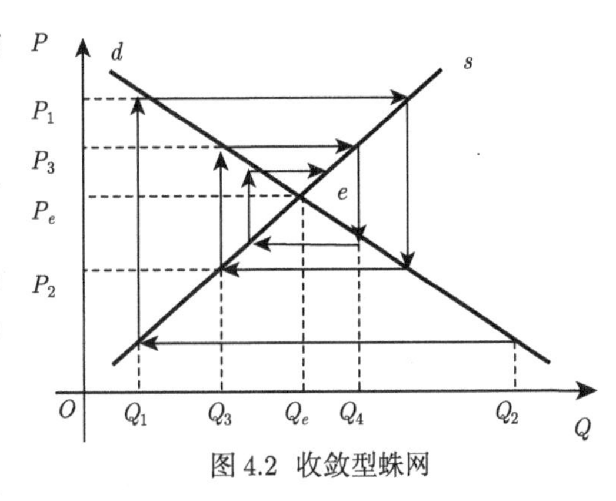

图 4.2 收敛型蛛网

由此可见, 图 4.2 中的平衡点 e 所代表的平衡状态是稳定的. 也就是说, 由于外在的原因, 当价格和产量偏离平衡点 (P_e, Q_e) 后, 经济制度中存在着自发的因素, 能使价格和产量自动地恢复均衡状态. 产量和价格的变化轨迹形成了一个蜘蛛网似的图形, 这就是蛛网模型名称的由来.

下面给出具体实例.

据统计, 某城市 2001 年的猪肉产量为 30 万吨, 价格为 6.00 元/千克. 2002 年生产猪肉 25 万吨, 价格为 8.00 元/千克. 已知 2003 年的猪肉产量为 25 万吨, 若维持目前的消费水平与生产方式, 并假定猪肉产量与价格之间是线性关系. 问若干年以后的产量与价格是否会趋于稳定? 若稳定请求出稳定的产量和价格.

设 2001 年猪肉的产量为 x_1, 猪肉的价格为 y_1, 2002 年猪肉的产量为 x_2, 猪肉的价格为 y_2, 依此类推. 根据线性假设, 需求函数 $y = f(x)$ 是一条直线, 且 $A_1(30, 6)$ 和 $A_3(25, 8)$ 在直线上, 因此得需求函数为

$$y_n = 18 - \frac{2}{5}x_n, \quad n = 1, 2, 3, \cdots, \tag{4.4.16}$$

供给函数 $x = g(y)$ 也是一条直线, 且 $A_2(25, 6)$ 和 $A_3(28, 8)$ 在直线上, 因此得供给函数为

$$x_{n+1} = 16 + \frac{3}{2}y_n, \quad n = 1, 2, 3, \cdots, \tag{4.4.17}$$

将 (4.4.16) 式代入到 (4.4.17) 式得关于 x_n 的差分方程

$$x_{n+1} = 43 - \frac{3}{5}x_n. \tag{4.4.18}$$

利用迭代法解方程 (4.4.18). 于是有

$$x_{k+1}-x_k=\left(-\frac{3}{5}\right)^{k-1}(x_2-x_1),$$

所以

$$x_{n+1}-x_1=\sum_{k=1}^{n}(x_{k+1}-x_k)=(x_2-x_1)\sum_{k=1}^{n}\left(-\frac{3}{5}\right)^{k-1},$$

从而

$$x_{n+1}=x_1+(x_2-x_1)\sum_{k=1}^{n}\left(-\frac{3}{5}\right)^{k-1}=30-5\sum_{k=1}^{n}\left(-\frac{3}{5}\right)^{k-1},$$

于是

$$\lim_{n\to\infty}x_{n+1}=30-5\frac{1}{1+\dfrac{3}{5}}=\frac{215}{8}=26.875(\text{万吨}).$$

类似于上述推导过程, 得到关于 y_n 的表达式

$$y_{n+1}=y_1+(y_2-y_1)\sum_{k=1}^{n}\left(-\frac{3}{5}\right)^{k-1}=6+2\sum_{k=1}^{n}\left(-\frac{3}{5}\right)^{k-1},$$

于是

$$\lim_{n\to\infty}y_{n+1}=6+2\frac{1}{1+\dfrac{3}{5}}=\frac{58}{8}=7.25(\text{元/千克}).$$

若干年以后的产量与价格都会趋于稳定, 其稳定的产量为 26.875(万吨), 稳定的价格为 7.25(元/千克).

习 题 4.4

A 组

1. 求下列一阶差分方程的通解:

(1) $2y_{t+1}-3y_t=0$; (2) $y_t+y_{t-1}=0$;

(3) $y_{t+1}-y_t=0$; (4) $\Delta y_t-4y_t=3$;

(5) $y_{t+1}-\frac{1}{2}y_t=2^t$; (6) $y_{t+1}-y_t=t2^t$.

2. 求下列一阶差分方程在给定初始条件下的特解:

(1) $2y_{t+1}+5y_t=0$ 且 $y_0=3$; (2) $\Delta y_t=0$ 且 $y_0=2$;

(3) $\Delta y_t=3$, 且 $y_0=2$; (4) $y_t+y_{t-1}=(t-1)2^{t-1}$, 且 $y_0=0$;

(5) $y_{t+1}-5y_t=3$ 且 $y_0=\frac{7}{3}$; (6) $y_{t+1}+4y_t=2t^2+t-1$, 且 $y_0=1$.

3. 求下列函数的差分:

(1) $y_t = c$(c 为常数);

(2) $y_t = t^2$;

(3) $y_t = a^t$;

(4) $y_t = t\ln t$;

(5) $y_t = t^4$;

(6) $y_t = 2t^3 - t^2$;

(7) $y_t = \mathrm{e}^{3t}$;

(8) $y_t = t(t-1)(t-2)\cdots(t-n)$.

4. 设某产品在时期 t 的价格、总供给与总需求分别为 P_t, S_t 与 D_t, 并对于 $t = 0, 1, 2, \cdots$, 有

$$S_t = 2P_t + 1, \quad D_t = -4P_{t-1} + 5, \quad S_t = D_t.$$

(1) 证明: 由以上三式可推出差分方程 $P_{t+1} + 2P_t = 2$;

(2) 已知 P_0 时, 求上述方程的解.

5. 设 y_t 为 t 期国民收入, C_t 为 t 期消费, I 为投资 (各期相同), 设三者有如下关系:

$$y_t = C_t + I, \quad C_t = \alpha y_{t-1} + \beta,$$

且已知 $t = 0$ 时, $y_t = y_0$, 其中 $0 < \alpha < 1$, $\beta > 0$, 试求 y_t 和 C_t.

B 组

1. 求差分方程 $2y_{t+1} + 10y_t = 5t$ 的通解.

2. 某公司每年的工资总额在比上一年增加 10%的基础上再追加 100 万元. 若以 W_t 表示第 t 年的工资总额 (单位: 万元), 试求 W_t 的表达式.

本章内容小结

1. 本章的主要内容有:

(1) 三类可降阶的高阶微分方程;

(2) 二阶常系数齐次线性微分方程及简单的非齐次线性微分方程;

(3) 微分方程在经济问题中的简单应用;

(4) 差分与差分方程的概念;

(5) 差分方程的通解与特解;

(6) 一阶常系数线性差分方程的求解;

(7) 差分方程在经济问题中的简单应用.

2. 学习中要注意的几点:

(1) 有时微分方程的通解并不能包含方程的全部解. 在解微分方程时两边消去某一函数时会造成最后的通解中少掉某些解, 应把这些解求出, 才能构成方程的全部解.

(2) 有的微分方程的解中含有任意常数, 一个 n 阶微分方程的解中必须含有 n 个任意常数. 注意这些常数必须是不能合并而使常数个数减少的.

(3) 几类可降阶的二阶微分方程的求解是重点也是本章难点, 要熟练掌握运算技巧. 首先要识别类型, 按不同方程不同解法的原则解答.

(4) 二阶常系数线性微分方程也是本章的重点. 对于齐次的只需求出特征方程的根, 根据特征根的性质不同代入相应公式即可. 但是如果是非齐次方程, 则其通解根据定理知: 为对应齐次方程的通解与非齐次方程的一个特殊解的和, 齐次方程的通解利用前面介绍的方法很容易解. 故解题关键是寻找非齐次方程的特解, 要根据右端 $f(x)$ 的特点, 写出相应的特解形式.

(5) 差分方程中的未知函数是以非负整数 n 为自变量的函数, 差分的定义公式是差分方程中运算的基础, 应重点掌握.

(6) 差分方程与微分方程中相应概念相似, 如差分方程的阶、通解、特解等概念.

(7) 差分与微分具有相似的运算性质.

(8) 一阶常系数非齐次线性差分方程的通解为对应的齐次方程的通解加上自己本身的一个特解. 而一阶齐次线性差分方程的通解很容易用迭代法求出, 所以特解的求法非常重要. 在本章中只介绍了右端为 $f(t) = b, f(t) = P_n(t),\ \ f(t) = bd^t$ 三种类型, 要记住它们的特解公式.

部分习题参考答案

习题 1.1

A 组

3. 反例: 设 $x_n=(-1)^n$, 则 $\lim\limits_{n\to\infty}|x_n|=1$, 但 $\lim\limits_{n\to\infty}x_n$ 不存在.

6. 提示: 利用定义证明.

8. 8.6643(年).

B 组

2. 二元函数与一元函数的极限都是表示某动点 P 以任意方式无限靠近定点 Q 时, 与之相关的变量无限接近于一个确定的常数. 不同的是后者对应 P,Q 点是数轴上的点, 前者对应的 P,Q 是平面上的点. 一元函数 $y=f(x)$ 在 x_0 处连续是表示 x 无限靠近 x_0 时, $f(x)$ 无限靠近 $f(x_0)$, 二元函数 $z=f(x,y)$ 在 (x_0,y_0) 处连续是表示当 (x,y) 以任意方式无限靠近 (x_0,y_0) 时, $f(x,y)$ 无限靠近 $f(x_0,y_0)$.

4. $\lim\limits_{n\to\infty}x_n\neq a\Leftrightarrow\exists\varepsilon_0>0,\forall N\in\mathbf{N}^+,\exists n_0>N$, 有 $|x_{n_0}-a|\geqslant\varepsilon_0$.

习题 1.2

A 组

1. (提示: 利用夹逼准则) (1) 0; (2) 1; (3) 1; (4) 1; (5) 1; (6) $\dfrac{1}{2}$.

2. (1) 1; (2) $\dfrac{2}{\pi}$; (3) e^3; (4) e^{-4}; (5) 1; (6) $\dfrac{1}{4}$;

   (7) 2; (8) $\dfrac{1}{\mathrm{e}}$; (9) $\dfrac{1}{\mathrm{e}}$; (10) $\dfrac{1}{\mathrm{e}^2}$; (11) e^5; (12) e.

3. 证明略, $\lim\limits_{n\to\infty}x_n=\dfrac{1}{2}$.

B 组

2. (1) $\dfrac{1}{2}$; (2) $\dfrac{1}{2}$; (3) $I=\dfrac{2}{\pi}$(提示: 利用夹逼准则和定积分和式).

3. 证明略, $\lim\limits_{n\to\infty}x_n=3$.

4. $\sqrt[3]{abc}$.

5. 单调数列不一定收敛, 例如, 单调增加数列 $\{n\}$ 发散. 收敛数列不一定单调, 例如, $\left\{\dfrac{n+(-1)^{n-1}}{n}\right\}$ 收敛但不单调.

习题 1.3

A 组

1. (1) $\frac{\partial^2 z}{\partial x^2}=2y,\quad \frac{\partial^2 z}{\partial x\partial y}=2x-4\cos y,\quad \frac{\partial^2 z}{\partial y\partial x}=2x-4\cos y,\quad \frac{\partial^2 z}{\partial y^2}=4x\sin y+2.$

(2) $\frac{\partial^2 z}{\partial x^2}=y(y-1)x^{y-2},\quad \frac{\partial^2 z}{\partial y^2}=x^y(\ln x)^2,$

$\frac{\partial^2 z}{\partial x\partial y}=yx^{y-1}\ln x+x^{y-1},\quad \frac{\partial^2 z}{\partial y\partial x}=yx^{y-1}\ln x+x^{y-1};$

(3) $\frac{\partial^2 z}{\partial x^2}=6xy^2,\quad \frac{\partial^2 z}{\partial y^2}=2x^3-18xy,$

$\frac{\partial^2 z}{\partial x\partial y}=6x^2y-9y^2-1,\quad \frac{\partial^2 z}{\partial y\partial x}=6x^2y-9y^2-1;$

(4) $\frac{\partial^2 z}{\partial x^2}=2,\quad \frac{\partial^2 z}{\partial x\partial y}=-1,\quad \frac{\partial^2 z}{\partial y\partial x}=-1,\quad \frac{\partial^2 z}{\partial x^2}=2;$

(5) $\frac{\partial^2 z}{\partial x^2}=2y\mathrm{e}^{xy}+xy^2\mathrm{e}^{xy},\quad \frac{\partial^2 z}{\partial y^2}=x^3\mathrm{e}^{xy};$

$\frac{\partial^2 z}{\partial x\partial y}=2x\mathrm{e}^{xy}+x^2y\mathrm{e}^{xy},\quad \frac{\partial^2 z}{\partial y\partial x}=2x\mathrm{e}^{xy}+x^2y\mathrm{e}^{xy};$

(6) $\frac{\partial^2 z}{\partial x^2}=\mathrm{e}^x[\cos y+(x+2)\sin y],\quad \frac{\partial^2 z}{\partial y^2}=\mathrm{e}^x(-\cos y-x\sin y),$

$\frac{\partial^2 z}{\partial x\partial y}=\mathrm{e}^x[-\sin y+(x+1)\cos y],\quad \frac{\partial^2 z}{\partial y\partial x}=\mathrm{e}^x[-\sin y+(x+1)\cos y].$

B 组

1. D.

2. $\frac{1}{3}(-1)^n n!\left(\frac{2}{3}\right)^n.$

3. $-\frac{g'(v)}{g^2(v)}.$

4. $z'_x=2\cos(2x+3y),\quad z'_y=3\cos(2x+3y),\quad z''_{xx}=-4\sin(2x+3y),$

$z''_{yy}=-9\sin(2x+3y),\quad z''_{xy}=-6\sin(2x+3y).$

习题 1.4

A 组

1. (1) $\mathrm{e}^t(\cos t-\sin t)+\cos t;$

(2) $2x+\frac{\cos x}{2\sqrt{\sin x}};$

(3) $t^{\frac{1}{t}}\sin(\cos t\cdot \ln t)\left(\dfrac{1-\ln t}{t^2}\right)+t^{\frac{1}{t}}\cos(\cos t\cdot \ln t)\left(\dfrac{\cos t}{t^2}-\sin t\ln t\right)$;

(4) $f_1'\left[\dfrac{\psi(t)}{\varphi(t)}+t\dfrac{\varphi(t)\psi'(t)-\varphi'(t)\psi(t)}{\varphi^2(t)}\right]+f_2'\left[2t+\dfrac{\varphi'(t)\psi(t)-\varphi(t)\psi'(t)}{\psi^2(t)}\right]$.

2. (1) $\dfrac{\partial z}{\partial x}=yf(xy^2)+xy^3f'(xy)^2$, $\quad\dfrac{\partial z}{\partial y}=xf(xy^2)+2x^2y^2f'(xy^2)$;

(2) $\dfrac{\partial z}{\partial x}=f(x+y,xy)+(x+y)(f_1'+yf_2')$, $\quad\dfrac{\partial z}{\partial y}=f(x+y,xy)+(x+y)(f_1'+xf_2')$;

(3) $\dfrac{\partial z}{\partial x}=f_1'\varphi'\left(\dfrac{y}{x}\right)\left(-\dfrac{y}{x^2}\right)+f_2'(-\psi'(x-y))$, $\quad\dfrac{\partial z}{\partial y}=f_1'\varphi'\left(\dfrac{y}{x}\right)\dfrac{1}{x}+f_2'(1+\psi'(x-y))$;

(4) $\dfrac{\partial z}{\partial x}=f_1'+2xf_3'\varphi_1'$, $\quad\dfrac{\partial z}{\partial y}=2yf_2'+f_3'\varphi_2'$.

3. (1) $\dfrac{\partial u}{\partial x}=2x+(1+2x^2\sin^2 y)\mathrm{e}^{x^2+y^2+x^4\sin^2 y}$, $\quad\dfrac{\partial u}{\partial y}=2(y+x^4\sin y\cos y)\mathrm{e}^{x^2+y^2+x^4\sin^2 y}$;

(2) $\dfrac{\partial z}{\partial x}=\mathrm{e}^{ax}[(a^2+1)\sin x+2ay]$, $\quad\dfrac{\partial z}{\partial y}=2\mathrm{e}^{ax}$;

(3) $\dfrac{\partial z}{\partial x}=2xf_1'+y\mathrm{e}^{xy}f_2'$, $\quad\dfrac{\partial z}{\partial y}=-2yf_1'+x\mathrm{e}^{xy}f_2'$.

5. $-\dfrac{1}{xf_1'+f_2'}(zf_1'\mathrm{d}x+f_2'\mathrm{d}y)$.

6. (1) $-\dfrac{1}{y^2}f_x'(x,y)+\dfrac{1}{y}f_{xy}''(x,y)+f_y'(x,y)+xf_{xy}''(x,y)$;

(2) $xf''(xy)-\dfrac{y}{x^2}f''\left(\dfrac{y}{x}\right)$;

(3) $-\varphi'(x)f_{11}''+[\varphi'(x)\psi'(y)-1]f_{12}''+\psi'(y)f_{22}''$;

(4) $f_{xy}''(0,0)=-1, f_{yx}''(0,0)=1$.

7. $F(x)=\begin{cases} x, & 0<x\leqslant 1,\\ \dfrac{1}{x}, & 1<x<2,\end{cases}$ $F'(1)$ 不存在.

8. $\dfrac{\mathrm{e}^y-1}{1-x\mathrm{e}^y}$.

9. $\dfrac{\partial z}{\partial x}=\dfrac{z}{x+z}$, $\quad\dfrac{\partial z}{\partial y}=\dfrac{z^2}{y(x+z)}$.

10. $\left.\dfrac{\mathrm{d}y}{\mathrm{d}x}\right|_{x=0}=0$, $\quad\left.\dfrac{\mathrm{d}^2y}{\mathrm{d}x^2}\right|_{x=0}=\pm 1$.

11. $\dfrac{y^2\mathrm{e}^z}{(1-\mathrm{e}^z)^3}$.

12. $\dfrac{\partial z}{\partial x}=(1+x)^{xy}\left[y\ln(1+x)+\dfrac{xy}{1+x}\right]$, $\dfrac{\partial z}{\partial y}=x(1+x)^{xy}\ln(1+x)$.

13. (1) $\dfrac{3b}{2a}t$; (2) $\dfrac{3t}{1-t^2}$; (3) $-\dfrac{b}{a}\text{cost}t$; (4) $\dfrac{\cos t-t\sin t}{1-\sin t-t\text{cos}t}$

14. (1) $-\dfrac{1}{4}\left(\dfrac{1}{t^3}+\dfrac{3}{t}\right)$; (2) $\dfrac{1+t^2}{4t}$

B 组

1. $yf''(xy)+\varphi'(x+y)+y\varphi''(x+y)$.

2. $\mathrm{e}^x\cos yf_1'+\mathrm{e}^{2x}\sin y\cos yf_{11}''+2\mathrm{e}^x(y\sin y+x\cos y)f_{12}''+4xyf_{22}''$.

3. $\mathrm{e}^y\cdot f_1'+x\mathrm{e}^{2y}\cdot f_{11}''+\mathrm{e}^y\cdot f_{13}''+x\mathrm{e}^y\cdot f_{21}''+f_{23}''$.

4. $\dfrac{z(z^4-2xyz^2-x^2y^2)}{(z^2-xy)^3}$.

5. -2.

6. $\left(f_x+f_z\cdot\dfrac{1+x}{1+z}\mathrm{e}^{x-z}\right)\mathrm{d}x+\left(f_y-f_z\cdot\dfrac{1+y}{1+z}\mathrm{e}^{y-z}\right)\mathrm{d}y$.

7. $-\dfrac{2y}{x}f_1'+\dfrac{2x}{y}f_2'$.

8. $2\mathrm{e}^3$.

9. (1) $\mathrm{d}z=\dfrac{(-\varphi'+2x)\mathrm{d}x+(-\varphi'+2y)\mathrm{d}y}{\varphi'+1}$;

(2) $\dfrac{\partial u}{\partial x}=-\dfrac{2\varphi''(1+2x)}{(\varphi'+1)^3}$.

10. x^2+y^2.

11. $\dfrac{2y}{x}f'\left(\dfrac{y}{x}\right)$.

习题 2.2

A 组

1. (1) $\dfrac{3}{2}$; (2) $\dfrac{16}{13}$; (3) 2; (4) 2; (5) ∞; (6) $\dfrac{m}{n}a^{m-n}$; (7) 1; (8) 0;

(9) 0; (10) ∞; (11) $\dfrac{1}{2}$; (12) 0; (13) 1; (14) 1; (15) e^{-1}; (16) 1.

3. 连续.

B 组

1. (1) 1; (2) $\dfrac{3}{2}$; (3) 1; (4) $\mathrm{e}^{\frac{1}{3}}$.

2. 连续.

习题 2.3

A 组

1. $\ln x=(x-1)-\dfrac{1}{2}(x-1)^2+\dfrac{1}{3}(x-1)^3-\cdots+(-1)^{n-1}\dfrac{1}{n}(x-1)^n+R_n(x)$, 其中 $R_n(x)=\dfrac{(-1)^n}{(n+1)\xi^{n+1}}(x-1)^{n+1}$($\xi$ 在 1 与 x 之间).

2. $\dfrac{1}{x}=\dfrac{1}{2}\left[1-\dfrac{x-2}{2}+\dfrac{(x-2)^2}{2^2}-\cdots+(-1)^n\dfrac{(x-2)^n}{2^n}+R_n(x)\right]$, 其中 $R_n(x)=(-1)^{n+1}\dfrac{1}{\xi^{n+2}}\left(\dfrac{x-2}{2}\right)^{n+1}$($\xi$ 在 2 与 x 之间).

3. $\arctan x=x-\dfrac{2}{3!}x^3+o(x^3)$.

4. $x\sin 2x=2x^2-\dfrac{2^3}{3!}x^4+\dfrac{2^5}{5!}x^6-\cdots+\dfrac{(-1)^{k+1}2^{2k-1}}{(2k-1)!}x^{2k}+o(x^{2k})$.

B 组

1. (1) 0.5150381; (2) 3.107231.

2. (1) $\dfrac{1}{3}$; (2) $\dfrac{1}{6}$.

习题 2.4

A 组

1. 单调增.

2. (1) $(-\infty,0)$ 单调减, $(0,+\infty)$ 单调增;

(2) $(-\infty,-1)$, $(1,+\infty)$ 单调增, $(-1,1)$ 单调减;

(3) $(-\infty,+\infty)$ 单调增;

(4) $(-\infty,-2)$, $(0,+\infty)$ 单调增, $(-2,-1),(-1,0)$ 单调减;

(5) $(-\sqrt{2},\sqrt{2})$ 单调增, $(-\infty,-\sqrt{2}),(\sqrt{2},+\infty)$ 单调减;

(6) $(-\infty,0)$, $\left(0,\dfrac{1}{2}\right)$, $(1,+\infty)$ 单调减; $\left(\dfrac{1}{2},1\right)$ 单调增.

习题 2.5

A 组

1. (1) 极大值 $y(0)=0$, 极小值 $y(1)=-1$;

(2) 极小值 $y(0)=0$;

(3) 极大值 $y(1)=3$, 极小值 $y(-1)=-3$;

(4) 极大值 $y(1)=\dfrac{\pi}{2}-\ln 2$;

(5) 极大值 $y\left(\frac{3}{4}\right)=\frac{5}{4}$;

(6) 极大值 $y\left(\frac{12}{5}\right)=\frac{1}{10}\sqrt{205}$;

(7) 极大值 $y\left(2k\pi+\frac{\pi}{4}\right)=\frac{\sqrt{2}}{2}e^{2k\pi+\frac{\pi}{4}}$,

极小值 $y\left[(2k+1)\pi+\frac{\pi}{4}\right]=-\frac{\sqrt{2}}{2}e^{(2k+1)\pi+\frac{\pi}{4}}, k\in\mathbf{Z}$;

(8) 极小值 $y\left(-\frac{1}{2}\ln 2\right)=2\sqrt{2}$;

(9) 极大值 $y(0)=4$, 极小值 $y(-2)=\frac{8}{3}$;

(10) 没有极值.

2. (1) 最大值 $y(4)=142$, 最小值 $y(1)=7$;

(2) 最大值 $y(2)=\ln 5$, 最小值 $y(0)=0$;

(3) 最大值 $y\left(-\frac{1}{2}\right)=y(1)=\frac{1}{2}$, 最小值 $y(0)=0$.

3. $a=\pm 3$, 极大值 $f(-1)=2$, 极小值 $f(1)=-10$.

4. 200 吨.

5. 25.

6. 2 吨.

7. 2 百台.

8. (1) 极大值 $f(2,-2)=8$;

(2) 极大值 $f(3,2)=36$;

(3) 极小值 $f\left(\frac{1}{2},-1\right)=-\frac{e}{2}$;

(4) 极大值 $f(-4,-2)=8e^{-2}$.

9. 三个正数相等时.

10. $L(10,7)=52$.

11. 甲种鱼 $\frac{3\alpha-2\beta}{2\alpha^2-\beta^2}$, 乙种鱼 $\frac{4\alpha-3\beta}{4\alpha^2-2\beta^2}$.

12. 当 $x=4, y=\frac{15}{4}$ 时, 最大利润 78.5.

13. $x_1 = 6, x_2 = 12$.

14. 当 $S_1 = 5$ 万元, $S_2 = 10$ 万元时, 最大利润 37.5 万元.

15. 最长 $\sqrt{9+5\sqrt{3}}$, 最短 $\sqrt{9-5\sqrt{3}}$.

B 组

1. (1) $P = \sqrt{\dfrac{ab}{c}} - b, \quad R = (\sqrt{a} - \sqrt{bc})^2$.

(2) 当 $0 < P < \sqrt{\dfrac{ab}{c}} - b$ 时, R 随 P 增;

当 $P > \sqrt{\dfrac{ab}{c}} - b$ 时, R 随 P 减.

2. (1) $10 - \dfrac{5}{2}t$(吨); (2) $t = 2$.

3. 在 $(4, 1)$ 取最大值 7.

4. $(1, -1)$ 为极值点, $f(1, -1) = -2$ 为极小值, $f(1, -1) = 6$ 为极大值.

5. 极小值 $f(-2, 0) = 1$, 极大值 $f\left(\dfrac{16}{7}, 0\right) = -\dfrac{8}{7}$.

习题 2.6

A 组

1. (1) $\left(-\infty, -\dfrac{\sqrt{2}}{2}\right), \left(0, \dfrac{\sqrt{2}}{2}\right)$ 凸, $\left(-\dfrac{\sqrt{2}}{2}, 0\right), \left(\dfrac{\sqrt{2}}{2}, +\infty\right)$ 凹,

$\left(-\dfrac{\sqrt{2}}{2}, -\dfrac{\sqrt{2}}{8}\right), (0, 0), \left(\dfrac{\sqrt{2}}{2}, \dfrac{\sqrt{2}}{8}\right)$ 为拐点;

(2) $(-\infty, -1), (1, +\infty)$ 凸, $(-1, 1)$ 凹, $(\pm 1, \ln 2)$ 为拐点;

(3) $(-\infty, -2)$ 凸, $(-2, +\infty)$ 凹, $(-2, -2\mathrm{e}^2)$ 为拐点;

(4) $\left(\dfrac{1}{2}, +\infty\right)$ 凸, $\left(-\infty, \dfrac{1}{2}\right)$ 凹, $\left(\dfrac{1}{2}, \mathrm{e}^{\arctan\frac{1}{2}}\right)$ 为拐点;

(5) $(-\infty, +\infty)$ 凹;

(6) $(0, 1)$ 凸, $(1, +\infty)$ 凹, $(1, -7)$ 为拐点.

2. $a = -\dfrac{3}{2}, b = \dfrac{9}{2}$.

4. (1) $x = -1$ 是铅直渐近线, $y = x - 3$ 是斜渐近线;

(2) $x = -1$ 是铅直渐近线, $y = x$ 是斜渐近线.

B 组

1. $k=\pm\dfrac{\sqrt{2}}{8}$.

2. (1, 4), (1, −4).

4. $y=\dfrac{1}{2}$ 为水平渐近线, $y=2x-\dfrac{1}{2}$ 为斜渐近线.

习题 2.7

A 组

1. $\dfrac{2}{3}$.

2. $2-x, 1$.

3. (1) $-\dfrac{Q}{b}\ln\dfrac{Q}{a}, -\dfrac{1}{b}\ln\dfrac{Q}{a}, -\dfrac{1}{b}\left(\ln\dfrac{Q}{a}+1\right)$;　(2) bP.

4. $\dfrac{3}{4}$,　1,　$\dfrac{5}{4}$.

5. (1) −4;　(2) 0.116;　(3) 总收益增加, 增加 0.884%.

6. $\dfrac{3P}{2+3P}$,　$\dfrac{9}{11}$.

B 组

1. (1) $\dfrac{P}{-P+25}$;　(2) $0<P<125$,　$P=12.5$,　$P>12.5$.

2. 增加 15%～20%.

3. (1) 产量为 $\dfrac{d-b}{2(m+a)}$ 时, 利润最大, 最大利润 $\dfrac{(d-b)^2}{4(m+a)}-C$;

(2) $\dfrac{P}{d-P}$;

(3) $\dfrac{d}{2m}$.

4. $P_0=\dfrac{ab}{b-1}$,　$Q_0=\dfrac{C}{1-b}$.

习题 3.1

A 组

1. $\dfrac{2}{3}\pi a^3$.

3. (1) $\iint\limits_D (x+y)^2\mathrm{d}\sigma \geqslant \iint\limits_D (x+y)^3\mathrm{d}\sigma$;　(2) $\iint\limits_D \ln(x+y)\mathrm{d}\sigma \leqslant \iint\limits_D [\ln(x+y)]^2\,\mathrm{d}\sigma$.

4. 0.

B 组

1. (1) $0\leqslant\iint\limits_D(x+xy-x^2+y^2)\mathrm{d}\sigma\leqslant 12$; (2) $\dfrac{100}{51}\leqslant\iint\limits_D\dfrac{\mathrm{d}\sigma}{100+\cos^2x+\cos^2y}\leqslant 2$.

2. 负号.

3. (1) $I_1<I_2<I_3$; (2)$I_1<I_3<I_2$.

习题 3.2

A 组

1. (1) $\dfrac{8}{3}$; (2) $\dfrac{4}{3}$; (3) $\dfrac{1}{24}$; (4) $\dfrac{9}{4}$.

2. (1) $\dfrac{3}{2}$; (2) $\dfrac{64}{15}$; (3) $\dfrac{6}{55}$.

4. (1) $\displaystyle\int_0^1\mathrm{d}y\int_y^1 f(x,y)\mathrm{d}x$;

(2) $\displaystyle\int_{-1}^0\mathrm{d}x\int_0^{1+x}f(x,y)\mathrm{d}y+\int_0^1\mathrm{d}x\int_0^{\sqrt{1-x}}f(x,y)\mathrm{d}y$;

(3) $\displaystyle\int_0^1\mathrm{d}y\int_{y-1}^{1-y}f(x,y)\mathrm{d}x$;

(4) $\displaystyle\int_0^1\mathrm{d}y\int_{1-y}^{\sqrt{1-y^2}}f(x,y)\mathrm{d}x$.

5. (1) $\dfrac{\pi}{3}(1-\mathrm{e}^{-3a^2})$;

(2) $\pi(\cos\pi^2-\cos 4\pi^2)$;

(3) $2\pi\left(1-\dfrac{\sqrt{3}}{2}\right)$;

(4) $\dfrac{3}{64}\pi^2$.

B 组

1. (1) 0; (2) $\dfrac{1}{\mathrm{e}}$; (3) $\mathrm{e}-\dfrac{1}{\mathrm{e}}$; (4) $\mathrm{e}-1$; (5)$\dfrac{4}{3}$.

2. $\dfrac{2}{3}f'(0)$.

3. $\dfrac{49}{20}$.

5. $f(x,y)=\sqrt{1-x^2-y^2}+\dfrac{8}{9\pi}-\dfrac{2}{3}$.

习题 3.3

A 组

1. (1) $\frac{1}{a}$; (2) $\frac{1}{3}$; (3) $\frac{1}{2}$; (4) π.

2. (1) 2; (2) $\frac{\pi}{2}$; (3) 1; (4) $\frac{8}{3}$.

3. (1) 错; (2) 错.

4. (1) 0; (2) 0.

B 组

3. (1) $\frac{(2n-3)!!\pi}{(2n-2)!!2}$, $n=2,3,\cdots$; (2) $\frac{1}{2}$; (3) $-\frac{\pi}{2}\ln 2$.

习题 3.4

A 组

1. (1) 2; (2) $\frac{125}{6}$; (3) 2π.

2. (1) 1; (2) $\frac{5}{6}$; (3) 2π; (4) $\frac{2}{3}\pi\left(1-\frac{\sqrt{2}}{2}\right)$.

3. $\frac{1}{6}abc$.

4. $\frac{7}{24}$.

5. $\frac{17}{6}$

B 组

1. $\frac{5}{12}\pi a^3$.

2. $\frac{R^3}{3}\arctan k$.

3. 6π.

4. $\sqrt{3}+\frac{\pi}{3}$.

习题 3.5

A 组

1. (1) 收敛, 1; (2) 收敛, $\frac{1}{2}$.

2. (1) 发散; (2) 发散.

3. $\frac{2}{2-\ln 3}$.

4. $\frac{1}{3}$.

B 组

1. 收敛, $-\ln 2$.

2. 3000, 9000.

习题 3.6

A 组

1. (1) 发散; (2) 收敛; (3) 发散; (4) 发散; (5) 收敛; (6) 发散.

2. (1) 收敛; (2) 收敛; (3) 发散; (4) 收敛.

3. (1) 收敛; (2) 收敛; (3) 收敛.

4. (1) 收敛, 条件收敛; (2) 发散; (3) 收敛, 绝对收敛; (4) 收敛, 绝对收敛.

B 组

1. C.

2. D.

3. C.

4. (1) 收敛; (2) 收敛; (3) 收敛; (4) 收敛;

   (5) 发散; (6) 收敛; (7) 收敛; (8) 收敛.

5. (1) 收敛, 绝对收敛; (2) 收敛, 绝对收敛; (3) 发散;

   (4) 发散; (5) 收敛, 绝对收敛; (6) 收敛, 条件收敛.

习题 3.7

A 组

1. D.

2. (1) $R=1,\ x\in(-1,\ 1]$;

   (2) $R=2,\ x\in(-2,\ 2)$;

   (3) $R=\infty,\ x\in(-\infty,\ +\infty)$;

   (4) $R=1,\ x\in[1,\ 3]$;

   (5) $R=\dfrac{1}{\sqrt{2}},\ x\in\left(-3-\dfrac{1}{\sqrt{2}}, -3+\dfrac{1}{\sqrt{2}}\right)$;

   (6) $R=\dfrac{1}{3},\ x\in\left(-\dfrac{1}{3},\ \dfrac{1}{3}\right)$;

   (7) $R=\dfrac{1}{3},\ x\in\left[-\dfrac{4}{3},\ -\dfrac{2}{3}\right)$.

3. (1) $S(x)=\arctan x,\ x\in(-1,\ 1)$;

(2) (2) $S(x)=\dfrac{1}{(1-x)^2},\ x\in(-1,\ 1)$;

(3) $S(x)=\dfrac{x^2+3x}{1-x},\ x\in(-1,\ 1)$;

(4) $S(x)=\dfrac{x^2}{2-x^2},\ x\in(-\sqrt{2},\sqrt{2})$.

4. (1) 3;　　(2) $\dfrac{\sqrt{2}}{2}\ln\dfrac{\sqrt{2}+1}{\sqrt{2}-1}-1$.

5. $S(x)=\begin{cases}0, & x=0,\\ 1, & x>0.\end{cases}$

B 组

1. $(-2,4)$.

2. (1) $R=\dfrac{1}{\mathrm{e}},\ x\in\left(-\dfrac{1}{\mathrm{e}},\ \dfrac{1}{\mathrm{e}}\right)$;

(2) $R=\sqrt{2},\ x\in(-\sqrt{2},\ \sqrt{2})$;

(3) $R=1,\ x\in(-2,\ 0)$;

(4) $R=\infty,\ x\in(-\infty,\ +\infty)$;

(5) $R=1,\ x\in(-1,\ 1)$;

(6) $R=\mathrm{e},\ x\in(-\mathrm{e},\ \mathrm{e})$;

(7) $R=4,\ x\in(-4,\ 4)$;

(8) $R=1,\ x\in(-1,\ 1)$.

3. (1) $S(x)=\dfrac{2x}{(1-x)^3},\ x\in(-1,1)$;

(2) $S(x)=2x\arctan x-\ln(1+x^2),\ x\in[-1,1]$;

(3) $S(x)=\left(1+\dfrac{x}{2}+\dfrac{x^2}{4}\right)\mathrm{e}^{\frac{x}{2}}-1,\ x\in(-\infty,\ +\infty)$;

(4) $S(x)=\dfrac{1}{4}\ln\dfrac{1+x}{1-x}+\dfrac{1}{2}\arctan x,\ x\in(-1,1)$;

(5) $S(x)=\dfrac{1}{(1-2x)(1-x)},\ x\in\left(-\dfrac{1}{2},\ \dfrac{1}{2}\right)$;

(6) $S(x)=\dfrac{1+x}{(1-x)^3},\ x\in(-1,1)$.

习题 3.8

A 组

1. (1) $\dfrac{1}{1-x^2}=\sum\limits_{n=0}^{\infty}x^{2n},\ x\in(-1,\ 1)$;

(2) $a^x=\sum\limits_{n=0}^{\infty}\dfrac{(x\ln a)^n}{n!},\ x\in(-\infty,\ +\infty)$;

(3) $\dfrac{1}{3+x}=\sum\limits_{n=0}^{\infty}(-1)^n\dfrac{x^n}{3^{n+1}},\ x\in(-3,\ 3)$;

(4) $(1+x)\mathrm{e}^x=\sum\limits_{n=0}^{\infty}(1+x)\dfrac{x^n}{n!},\ x\in(-\infty,\ +\infty)$;

(5) $\ln(a+x)=\ln a+\sum\limits_{n=0}^{\infty}(-1)^n\dfrac{1}{(n+1)}\left(\dfrac{x}{a}\right)^{n+1},\ x\in(-a,\ a]$;

(6) $\cos^2 x=\dfrac{1}{2}+\sum\limits_{n=0}^{\infty}(-1)^n\dfrac{(2x)^{2n}}{2(2n)!},x\in(-\infty,+\infty)$.

2. (1) $x^3+2x^2-3x+2=2+4(x-1)+5(x-1)^2+(x-1)^3,\ x\in(-\infty,\ +\infty)$;

(2) $\ln x=\sum\limits_{n=1}^{\infty}(-1)^{n-1}\dfrac{1}{n}(x-1)^n,\ x\in(0,\ 2]$;

(3) $\mathrm{e}^x=\mathrm{e}\sum\limits_{n=0}^{\infty}\dfrac{(x-1)^n}{n!},\ x\in(-\infty,\ +\infty)$;

(4) $\dfrac{1}{3+x}=\sum\limits_{n=0}^{\infty}(-1)^n\dfrac{(x-1)^n}{4^{n+1}},\ x\in(-3,\ 5)$.

3. $f(x)=\dfrac{1}{x}=\sum\limits_{n=0}^{\infty}(-1)^n\dfrac{(x-2)^n}{2^{n+1}},\ x\in(0,\ 4)$.

4. $f(x)=\dfrac{1}{x^2-3x+2}=\sum\limits_{n=0}^{\infty}(-1)^n\left(1-\dfrac{1}{2^{n+1}}\right)(x-3)^n,\ x\in(-2,\ 4)$.

B 组

1. $f(x)=\arcsin x=x+\dfrac{1}{2}\dfrac{x^3}{3}+\dfrac{1\cdot 3}{2\cdot 4}\dfrac{x^5}{5}+\dfrac{1\cdot 3\cdot 5}{2\cdot 4\cdot 6}\dfrac{x^7}{7}+\cdots,\ x\in\ [-1,1]$.

2. $f(x)=\ln(1+x+x^2+x^3)=\sum\limits_{n=1}^{\infty}(-1)^{n-1}\dfrac{1}{n}(x^n+x^{2n}),\ x\in(-1,\ 1]$.

3. (1) $f(x)=\dfrac{1}{5-x}=\sum\limits_{n=0}^{\infty}(-1)^n\dfrac{(x-3)^n}{2^{n+1}},\ x\in(1,\ 5)$;

(2) $f(x)=\ln(x+\sqrt{x^2+1})=x+\sum\limits_{n=1}^{\infty}(-1)^n\dfrac{(2n-1)!!}{(2n)!!}\dfrac{x^{2n+1}}{2n+1}$, $x\in[-1,\ 1]$.

4. $f(x)=1+2\sum\limits_{n=1}^{\infty}(-1)^{n-1}\dfrac{x^{2n}}{4n^2-1}, x\in[-1,1]$, $\sum\limits_{n=1}^{\infty}\dfrac{(-1)^n}{1-4n^2}=\dfrac{\pi}{4}-\dfrac{1}{2}$.

习题 3.9

A 组

1. (1) 0.693 1; (2) 0.999 4; (3) 2.004 30.

2. (1) 0.4940; (2) 1.306.

3. (1) $\dfrac{1}{3}$; (2) $-\dfrac{1}{8}$.

4. $f^{(n)}(0)=\begin{cases}(-1)^m, & n=2m,\\ 0, & n=2m+1.\end{cases}$

B 组

1. (1) 5.065 8; (2) 1.648; (3) 0.09889 (4) 0.520 5.

2. (1) $\dfrac{1}{2}$; (2) $-\dfrac{1}{12}$.

3. $\dfrac{a}{(1-a)^2}$.

习题 4.1

A 组

1. (1) $y=\dfrac{1}{6}x^3-\sin x+C_1x+C_2$;

(2) $y=(x-2)\mathrm{e}^x+C_1x+C_2$;

(3) $y=C_1+C_2\mathrm{e}^x-x$;

(4) $y=C_1\mathrm{e}^x-\dfrac{1}{2}x^2-x+C_2$;

(5) $y=(x-1)\mathrm{e}^x+\dfrac{C_1}{2}x^2+C_2$;

(6) $C_1y^2-1=(C_1x+C_2)^2$.

2. (1) $y=-\dfrac{1}{a}\ln|ax+1|$; (2) $\mathrm{e}^y=\sec x$; (3) $y=\dfrac{1}{a^3}\mathrm{e}^{ax}-\dfrac{1}{2a}x^2-\dfrac{1}{a^2}x-\dfrac{1}{a^3}$.

B 组

1. 通解为 $y=\dfrac{1}{4}\mathrm{e}^{-x}(\sin x-\cos x)+C_1x^2+C_2x+C_3$.

2. 初值问题为 $\begin{cases}xy''=y'+x^2,\\ y(1)=0, y'(1)=-\dfrac{1}{3}.\end{cases}$ 积分曲线为 $y=\dfrac{1}{3}x^3-\dfrac{2}{3}x^2+\dfrac{1}{3}$.

习题 4.2

A 组

1. (1) 线性无关; (2) 线性相关; (3) 线性相关; (4) 线性无关.

2. 通解为 $y = C_1\cos 2x + C_2\sin 2x$.

3. (1) $y = C_1\mathrm{e}^{-3t} + C_2\mathrm{e}^{-4t}$;

(2) $y = \mathrm{e}^{-\frac{1}{2}t}\left(C_1\cos\frac{\sqrt{3}}{2}t + C_2\sin\frac{\sqrt{3}}{2}t\right)$;

(3) $y = C_1 + C_2\mathrm{e}^{4t}$;

(4) $y = C_1\mathrm{e}^{t} + C_2\mathrm{e}^{-t} + C_3\sin t + C_4\cos t$;

(5) $y = C_1\mathrm{e}^{\frac{t}{2}} + C_2\mathrm{e}^{-t} + \mathrm{e}^{t}$;

(6) $y = C_1 + C_2\mathrm{e}^{-9t} + t\left(\frac{1}{18}t - \frac{37}{81}\right)$;

(7) $y = C_1\mathrm{e}^{2x} + C_2\mathrm{e}^{3x} - x\left(\frac{1}{2}x + 1\right)\mathrm{e}^{2x}$;

(8) $y = C_1\cos x + C_2\sin x + \frac{1}{3}x\cos x + \frac{2}{9}\sin x$;

(9) $y = \mathrm{e}^{x}(C_1\cos 2x + C_2\sin 2x) - \frac{1}{4}x\mathrm{e}^{x}\cos 2x$;

(10) $y = C_1\cos x + C_2\sin x + \frac{\mathrm{e}^{x}}{2} + \frac{x}{2}\sin x$.

4. (1) $y = 2\cos 5x + \sin 5x$;

(2) $y = 2x\mathrm{e}^{-\frac{x}{2}}$;

(3) $y = -5\mathrm{e}^{x} + 3.5\mathrm{e}^{2x} + 2.5$;

(4) $y = -\cos x - \frac{1}{3}\sin x + \frac{1}{3}\sin 2x$;

(5) $y = \mathrm{e}^{x} - \mathrm{e}^{-x} + \mathrm{e}^{x}(x^2 - x)$;

(6) $y = \frac{11}{16} + \frac{5}{16}\mathrm{e}^{4x} - \frac{5}{4}x$.

B 组

1. $y'' - 2y' + 2y = 0$.

2. $y = \frac{3}{4} + \frac{1}{4}\mathrm{e}^{2x} + \frac{x}{2}\mathrm{e}^{2x}$.

3. $y = \frac{1}{2}\left(\mathrm{e}^{x} + \sin x + \cos x\right)$.

习题 4.3

A 组

1. (1) $Q = 1200 \times 3^{-P}$;

(2) 400kg;

(3) 当 $P \to \infty$ 时, $Q \to 0$.

2. $Q = 10000\mathrm{e}^{-p^3}$.

3. 国民收入函数为 $y = 5\mathrm{e}^{\frac{3}{10}t}$, 储蓄和投资函数为 $S = I = \dfrac{1}{2}\mathrm{e}^{\frac{3}{10}t}$.

B 组

1. 800.

2. 依题意有: $\dfrac{\mathrm{d}x}{\mathrm{d}t} = Kx(N-x)$, $x(0) = x_0$. 通解为 $x(t) = \dfrac{NC\mathrm{e}^{KNt}}{1+C\mathrm{e}^{KNt}}$. 代入初始条件 $x(0) = x_0$, 得 $C = \dfrac{x_0}{N-x_0}$, 故有 $x(t) = \dfrac{Nx_0\mathrm{e}^{KNt}}{N-x_0+x_0\mathrm{e}^{KNt}}$.

习题 4.4

A 组

1. (1) $y_t = C\left(\dfrac{3}{2}\right)^t$;

(2) $y_t = C(-1)^t$;

(3) $y_t = C$;

(4) $y_t = C5^t - \dfrac{3}{4}$;

(5) $y_t = \dfrac{2^{t+1}}{3} + C\left(\dfrac{1}{2}\right)^t$;

(6) $y_t = (t-2)2^t + C$.

2. (1) $y_t^* = 3\left(-\dfrac{5}{2}\right)^t$;

(2) $y_t^* = 2$;

(3) $y_t^* = 2 + 3t$;

(4) $y_t^* = \dfrac{2}{9}(-1)^t + \left(\dfrac{t}{3} - \dfrac{2}{9}\right)2^t$;

(5) $y_t^* = -\dfrac{3}{4} + \dfrac{37}{12} \cdot 5^t$;

(6) $y_t^* = \frac{161}{125}(-4)^t + \frac{2}{5}t^2 + \frac{1}{25}t - \frac{36}{125}.$

3. (1) $\Delta y_t = 0;$

(2) $\Delta y_t = 2t + 1;$

(3) $\Delta y_t = (a-1)a^t;$

(4) $\Delta y_t = (t+1)\ln(t+1) - t\ln t$

(5) $\Delta y_t = 4t^3 + 6t^2 + 4t + 1;$

(6) $\Delta y_t = 6t^2 + 4t + 1;$

(7) $\Delta y_t = \mathrm{e}^{3t}(\mathrm{e}^3 - 1);$

(8) $\Delta y_t = (n+1)t(t-1)\cdots(t-n+1).$

4. (2) $P_t = \left(P_0 - \frac{2}{3}\right)(-2)^t + \frac{2}{3}.$

5. $y_t = \left(y_0 - \frac{\beta+I}{1-\alpha}\right)\alpha^t + \frac{\beta+I}{1-\alpha},\quad C_t = \left(y_0 - \frac{\beta+I}{1-\alpha}\right)\alpha^t + \frac{\beta+\alpha I}{1-\alpha}.$

B 组

1. $y_t = C(-5)^t + \frac{5}{12}t - \frac{5}{72}.$

2. 依题意 W_t 满足差分方程：$W_{t+1} = 1.1W_t + 100$. 其对应齐次差分方程的通解为 $\bar{W}_t = C(1.1)^t$. 易求非齐次方程的特解为 $W_t^* = -1000$, 因此原方程的通解为：$W_t = C(1.1)^t - 1000$, 其中常数 C 的确定需进一步的条件.

参 考 文 献

陈吉象. 2003. 文科数学基础. 北京: 高等教育出版社

邓乐斌. 2002. 高等数学的基本概念与方法. 武汉: 华中科技大学出版社

菲赫金哥尔茨 Γ M. 微积分学教程. 8 版. 杨弢亮，叶彦谦译. 2006. 北京: 高等教育出版社

韩旭里. 2008. 微积分. 北京: 科学出版社

李心灿. 2007. 微积分的创立者及其先驱. 3 版. 北京: 高等教育出版社

梁宗巨. 1980. 世界数学史简编. 沈阳: 辽宁人民出版社

卢介景. 数学史海览胜. http://www.ikepu.com/book/ljj/maths-history-impressions.htm

罗定军，盛立人. 2005. 高等数学. 北京: 化学工业出版社

上海大学理学院数学系. 2004. 文科高等数学. 上海: 上海大学出版社

上海交通大学数学系. 2006. 高等数学. 上海: 上海交通大学出版社

同济大学数学系. 2007. 高等数学. 6 版. 北京: 高等教育出版社

汪国柄. 2005. 大学文科数学. 北京: 清华大学出版社

吴传生. 2003. 经济数学 - 微积分. 北京: 高等教育出版社

吴文俊. 1995. 世界著名数学家传记. 北京: 科学出版社

向熙廷，周维楚. 2000. 大学数学教程. 长沙: 湖南科学技术出版社

姚孟臣. 1997. 大学文科高等数学. 北京: 高等教育出版社

张从军，王育全，李辉等. 2003. 微积分. 上海: 复旦大学出版社

张金清. 2002. 微积分. 北京: 高等教育出版社

张顺燕. 2000. 数学的源与流. 北京: 高等教育出版社

赵树嫄. 2007. 微积分. 3 版. 北京: 中国人民大学出版社

周勇. 微积分. 2007. 北京: 科学出版社

Apostol T M. 1967. Calculus. 2nd ed. New York: John Wiley & Sons, Inc.

Apostol T M. 2004. 数学分析 (英文版). 2 版. 北京: 机械工业出版社

Rudin W. 1976. Principles of Mathematical Analysis. 3rd ed. New York: McGraw-Hill, Inc.

Zakon E. 2004. Mathematical Analysis. Indiana: The Trillia Group West Lafayette

Zorich V A. 2004. Mathematical Analysis. Heidelberg: Springer